U0052369

手作布包必學的

零碼布好點子

BOUTIQUE-SHA ◎授權

縫製物品很快樂，但另一方面，零碼布也愈留愈多………
好不容易收集到的心愛布料，
若不善加利用實在太可惜了！

本書將介紹如何使用縫紉機將零碼布快速做成小物，
包含化妝包、包包、收納包、家中擺飾小物等實用布品。

在這裡，你一定能找到新的零碼布運用方法，
活用剩餘的零碼布，變身成各種小物吧！

CONTENTS

關於原寸紙型

本書附贈原寸紙型1張。
請先閱讀P.96「原寸紙型用法」，將紙型描到其他紙上使用。

作品製作

yasumin
https://www.instagram.com/yasuminsmini/

HUG
https://www.instagram.com/hug2430/

komihinata
https://www.instagram.com/komihinata/

西村明子

Siromo
https://www.instagram.com/siromo_fabric/

金丸かほり

カタバミ
https://www.instagram.com/katabamitoto/

Dot.
https://www.instagram.com/dot.totto/

nikomaki*
https://www.instagram.com/nikomaki123/

ラハマン絵里子

水田真理

本橋よしえ
https://www.instagram.com/yoshiemontan/

素材提供

車線提供
フジックス

Staff（日本原書製作團隊）

編輯	寺島綾子　上野史央
攝影	久保田あかね
製作方式校閱	松井麻美
書籍設計	牧陽子
插圖	小崎珠美
紙型	宮路睦子　長浜恭子

PART.1

日用包＆波奇包

方便的日用包＆波奇包，幾個都不嫌多。

每款零碼布運用法都充滿巧思！

A4尺寸的扁平包

首先試試筆直車縫就能完成的包款吧！
接縫三片零碼布後，摺半即可完成包包本體。
需要車縫的位置較少，能快速完成的特點相當吸引人！

作法 P.38

設計／yasumin

TEL QUEL
52

配布選用同色系

1

2

背面為
兩片拼接風格

拼布風的四角波奇包

享受隨意配布樂趣的化妝包，
只用一個按釦即可闔起，相當簡約。
可收納零散小物，也可作為口罩收納袋使用。

作法 P.40

設計／HUG

背面也以不同搭配方式製作。
3
4
5

小零碼布大活用！
3
Vaseline
WRIGLEY'S
SPEARMINT
4
5

秘訣在於運用重點色！

6

迷你托特包

當作臨時外出包或午餐袋都很方便的迷你托特包。
將經典的格紋、條紋、素色布料
組合起來也很清新別緻！

作法 P.42

設計／HUG

半圓形化妝包

以斜拼接為設計重點的半圓形時髦化妝包。
附側身，可放進許多化妝道具。

作法 P.94

設計／yasumin

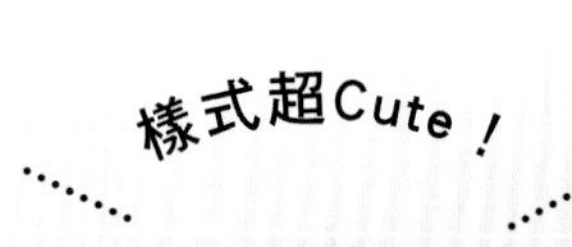
樣式超Cute！

7
8

側身十分足夠。

內側附口袋。

清爽的海洋風格

9

托特包型迷你波奇包

以托特包為外型設計的托特包，
尺寸可放入手機或存摺。
附肩背帶，當作旅行用的副包也很方便！

作法 P.52

設計／komihinata

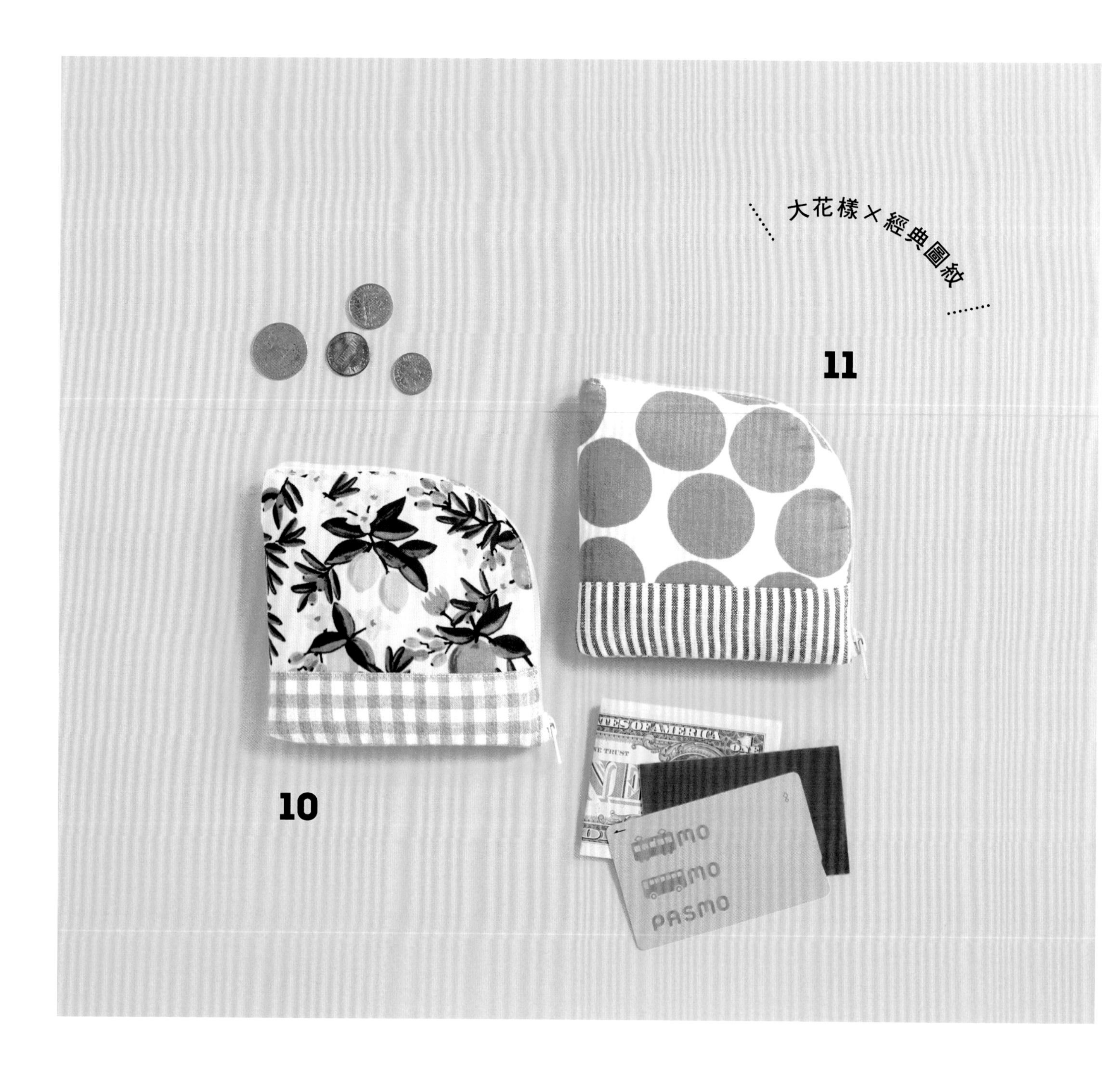
大花樣×經典圖紋
11
10
PASMO

隔層拉鍊波奇包

將本體與隔層相連的布片往內側摺疊，
即完成隔層拉鍊化妝包。
整理卡片或零錢等零碎小物都好用！

作法 P.55

設計／西村明子

Open !

活潑的圖案搭配
12
14
13
Siromo
fabric accessories
Siromo
fabric accessories
Siromo
fabric accessories

擁有不同尺寸更方便！

蓬鬆拼接波奇包

重點在於拼接位置及外型線條的化妝包，
還加入了鋪棉襯做得蓬蓬鬆鬆。
刻意搭配的大印花圖案也使組合效果加倍有趣！

作法 P.56

設計／Siromo

布條寬度一致

15

16

扁平波奇包

接縫六片細長的布條，摺半後製成扁平波奇包。
依拼接方式能創造完全不同的風格布面，這就是使用零碼布的趣味之處。

作法 P.58

製作／金丸かほり

大托特包

採縱向條紋拼接的托特包，製成最適合日常使用的大尺寸設計。
配合零碼布尺寸改變拼接位置也OK。

作法 P.45

設計／カタバミ

混搭不同寬度的布片……

17

附內口袋。

另一面也是隨意拼接。

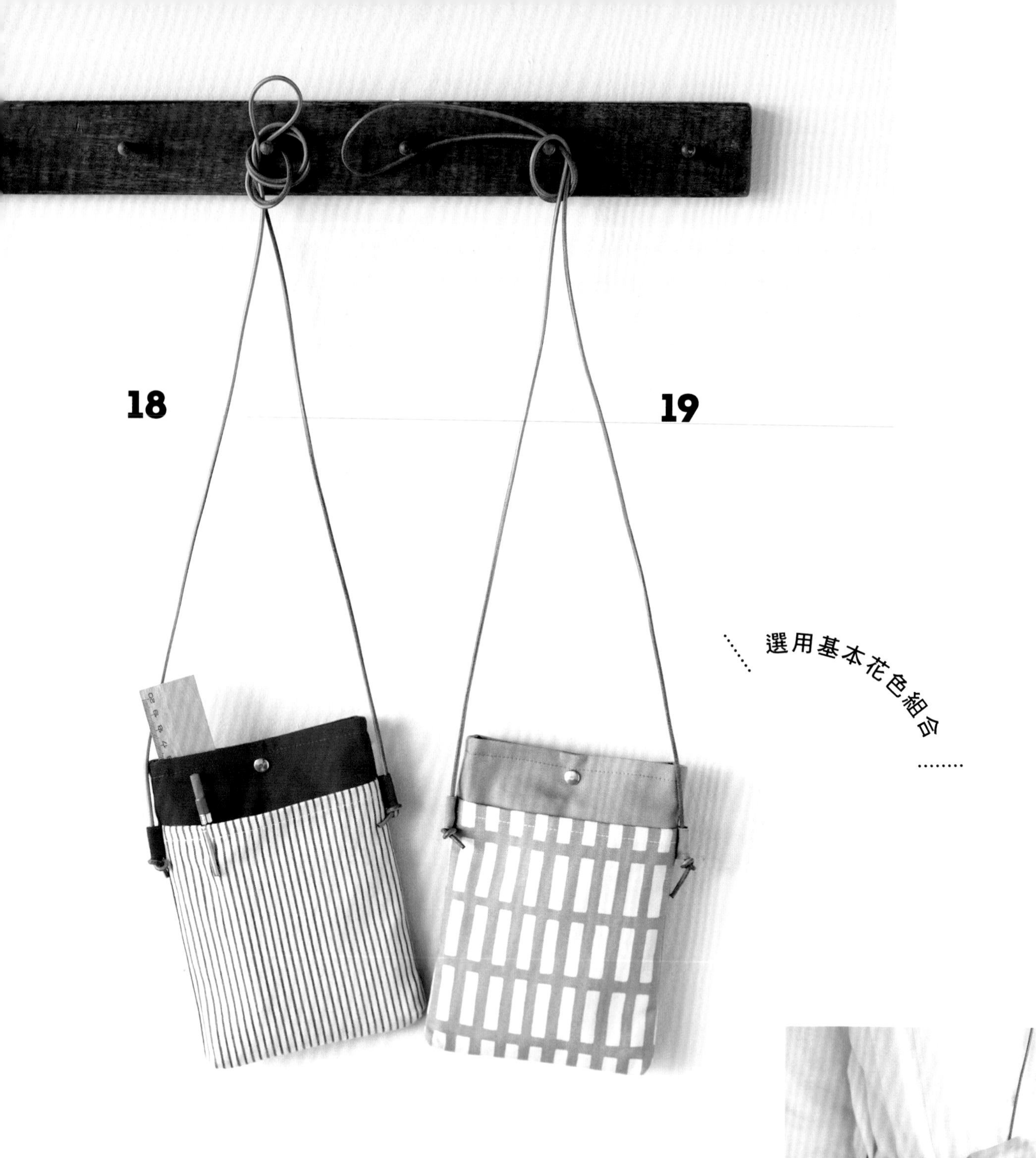
18
19
……選用基本花色組合……

附口袋隨身包

簡約的附口袋隨身包，
可空出雙手，做什麼事都很方便。
放入文具或手機，外出時也能迅速取出。

作法 **P.44**

製作／金丸かほり

藍色×白色格外清爽！

20

aliz é
Crêpes
dentelles
de Quimper
pur beurre

摺法

拉出內口袋，
收摺提把。

收摺本體兩側。

從上往下摺……

收入內口袋中。

摺疊環保袋

可輕巧摺疊的環保袋，多做幾個備用更方便！
特選格紋花色製作，以呈現清新感。

作法 P.60

設計／Dot.

寬底，
放入便當也不易傾倒。

拿出收存的零碼布來製作吧！

附提把肩背包

本體為正方形布片排列組合的簡約肩背包。
依零碼布的配置方式可展現不同表情。

作法 P.64

設計／yasumin

21

可放入必要物品，
輕鬆出門的尺寸感。

選用中間色系

22

圓形包

輪廓令人印象深刻的圓形包。
注意顏色深淺、花色大小的均衡分配，
略帶成熟感的風格更加百搭。

作法 P.62

製作／金丸かほり

束口迷你包

樣式圓滾滾的可愛束口迷你包。
本體採用不同花色的6片零碼布製作而成。

作法 P.48

設計／yasumin

喜歡哪種風格呢？

23

24

好像紙氣球！

與毛絨或燈芯絨等不同材的質組合也非常有趣。

附提把。

抽緊後的輪廓也很可愛！

素色×圖案
25
26
27

迷你束口波奇包

可放入鈕釦、飾品、糖果等
零散小物的迷你束口包。
設計重點在於斜拼接。

作法 P.68

製作／金丸かほり

PART.2

收納專用布物

便利日常生活的專用收納包。

完全符合用途的尺寸令人愛不釋手！

當作禮物也不錯！
29
28

房子造型的口罩收納夾

可方便地收存用餐時拿下的口罩。
房子造型設計，帶給人放鬆之感。

作法 P.69

設計／西村明子

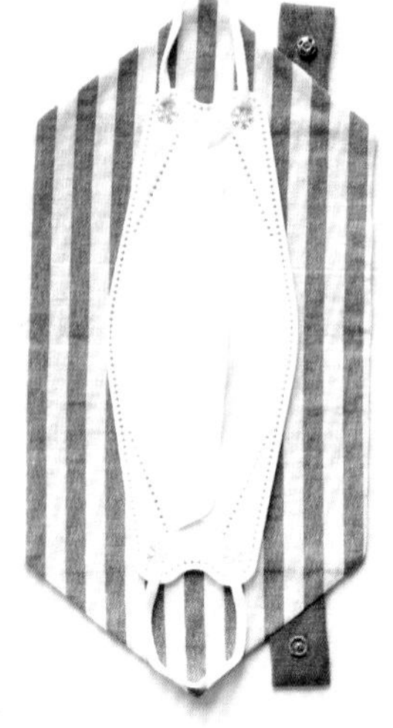

打開的模樣。
利用煙囪處的
按釦固定。

寶特瓶袋&餐盒袋

蝴蝶結的提把設計十分可愛！
推薦選用讓午餐時光更充滿樂趣的花色來製作。

作法 30 ▸ P.70 31 ▸ P.72

設計／Siromo

成套的花色
31
30

內側採用
保冷保溫布。

寬底，
使用起來很穩定。

使用小圖紋

32

33

多用途扁平包

信封感設計的扁平包，
做成較大尺寸，用途也更廣泛。
貼上硬式的單膠布襯，
可展現筆挺耐用感。

作法 P.74

設計／Siromo

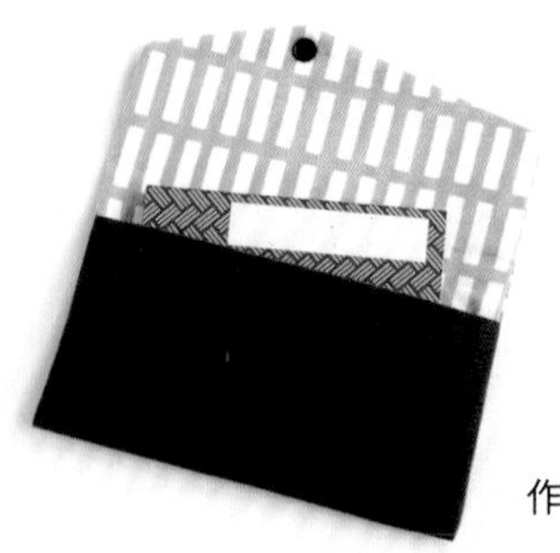

作為御朱印夾。

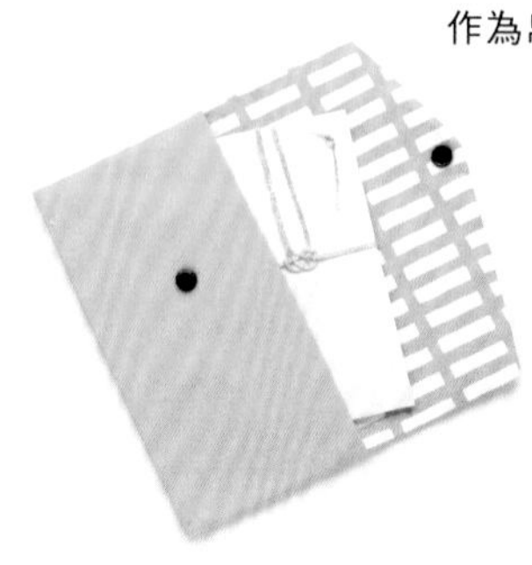

作為帛紗夾。

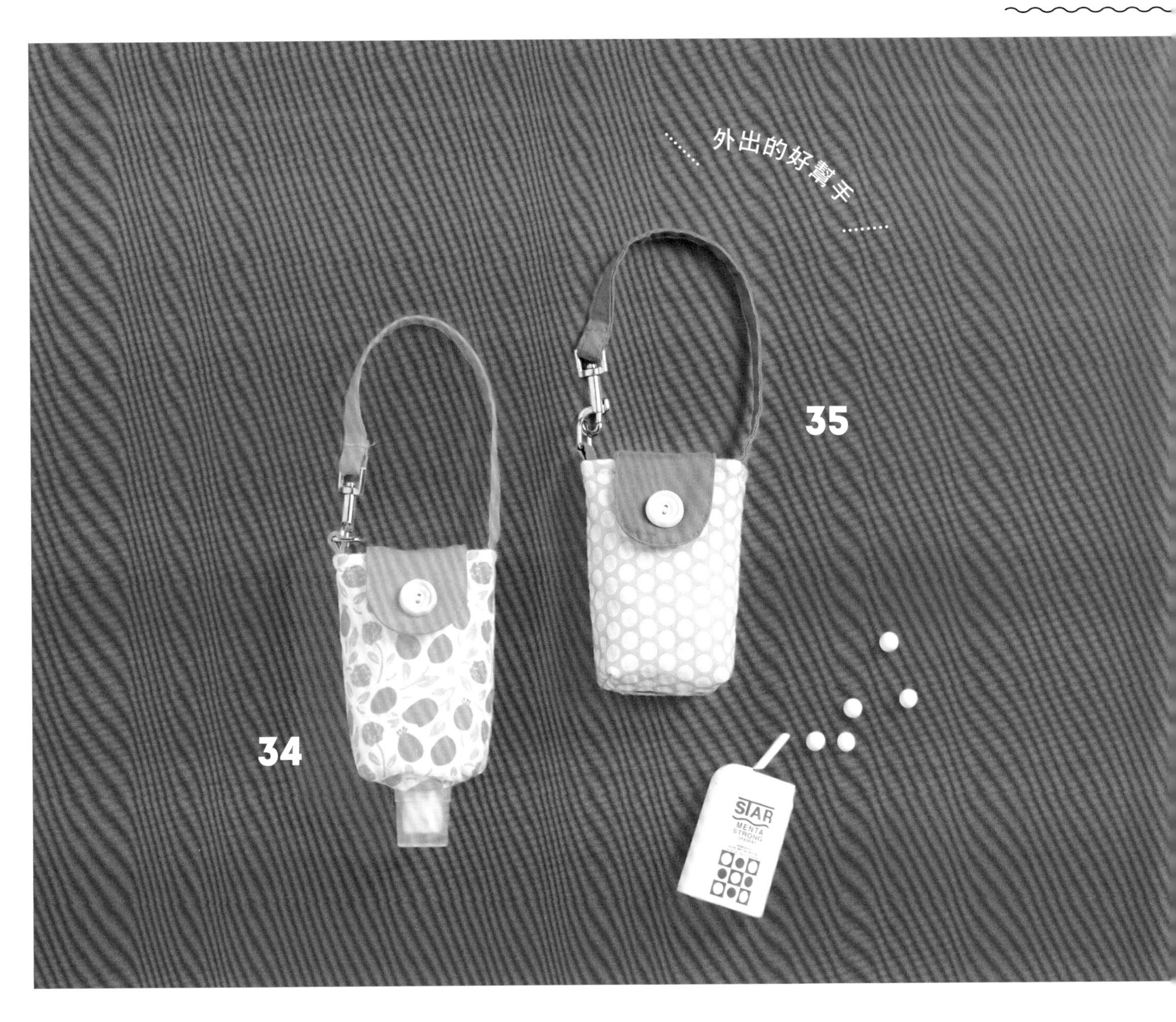
外出的好幫手
35
34
STAR
MENTA
STRONG

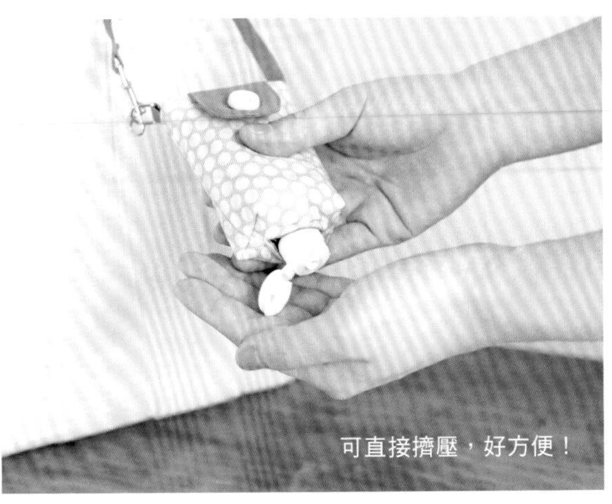
可直接擠壓，好方便！

護手霜隨身掛袋

將護手霜瓶口朝下放入的附提把收納掛包。
可掛在外出包的提把上，需要用時即可輕鬆取用。

作法 P.75

設計／西村明子

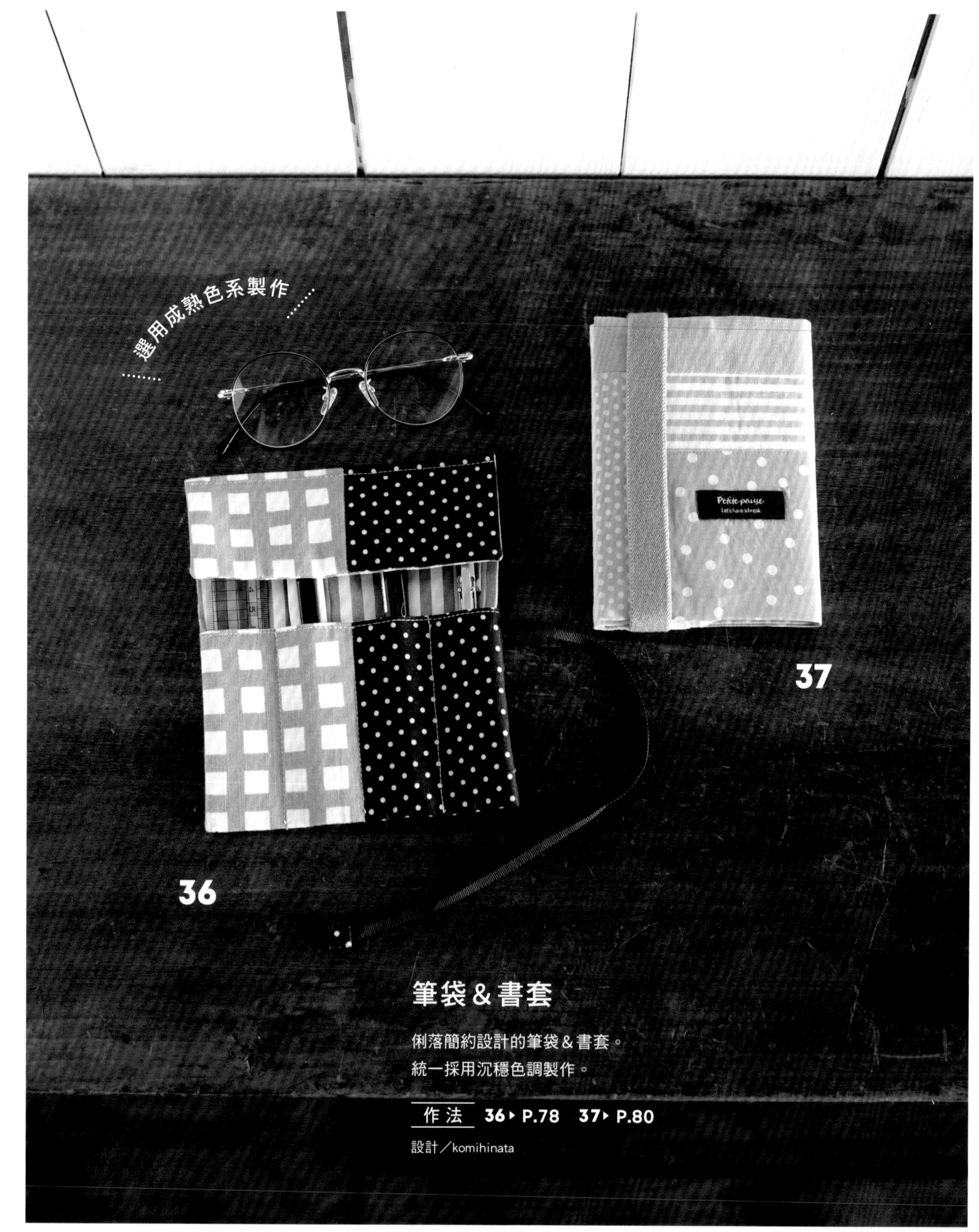
選用成熟色系製作
Petite pause
36
37

筆袋＆書套

俐落簡約設計的筆袋＆書套。
統一採用沉穩色調製作。

作法 36 ▸ P.78 37 ▸ P.80

設計／komihinata

文庫本尺寸。

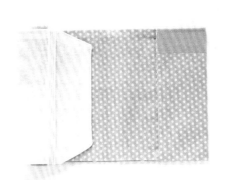

亮眼的姓名標籤。

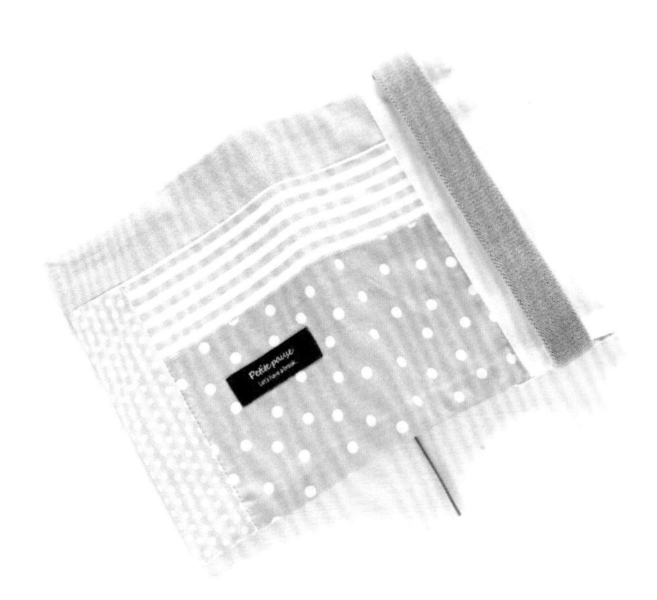

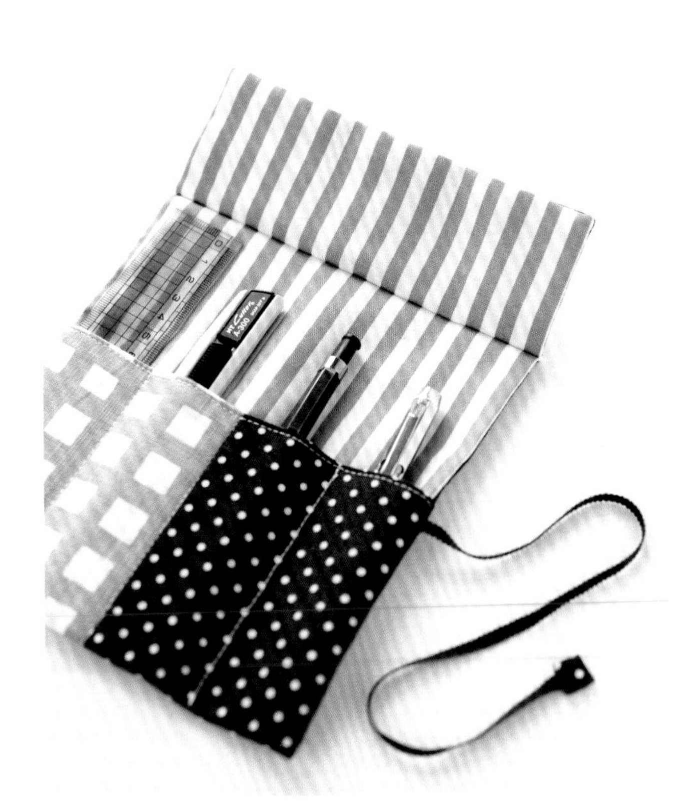

可放入15cm直尺或美工刀等物品。

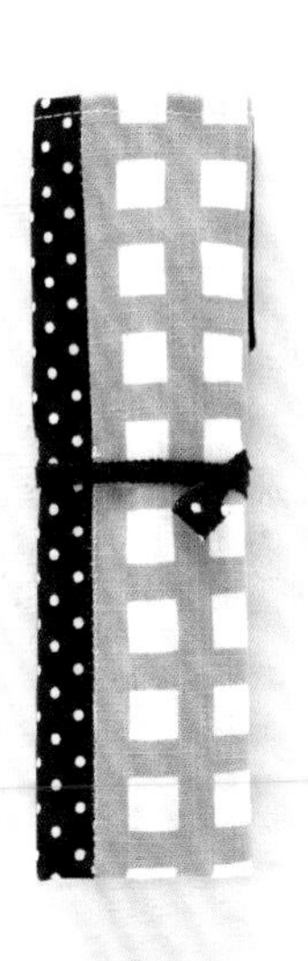

捲收時很輕巧。

搭配同色系圖案布
38
39

眼鏡袋

可掛在包包提把上攜帶出門的眼鏡袋。
加入鋪棉布襯，具緩衝性，
能妥善保護眼鏡。

作法 P.79

設計／Siromo

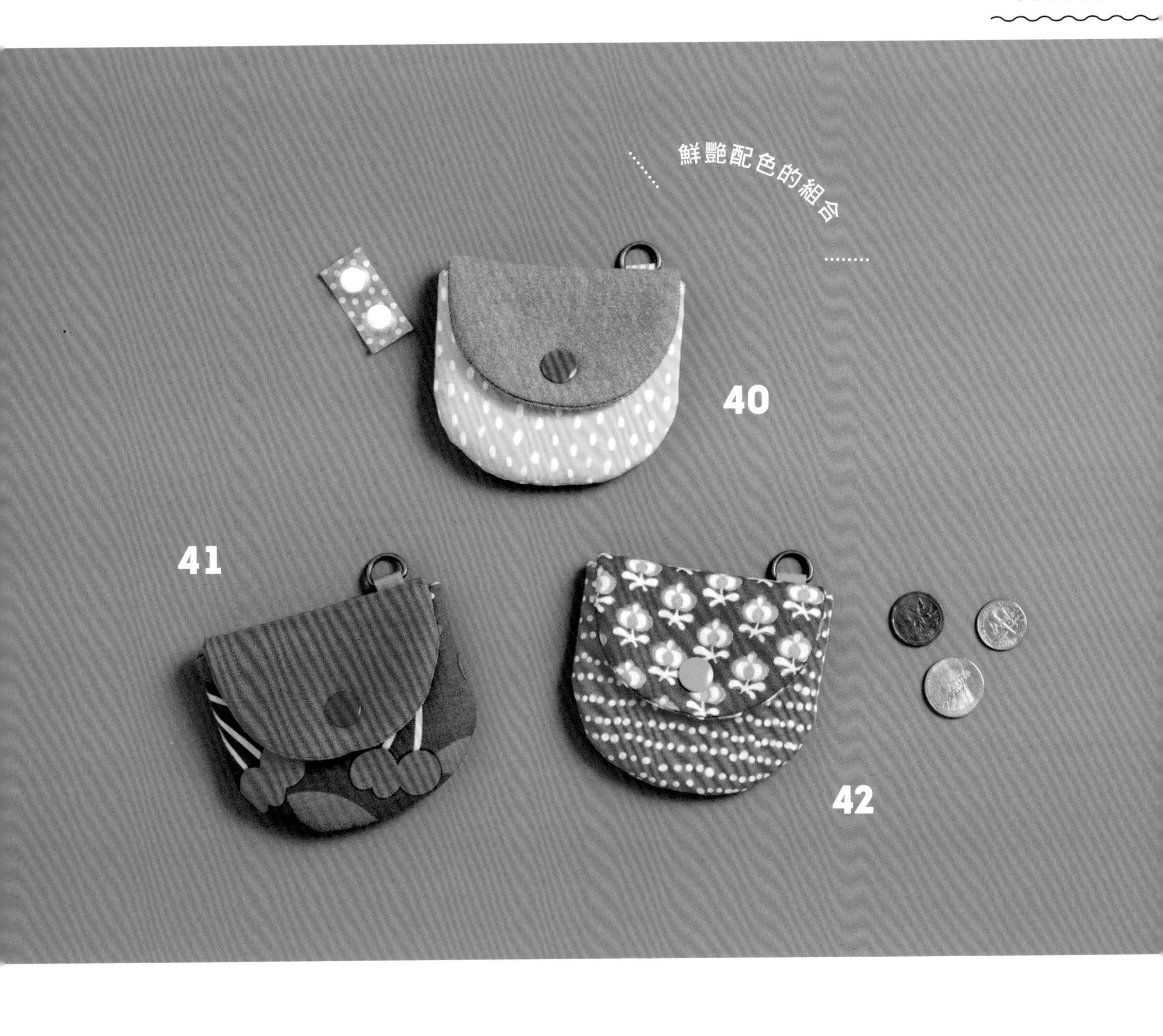
鮮艷配色的組合
40
41
42

也可收納耳機。

零錢包

手心尺寸的掀蓋零錢包。
除了零錢之外，收納藥品或眼藥水等物也恰恰好！

作法 P.82

設計／nikomaki*

……喜歡哪棟房屋呢？……
43
44

房屋造型鑰匙包

重點在於三角屋頂及窗戶的房屋造型鑰匙包。
組合小零碼布製作，樂趣十足！

作法 P.84

設計／nikomaki*

43為春天款，44為冬天款。

PART.3

居家小物

讓居家時光更愉悅！

搭配喜歡的布料，為空間增添繽紛感。

45
讓餐桌看起來更明亮！

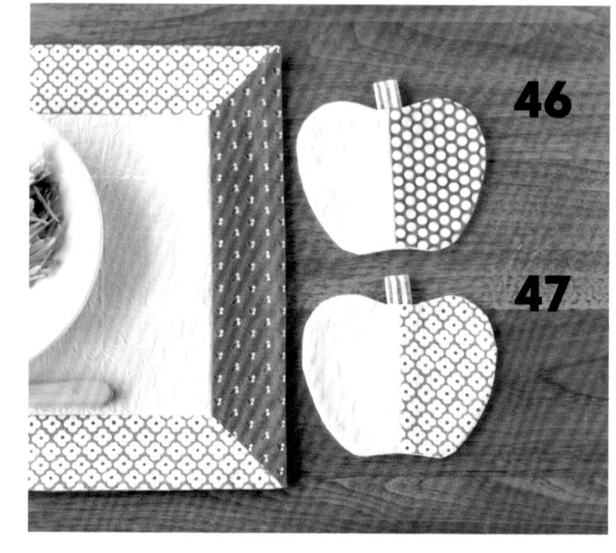
46
47

午餐墊＆杯墊

如畫框般的邊框設計午餐墊
×蘋果造型杯墊，
搭配布料色調及花色製成套組。

作法　45▸P.86　46·47▸P.87

設計／ラハマン絵里子

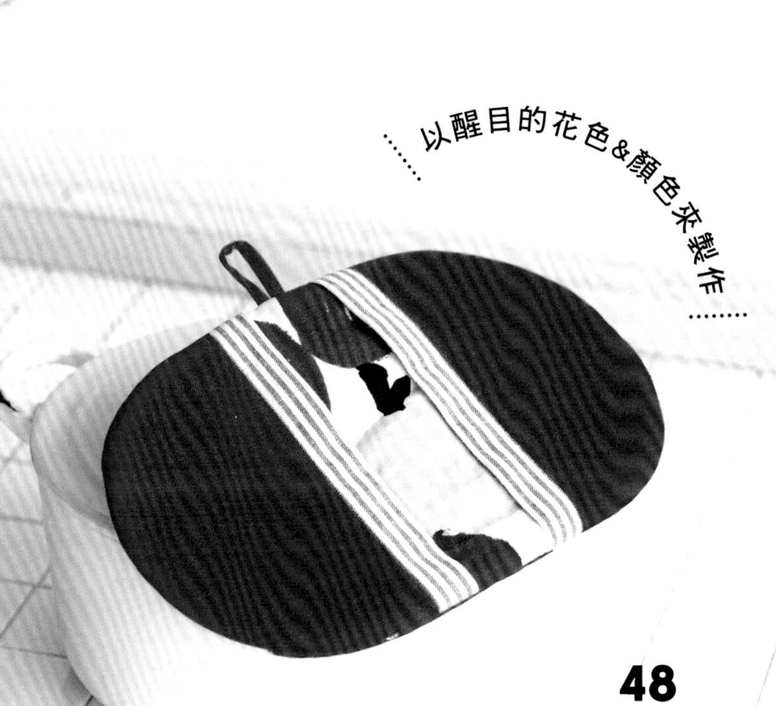

以醒目的花色&顏色來製作

48

鍋蓋防燙手套

作料理時不可或缺的鍋蓋防燙手套。
可迅速戴上使用的方便設計，十分吸引人。

作法 P.88

製作／金丸かほり

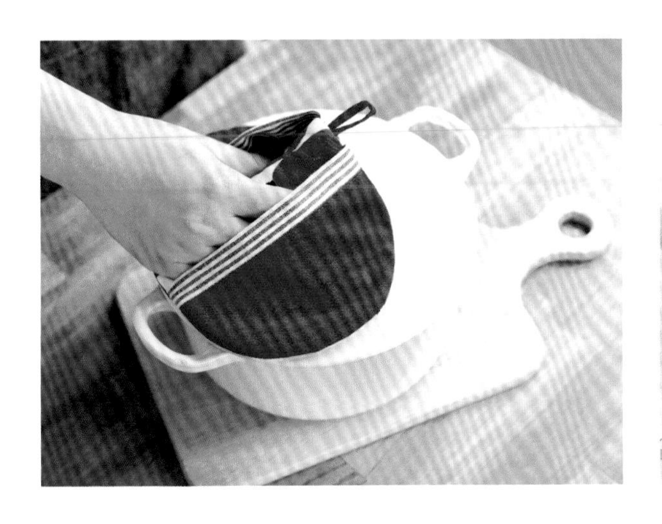

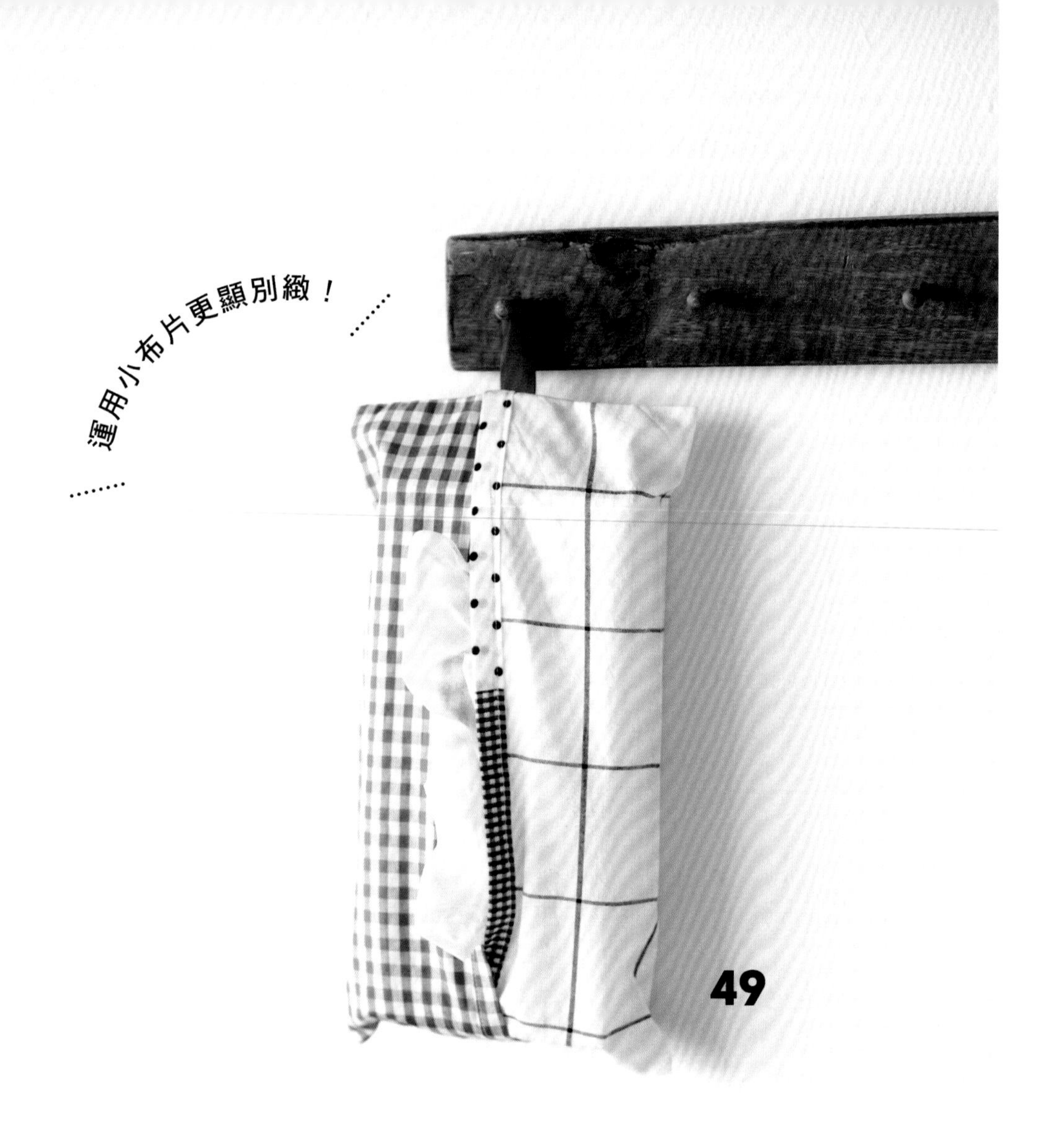
運用小布片更顯別緻！
49

面紙套

筆直車縫零碼布即可完成的面紙套。
抽取口的拼接＆吊耳的選布是細節的小亮點。

作 法 **P.76**

設計／Dot.

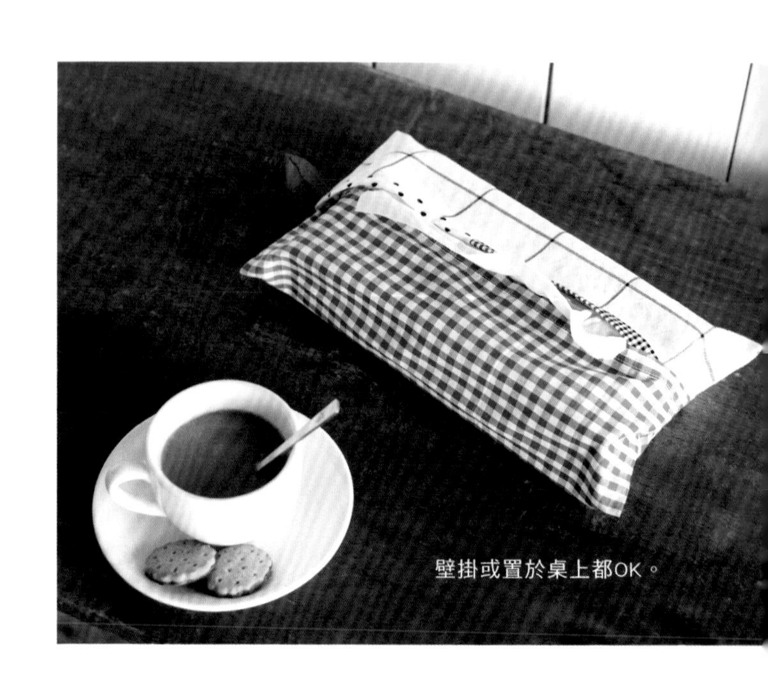
壁掛或置於桌上都OK。

抱枕套

將正方形的布片排列拼縫而成的抱枕套
馬賽克般的配色十分迷人。
思考搭配的平衡感，也是以零碼布製作的樂趣之一。

作法 P.90

設計／Dot.

成為房間裝飾的主角

50

背面採用
簡約設計。

……要不要吃一顆？……
PRESENT
51

草莓裝飾

色彩繽紛的草莓裝飾可用來裝飾房間，
也可供孩子玩扮家家酒！
可愛的外型，讓人忍不住
想以各種花色多做幾顆。

作法 P.83

設計／nikomaki*

貼上剪出蒂頭形狀的不織布即可！
雖然簡單，成品效果很漂亮。

將籃子塞得滿滿的。

來發個懶吧……
……
52
53

貓咪玩偶

迷糊愛睏的表情及圓澎澎的外型，十分療癒。
有它相伴，居家生活似乎就更悠閒自在了！

作法 P.92

設計／水田真理

針插＆剪刀套

試著做做看縫紉的好夥伴針插及剪刀套吧！
以喜歡的零碼布製作，享受手作時光。

作法 55·56▸ P.89 54▸ P.67

設計／本橋よしえ

55
56

裝飾上小小的鈕釦。
剪刀套可防止剪刀生鏽。

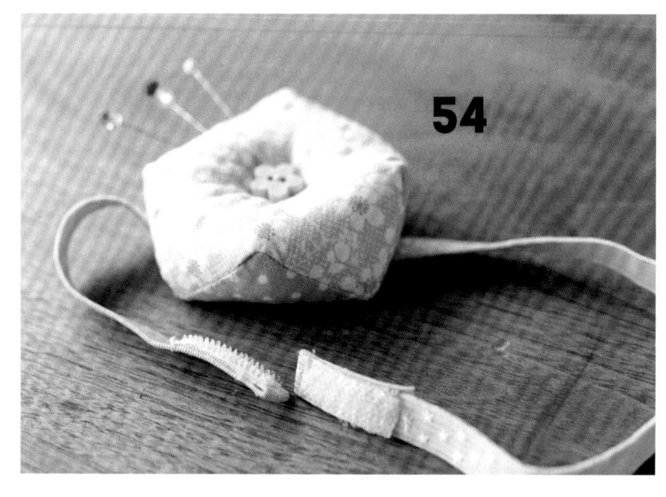
54

拼接兩片正方形布片的不規則針插。
加上扁平鬆緊帶及魔鬼氈，就能固定在縫紉機上了！

……答答答……快速車縫完成！……

PART.3

……混搭各種零碼布製作……
57

隨興製作出來的感覺就很棒！

繽紛花環

將剪成短條狀的零碼布綁在壓克力環上，
漂亮的花環就完成了！
既充滿手工藝風格又容易製作。

作法 P.51

設計／HUG

P.3 1·2

1
2

■1·2 材料（1個份）

A布（棉布・圖案）…25cm寬 35cm
B布（棉布・圖案）…45cm寬 35cm
C布（棉布・素色）…45cm寬 35cm
裡布（棉布・素色）…60cm寬 35cm
單膠布襯…65cm寬 40cm

製圖 ※製圖不含縫份。

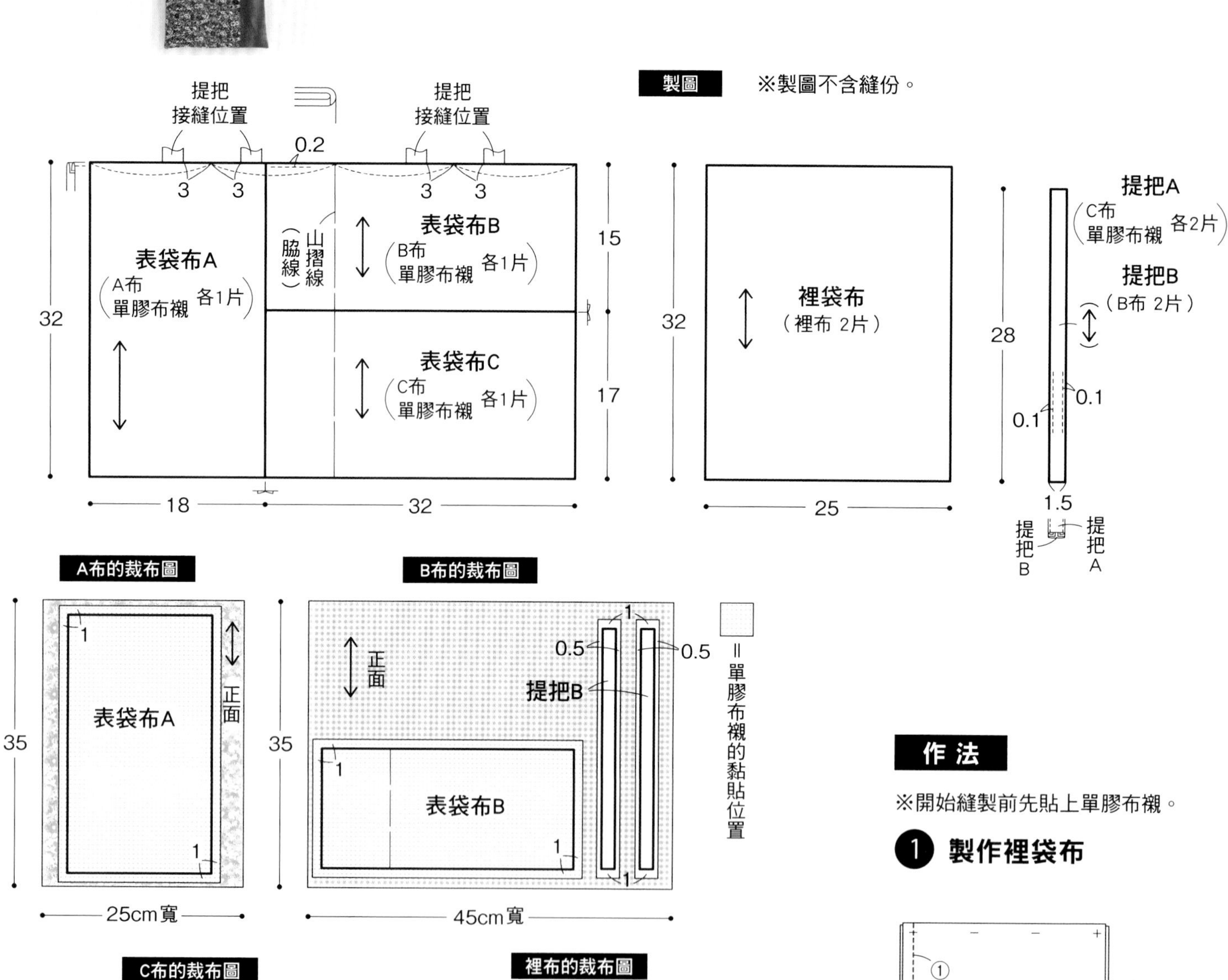
提把
接縫位置
0.2
3
3
表袋布A
（A布
單膠布襯 各1片）
山摺線
（脇線）
表袋布B
（B布
單膠布襯 各1片）
表袋布C
（C布
單膠布襯 各1片）
15
17
32
18
32
裡袋布
（裡布 2片）
25
提把A
（C布
單膠布襯 各2片）
提把B
（B布 2片）
28
0.1
1.5
提把B
提把A
A布的裁布圖
表袋布A
正面
35
25cm寬
B布的裁布圖
正面
提把B
0.5
表袋布B
45cm寬
＝單膠布襯的黏貼位置
C布的裁布圖
提把A
表袋布C
45cm寬
裡布的裁布圖
裡袋布
摺雙
60cm寬

作 法

※開始縫製前先貼上單膠布襯。

❶ 製作裡袋布

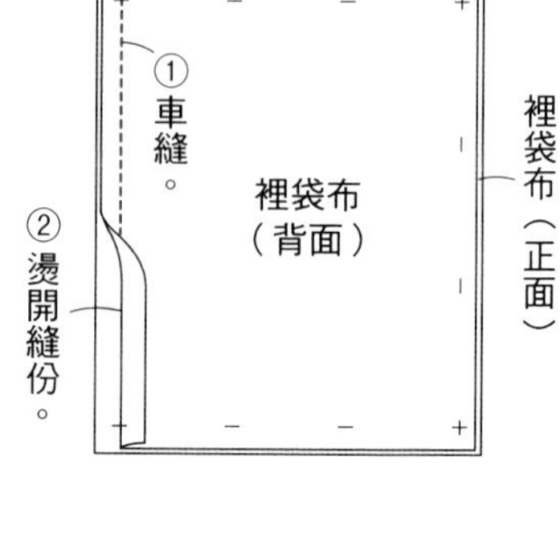
①車縫。
②燙開縫份。
裡袋布
（背面）
裡袋布（正面）

❷ 縫合表袋布A至C

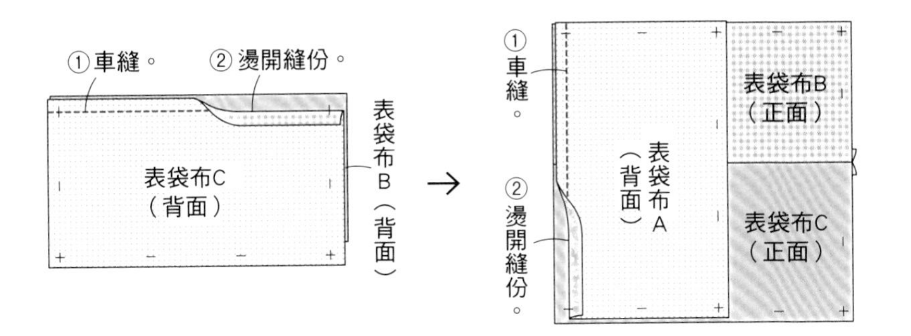

①車縫。
②燙開縫份。
表袋布C
（背面）
表袋布B（背面）
①車縫。
②燙開縫份。
表袋布A
（背面）
表袋布B
（正面）
表袋布C
（正面）

❸ 製作提把

※另一條作法亦同。

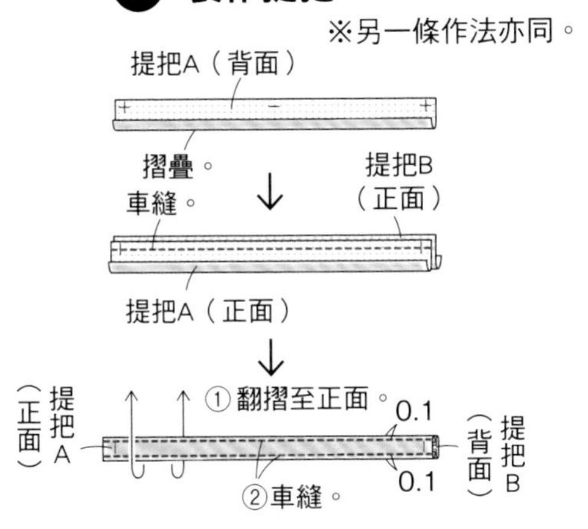

提把A（背面）
摺疊。
車縫。
提把B
（正面）
提把A（正面）
①翻摺至正面。
0.1
0.1
提把A（正面）
提把B（背面）
②車縫。

❹ 將提把暫時固定於表袋布上

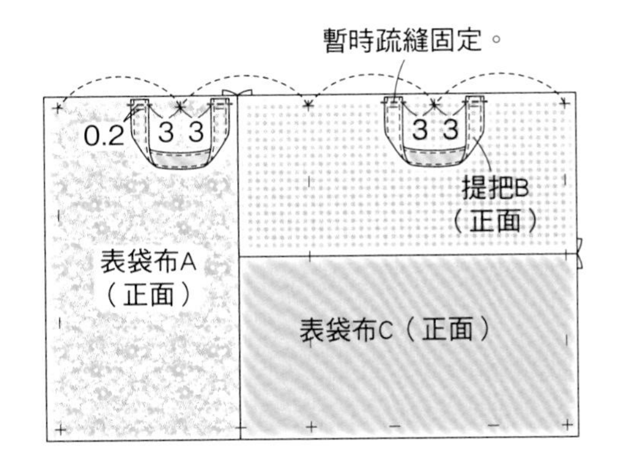

暫時疏縫固定。
0.2
3
3
3
3
提把B
（正面）
表袋布A
（正面）
表袋布C（正面）

❺ 縫合表袋布＆裡袋布

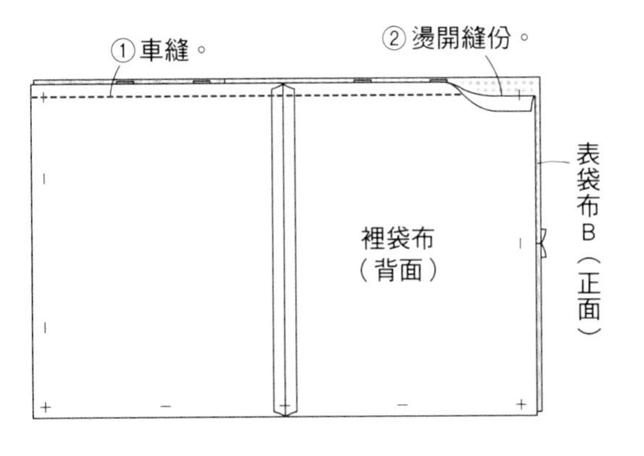

①車縫。
②燙開縫份。
表袋布B（正面）
裡袋布
（背面）

❻ 車縫底線＆脇線

❼ 完成

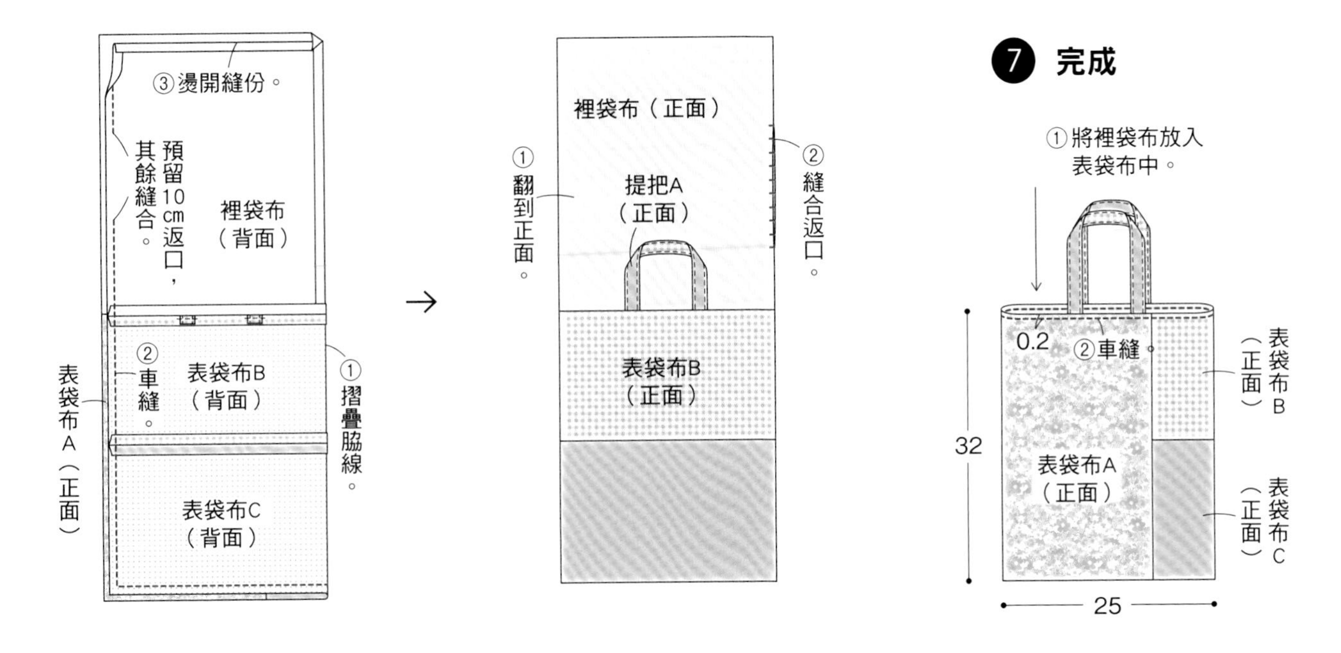

③燙開縫份。
預留10cm返口，其餘縫合。
裡袋布
（背面）
②車縫。
表袋布B
（背面）
表袋布A（正面）
①摺疊脇線。
表袋布C
（背面）
裡袋布（正面）
①翻到正面。
提把A
（正面）
②縫合返口。
表袋布B
（正面）
①將裡袋布放入
表袋布中。
0.2
②車縫。
表袋布B（正面）
表袋布A
（正面）
表袋布C（正面）
32
25

P.4 3至5

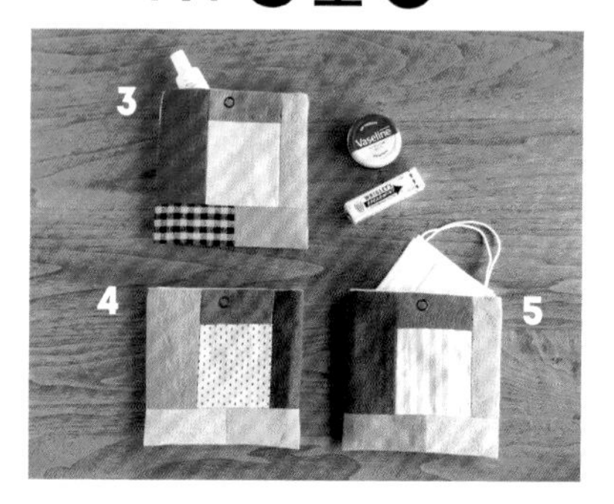

3
4
5

■ 3至5 材料（1個份）

A布…10cm寬 10cm
B布…10cm寬 15cm
C布…10cm寬 15cm
D布…10cm寬 15cm
E布…15cm寬 10cm
F布…15cm寬 10cm
G布…10cm寬 10cm
H布…15cm寬 10cm
I布…15cm寬 15cm
J布…10cm寬 15cm
裡布（麻布・素色）…20cm寬 35cm
五爪釦（直徑1cm）…1組

※A至J布使用棉或麻等布料皆可。

製圖

※製圖不含縫份。

表袋布
（A至J布 各1片）

5 7 袋口
3 A布
C布
11 B布 D布
E布 F布
5 8 底線
29
5 G布 H布
6
I布 J布
8
10 袋口
15

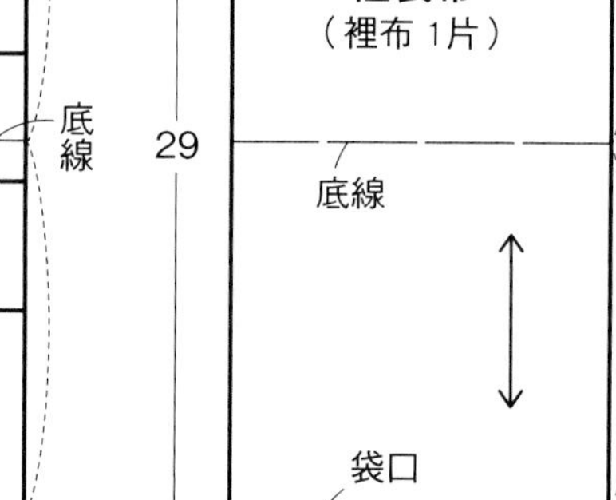

袋口
裡袋布
（裡布 1片）
29
底線
袋口
15

裡布的裁布圖

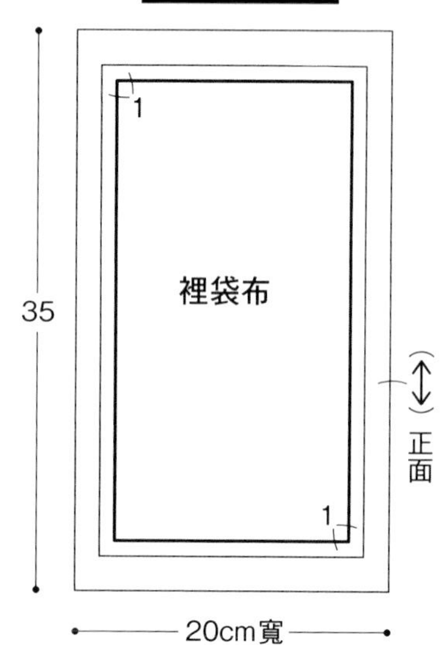

1
35
裡袋布
正面
1
20cm寬

A布的裁布圖

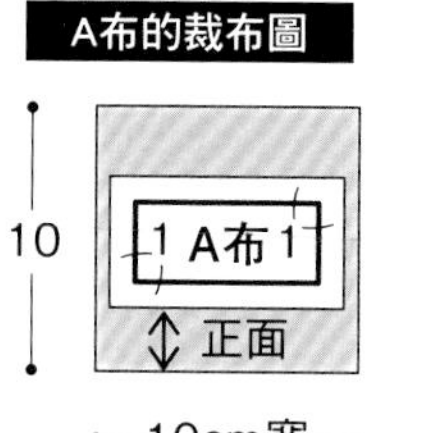

10
1 A布 1
正面
10cm寬

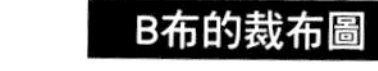

B布的裁布圖

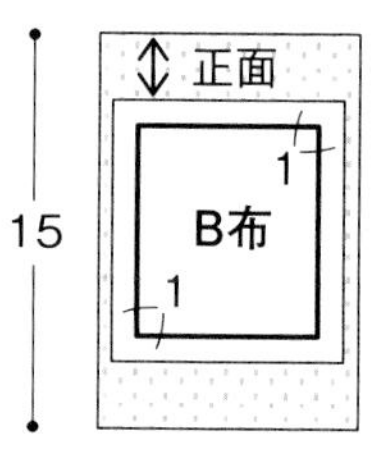

正面
1
15
B布
1
10cm寬

C布的裁布圖

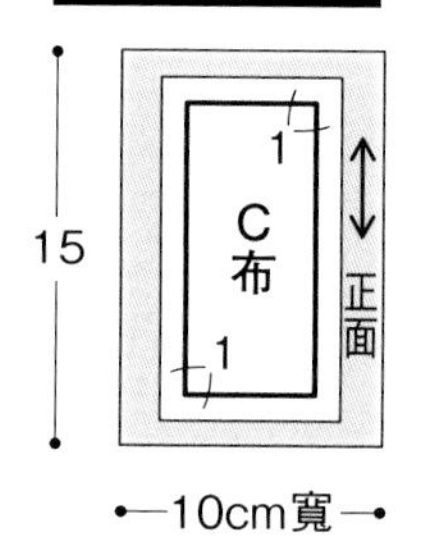

1
15
C
布
正面
1
10cm寬

D布的裁布圖

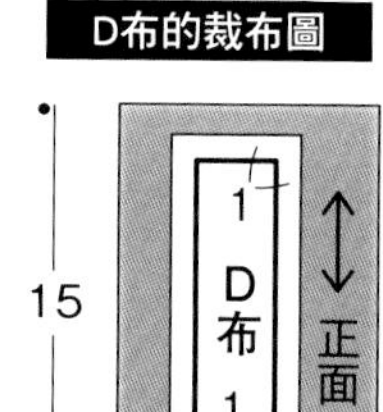

1
15
D
布
正面
1
10cm寬

E布的裁布圖

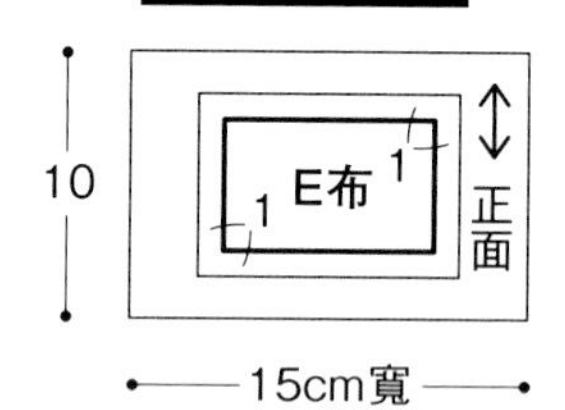

10
1 E布 1
正面
15cm寬

F布的裁布圖

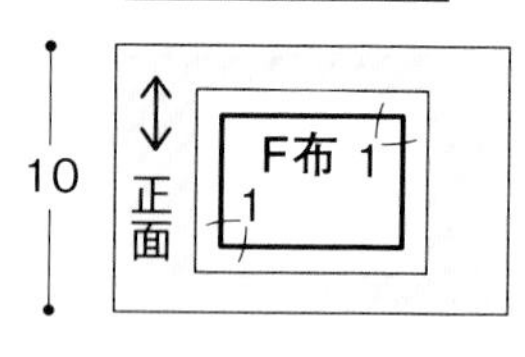

10
正面
F布 1
1
15cm寬

G布的裁布圖

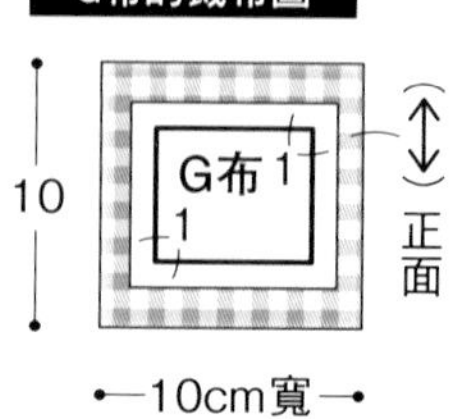

10
G布 1
1
正面
10cm寬

H布的裁布圖

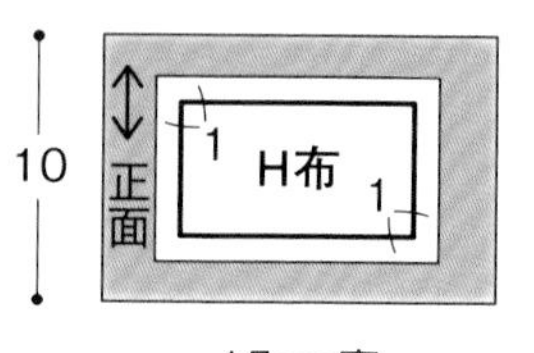

10
正面
1
H布
1
15cm寬

I布的裁布圖

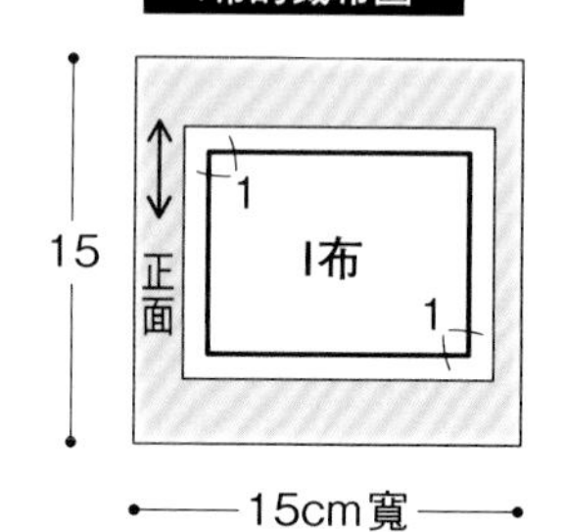

15
正面
1
I布
1
15cm寬

J布的裁布圖

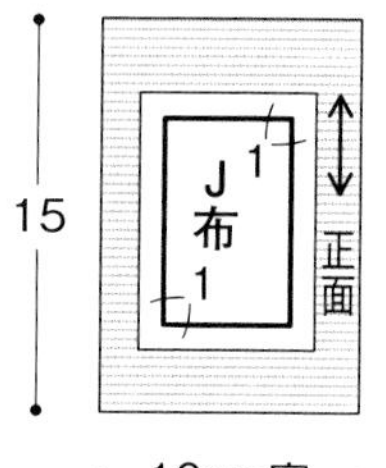

15
J
布
1
1
正面
10cm寬

作法

1 縫合A至D布

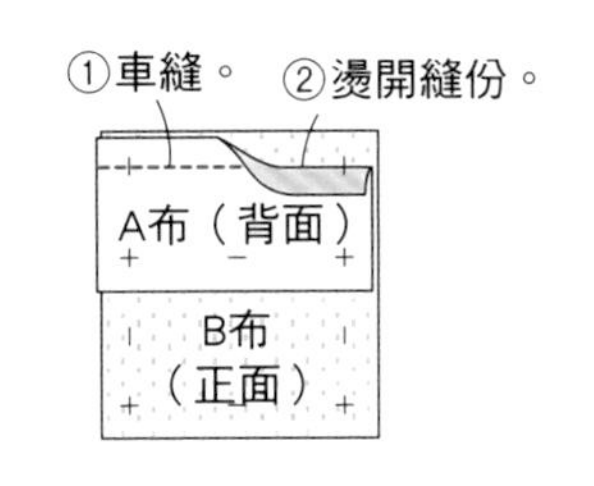
①車縫。
②燙開縫份。
A布（背面）
B布（正面）

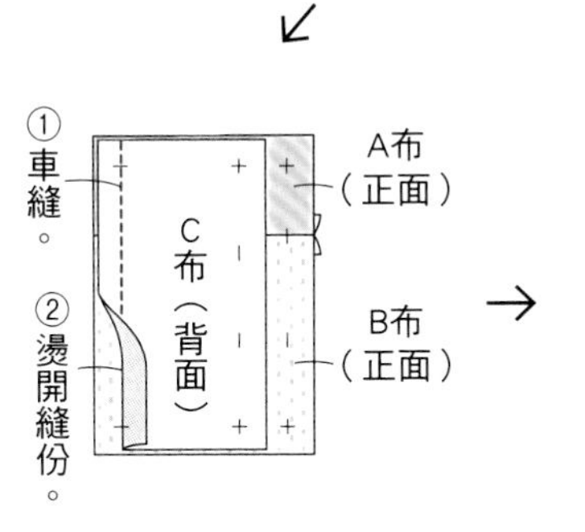
①車縫。
②燙開縫份。
C布（背面）
A布（正面）
B布（正面）

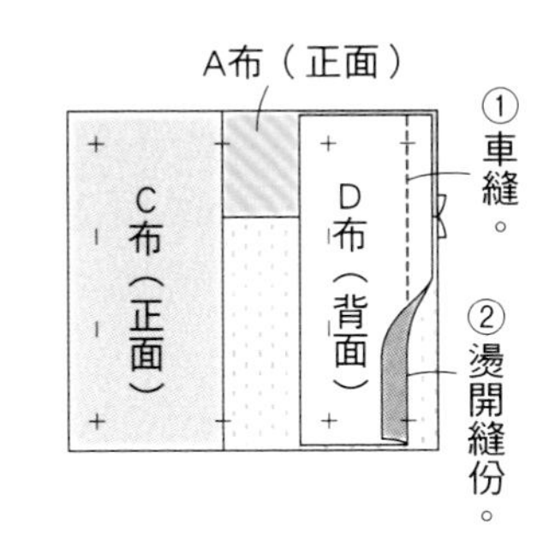
A布（正面）
C布（正面）
D布（背面）
①車縫。
②燙開縫份。

2 縫合E・F布

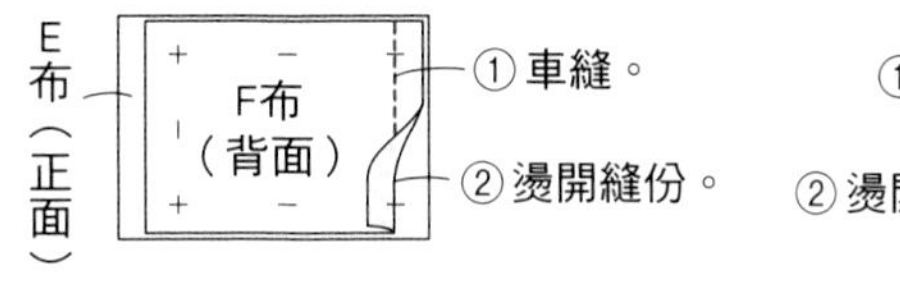
E布（正面）
F布（背面）
①車縫。
②燙開縫份。

3 縫合G・H布

①車縫。
②燙開縫份。
G布（背面）
H布（正面）

4 縫合I・J布

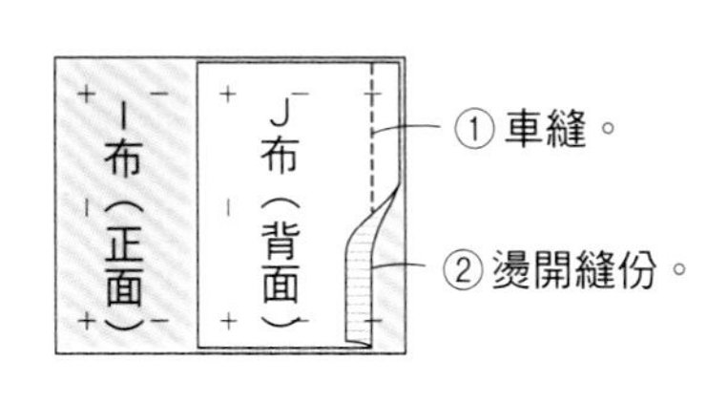
I布（正面）
J布（背面）
①車縫。
②燙開縫份。

5 縫合表袋布

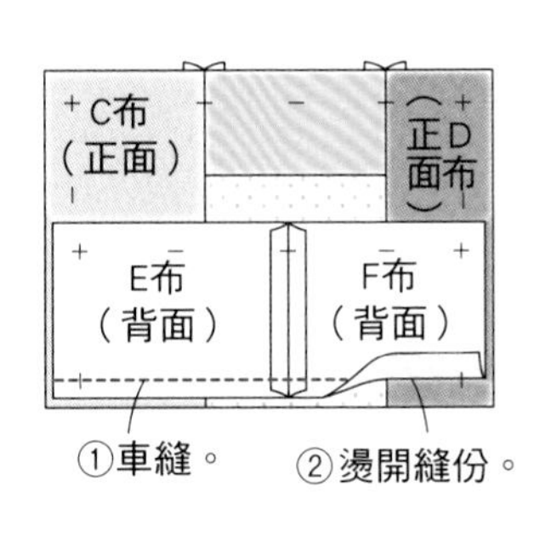
C布（正面）
D布（正面）
E布（背面）
F布（背面）
①車縫。
②燙開縫份。

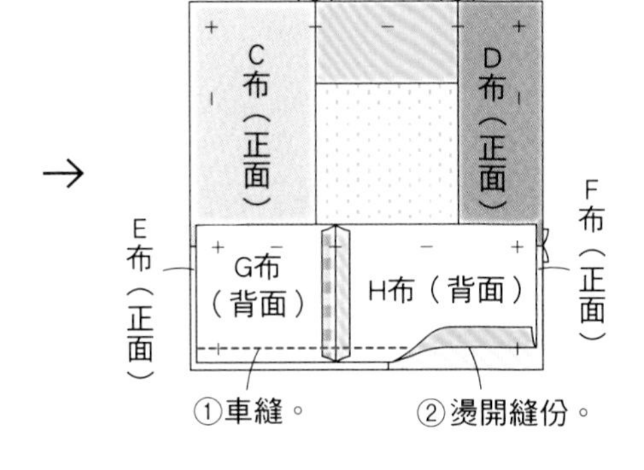
C布（正面）
D布（正面）
E布（正面）
F布（正面）
G布（背面）
H布（背面）
①車縫。
②燙開縫份。

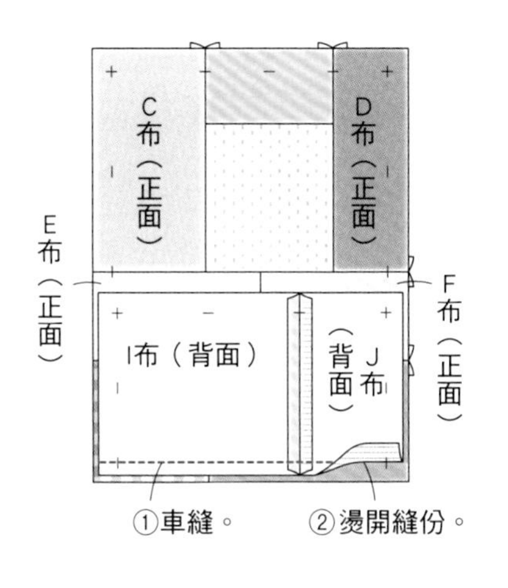
C布（正面）
D布（正面）
E布（正面）
F布（正面）
I布（背面）
J布（背面）
①車縫。
②燙開縫份。

6 縫合表袋布＆裡袋布

7 完成

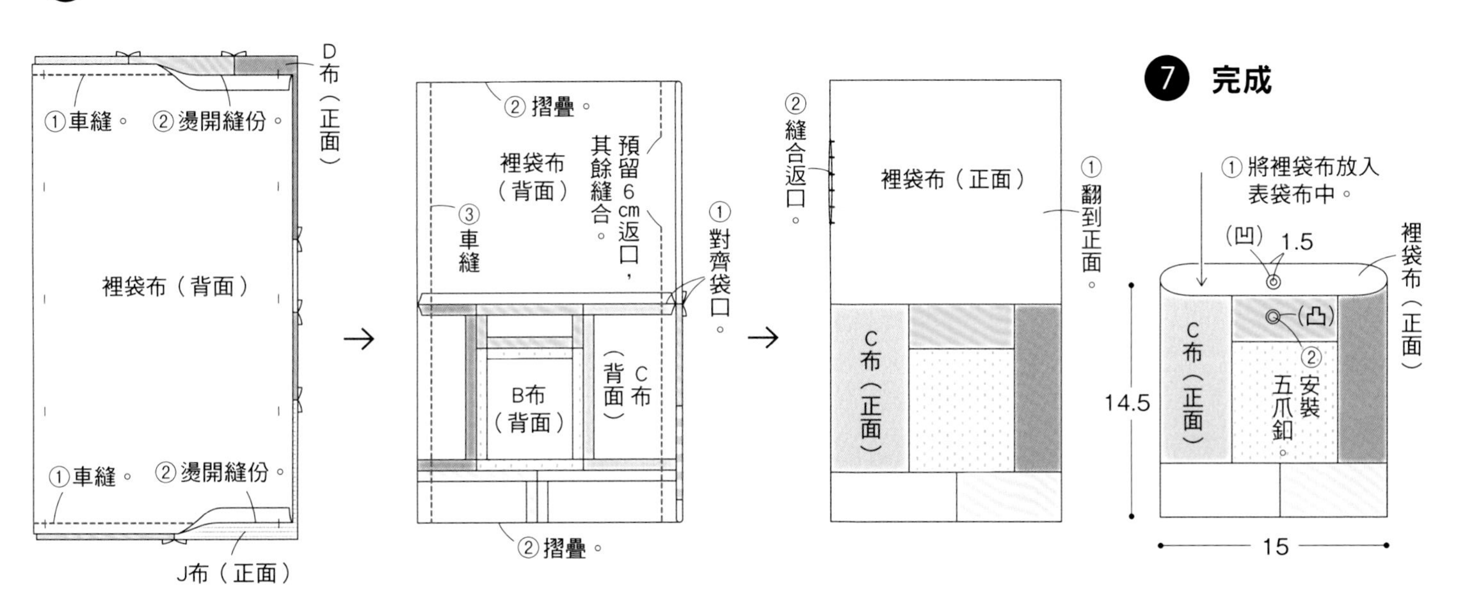
D布（正面）
①車縫。
②燙開縫份。
裡袋布（背面）
①車縫。
②燙開縫份。
J布（正面）
②摺疊。
裡袋布（背面）
預留6cm返口，其餘縫合。
③車縫
①對齊袋口。
B布（背面）
C布（背面）
②摺疊。
②縫合返口。
裡袋布（正面）
①翻到正面。
C布（正面）
①將裡袋布放入表袋布中。
(凹)
1.5
(凸)
②安裝五爪釦。
裡袋布（正面）
C布（正面）
14.5
15

P.5 6

■ 材料

A布…15cm寬 15cm
B布…20cm寬 15cm
C布…15cm寬 15cm
D布…15cm寬 15cm
E布…15cm寬 15cm
F布…20cm寬 15cm
G布…15cm寬 10cm
H布…15cm寬 10cm
I布…15cm寬 15cm
J布…15cm寬 15cm
K布…20cm寬 15cm
L布…15cm寬 15cm
M布…15cm寬 15cm
配布（棉布・素色）…25cm寬 35cm
裡布（麻布・素色）…70cm寬 25cm

※A至M布使用棉或麻等布料皆可。

製圖

※製圖不含縫份。

表袋布①（A至F布 各1片）
提把接縫位置
5 5 11 13 11 A布 B布 C布 20 9 9 D布 11 E布 F布 32

表袋布②（G至M布 各1片）
提把接縫位置
5 5 13 11 10 K布 L布 M布 20 11 10 I布 10 5 G布 5 H布 J布 32

裡袋布（裡布 2片）
20 32

提把（配布 2片）
摺雙 30 0. 2.5

A布的裁布圖
15 A布 1 1 正面 15cm寬

B布的裁布圖
15 B布 1 1 正面 20cm寬

C布的裁布圖
15 C布 1 1 正面 15cm寬

I布的裁布圖
15 I布 1 1 正面 15cm寬

G布的裁布圖
10 G布 1 1 正面 15cm寬

D布的裁布圖
15 D布 1 1 正面 15cm寬

E布的裁布圖
15 E布 1 1 正面 15cm寬

F布的裁布圖
15 F布 1 正面 20cm寬

J布的裁布圖
15 J布 1 1 正面 15cm寬

H布的裁布圖
10 H布 1 1 正面 15cm寬

L布的裁布圖
15 L布 1 1 正面 15cm寬

配布的裁布圖
2.5 1 提把 35 正面 2.5 1 摺雙 25cm寬

裡布的裁布圖
25 1 裡袋布 正面 1 摺雙 70cm寬

K布的裁布圖
15 K布 1 1 正面 20cm寬

M布的裁布圖
15 M布 1 1 正面 15cm寬

作法

1 縫合A至C布

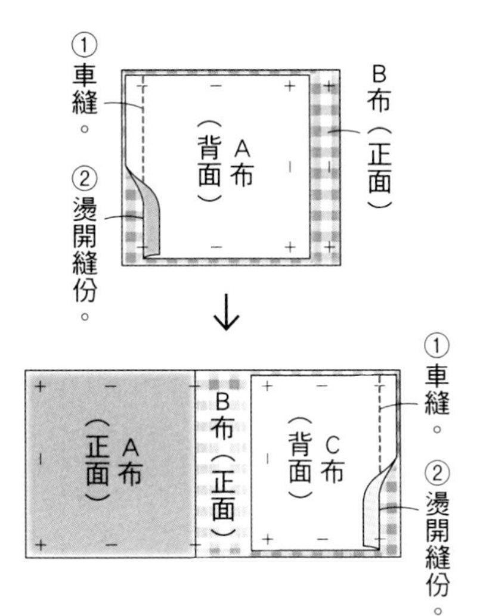
①車縫。
②燙開縫份。
A布（背面）
B布（正面）

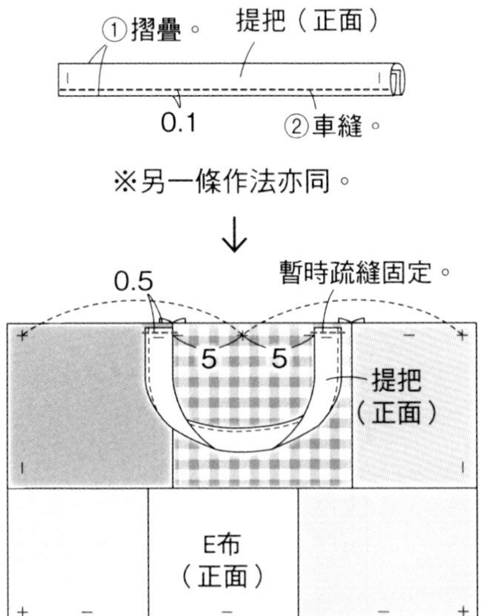
A布（正面）
B布（正面）
C布（背面）
①車縫。
②燙開縫份。

2 縫合D至F布

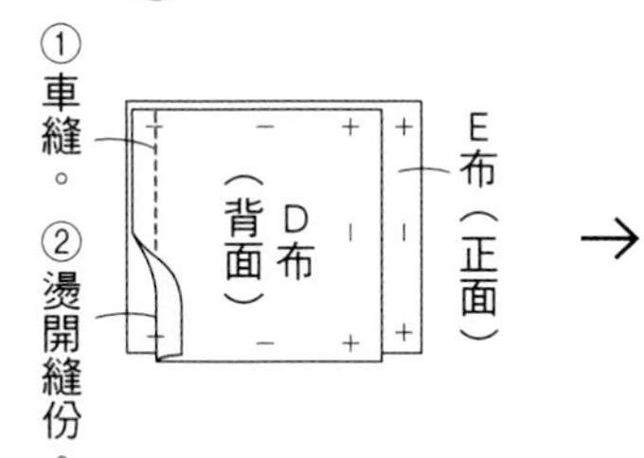
①車縫。
②燙開縫份。
D布（背面）
E布（正面）

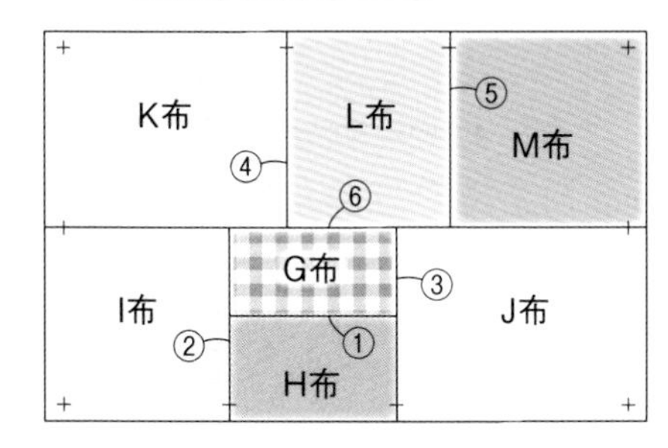
E布（正面）
D布（正面）
F布（背面）
①車縫。
②燙開縫份。

3 製作表袋布①

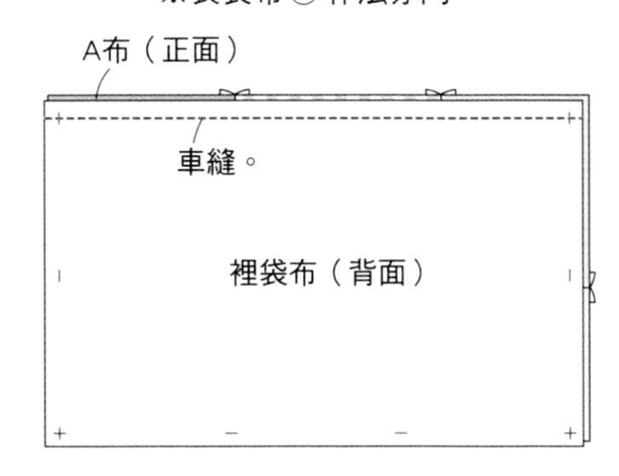
A布（正面）
D布（背面）
E布（背面）
F布（背面）
②燙開縫份。
①車縫。

4 製作表袋布②

※依序縫合①至⑥。

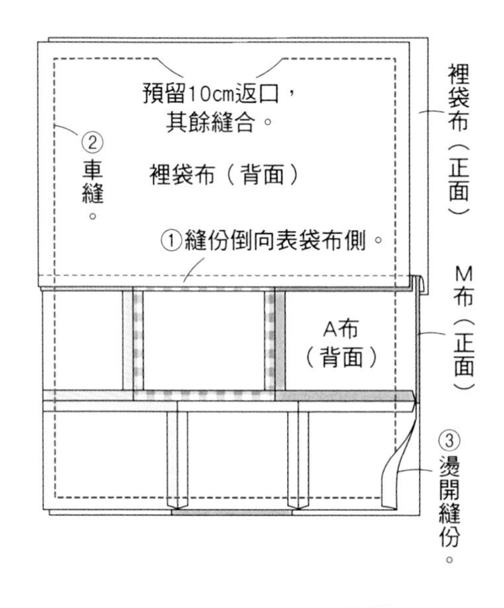
K布
L布
M布
G布
I布
J布
H布

5 製作&接縫提把

①摺疊。
提把（正面）
0.1
②車縫。

※另一條作法亦同。

0.5
暫時疏縫固定。
5
5
提把（正面）
E布（正面）

※表袋布②作法亦同。

6 車縫表袋布&裡袋布的袋口

※表袋布②作法亦同。

A布（正面）
車縫。
裡袋布（背面）

7 車縫底線&脇線

預留10cm返口，其餘縫合。
②車縫。
裡袋布（背面）
①縫份倒向表袋布側。
裡袋布（正面）
M布（正面）
A布（背面）
③燙開縫份。

8 製作側身

※表袋布作法亦同。

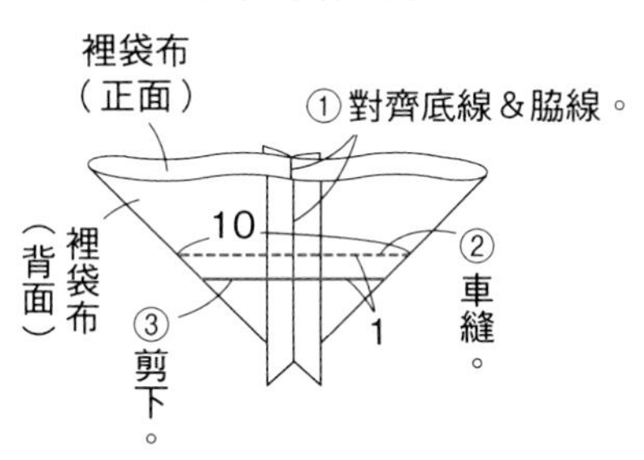
裡袋布（正面）
①對齊底線&脇線。
裡袋布（背面）
10
②車縫。
③剪下。
1

9 翻到正面，縫合返口

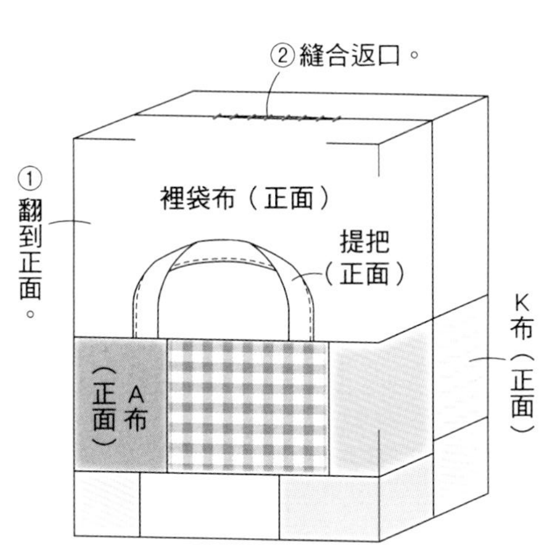
②縫合返口。
①翻到正面。
裡袋布（正面）
提把（正面）
A布（正面）
K布（正面）

10 完成

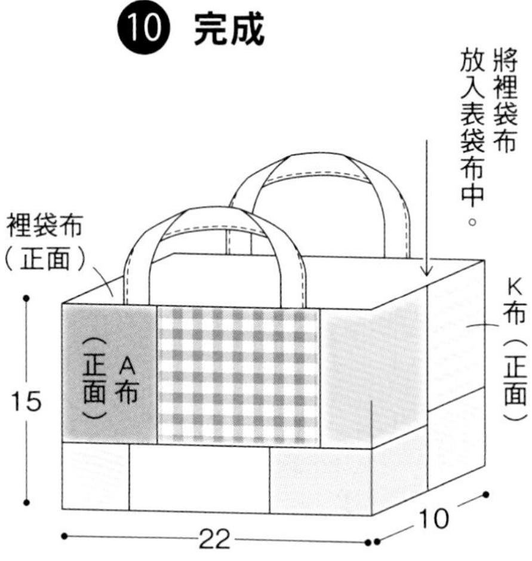
將裡袋布放入表袋布中。
裡袋布（正面）
K布（正面）
A布（正面）
15
22
10

P.12 18・19

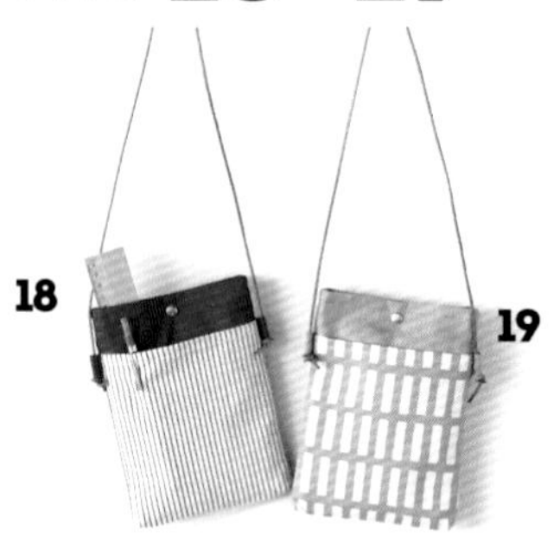
18
19

■18・19 材料（1個份）

表布（棉布・素色）…40cm寬 45cm
配布（棉布・圖案）…20cm寬 25cm
單膠布襯…25cm寬 45cm
四合釦（直徑1cm）…1組
皮繩（粗0.3cm）…160cm

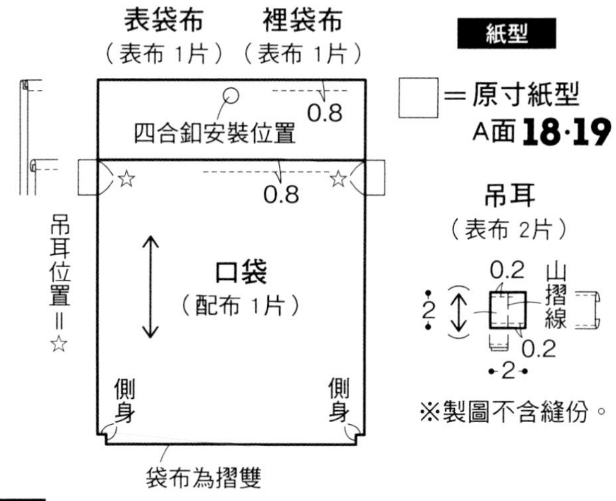
表袋布
（表布 1片）
裡袋布
（表布 1片）
四合釦安裝位置
0.8
0.8
吊耳位置＝☆
口袋
（配布 1片）
側身
側身
袋布為摺雙
紙型
□＝原寸紙型
A面18・19
吊耳
（表布 2片）
0.2
2
山摺線
0.2
2
※製圖不含縫份。

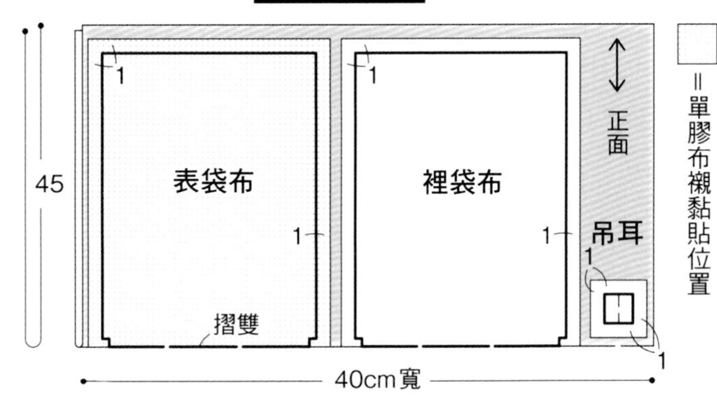
表布的裁布圖
45
表袋布
裡袋布
正面
吊耳
摺雙
40cm寬
□＝單膠布襯黏貼位置

作法

※開始縫製前先貼上單膠布襯。

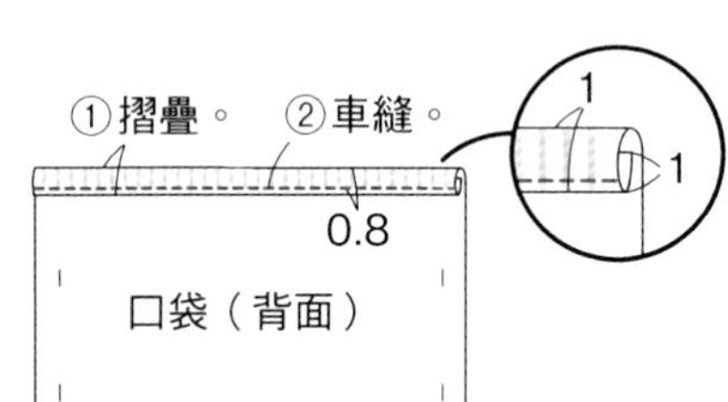
1 製作口袋
①摺疊。
②車縫。
0.8
口袋（背面）

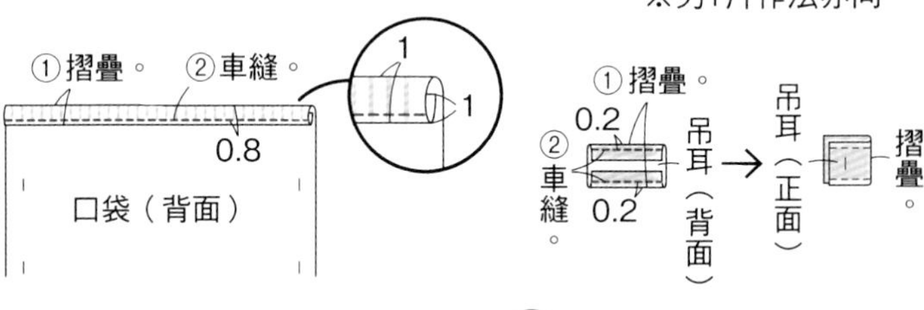
2 製作吊耳
※另1片作法亦同
①摺疊。
0.2
②車縫。
0.2
吊耳（背面）
吊耳（正面）
摺疊。

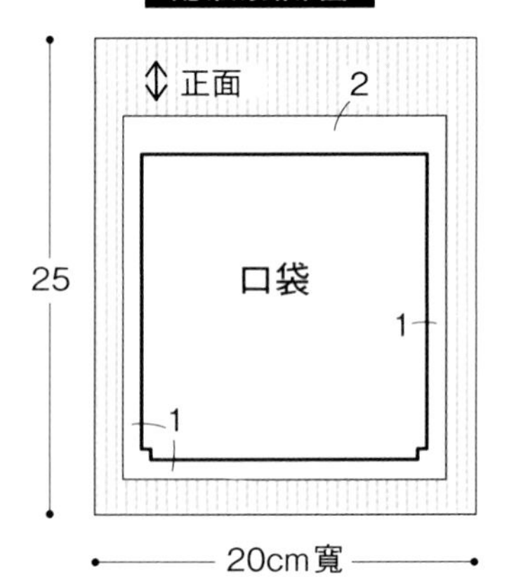
配布的裁布圖
正面
2
25
口袋
20cm寬

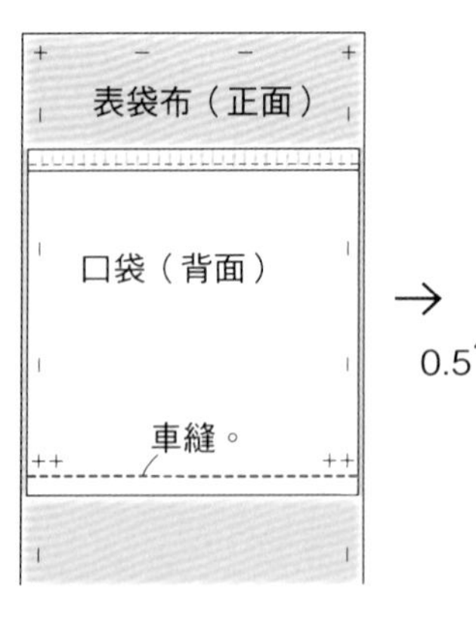
3 製作口袋
表袋布（正面）
口袋（背面）
車縫。

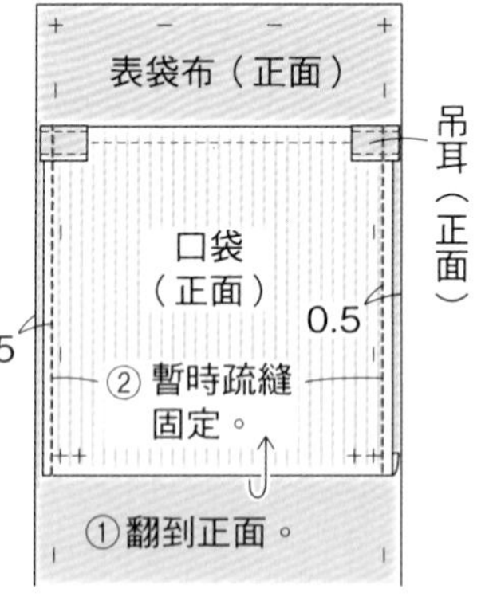
表袋布（正面）
吊耳（正面）
口袋
（正面）
0.5
0.5
②暫時疏縫
固定。
①翻到正面。

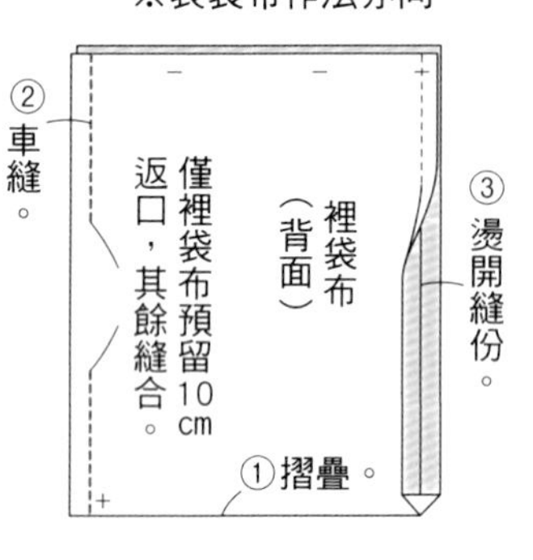
4 縫製脇線
※表袋布作法亦同。
②車縫。
僅裡袋布預留10cm返口，其餘縫合。
裡袋布（背面）
③燙開縫份。
①摺疊。

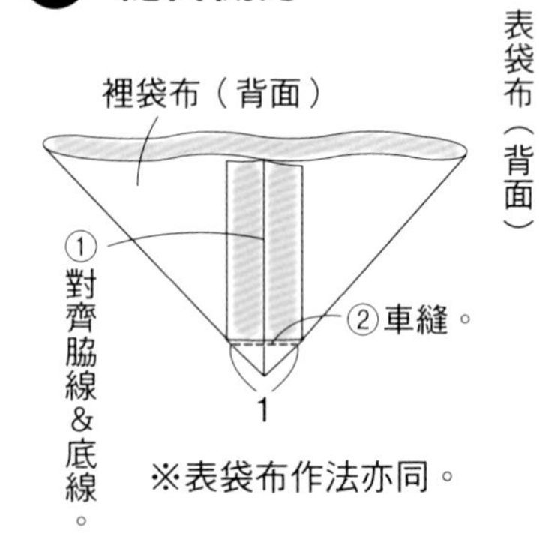
5 縫合側身
裡袋布（背面）
①對齊脇線&底線。
②車縫。
1
※表袋布作法亦同。

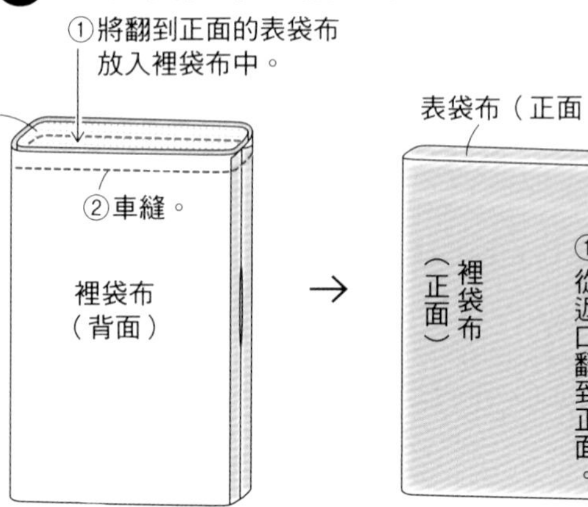
6 縫製表袋布&裡袋布
①將翻到正面的表袋布放入裡袋布中。
表袋布（背面）
②車縫。
裡袋布
（背面）

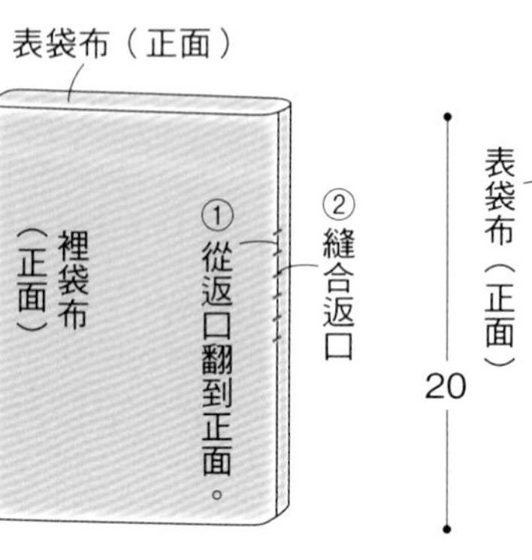
表袋布（正面）
裡袋布（正面）
①從返口翻到正面。
②縫合返口

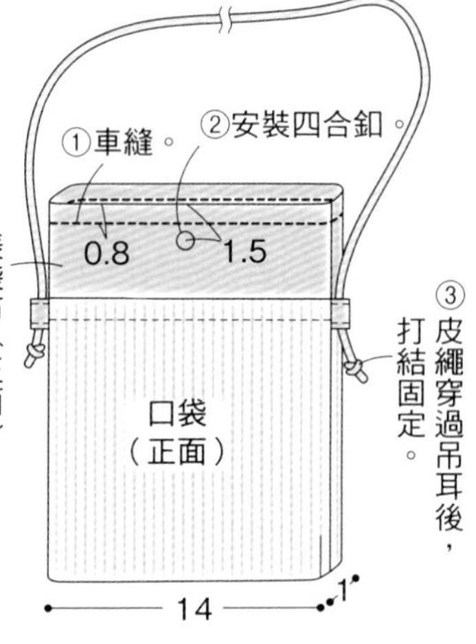
7 完成
①車縫。
②安裝四合釦。
表袋布（正面）
0.8
1.5
③皮繩穿過吊耳後，打結固定。
口袋
（正面）
20
14
1

P.11 17

■ 材料

A布…25cm寬 40cm
B布…15cm寬 40cm
C布…25cm寬 40cm
D布…25cm寬 40cm
E布…15cm寬 40cm
F布…15cm寬 40cm
G布…15cm寬 40cm
H布…20cm寬 40cm
I布…35cm寬 40cm
配布（麻布・素色）…45cm寬 40cm
裡布（麻布・素色）…55cm寬 70cm

※A至I布使用棉或麻等布料皆可。

製圖 ※製圖不含縫份。

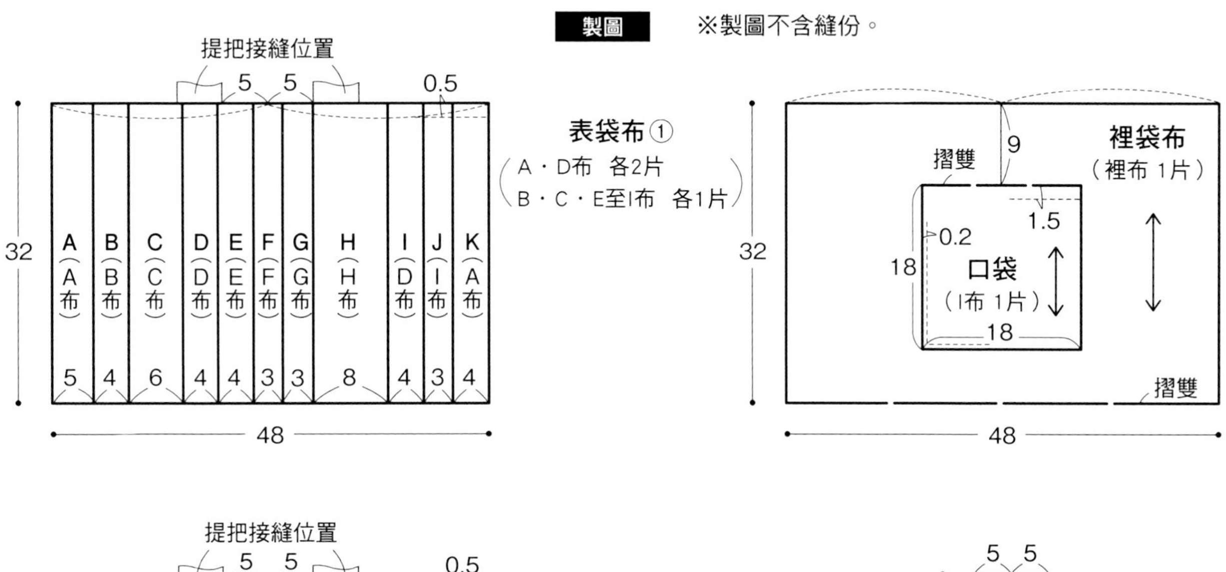

提把接縫位置
5 5 0.5
32
A (A布) 5
B (B布) 4
C (C布) 6
D (D布) 4
E (E布) 4
F (F布) 3
G (G布) 3
H (H布) 8
I (D布) 4
J (I布) 3
K (A布) 4
48
表袋布①
A・D布 各2片
B・C・E至I布 各1片
9
摺雙
裡袋布
（裡布 1片）
1.5
0.2
18
口袋
（I布 1片）
18
32
摺雙
48

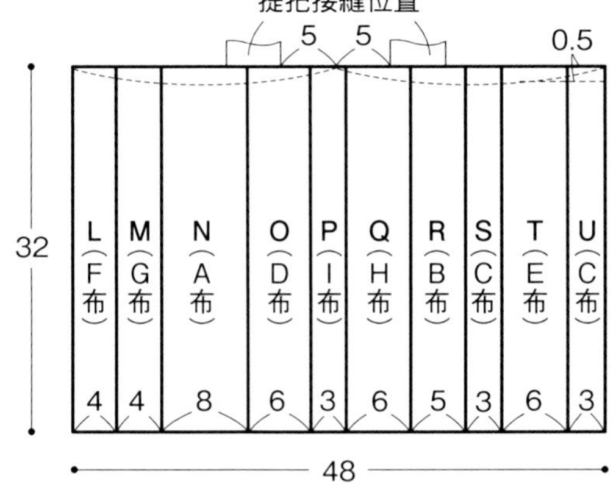

提把接縫位置
5 5 0.5
32
L (F布) 4
M (G布) 4
N (A布) 8
O (D布) 6
P (I布) 3
Q (H布) 6
R (B布) 5
S (C布) 3
T (E布) 6
U (C布) 3
48

表袋布②
（A・B・D至I布 各1片
C布 2片）

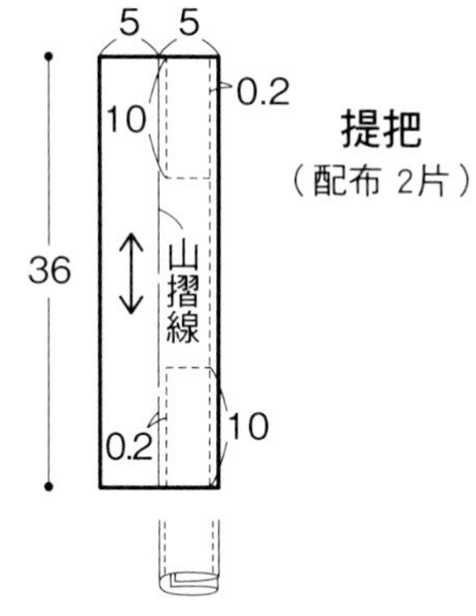

5 5
0.2
10
提把
（配布 2片）
36
山摺線
0.2
10

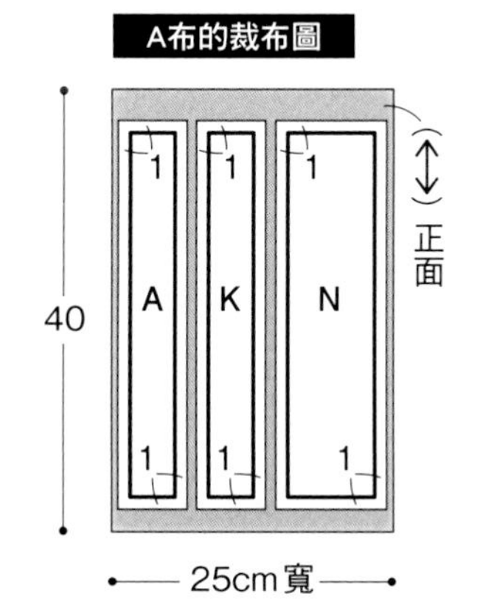

A布的裁布圖
1 1 1
A K N
1 1 1
正面
40
25cm寬

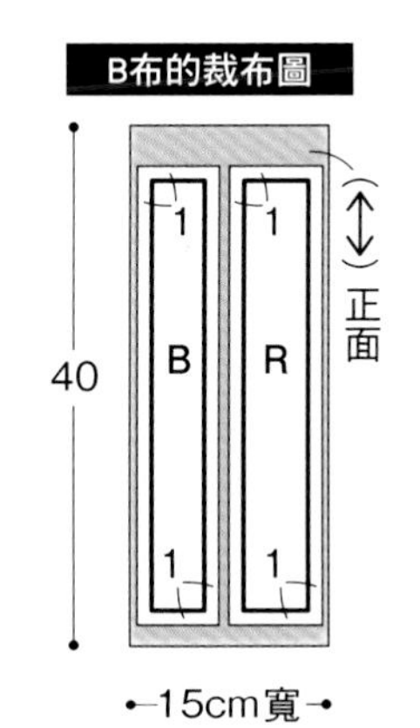

B布的裁布圖
1 1
B R
1 1
正面
40
15cm寬

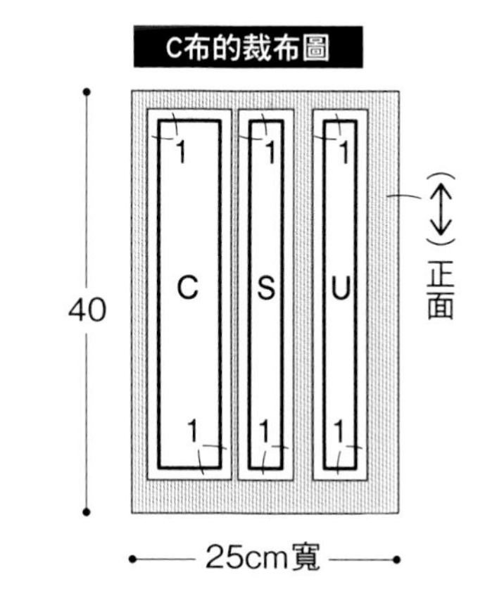

C布的裁布圖
1 1 1
C S U
1 1 1
正面
40
25cm寬

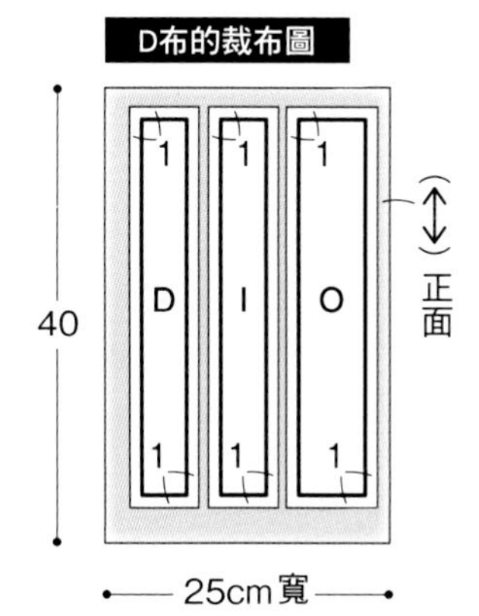

D布的裁布圖
1 1 1
D I O
1 1 1
正面
40
25cm寬

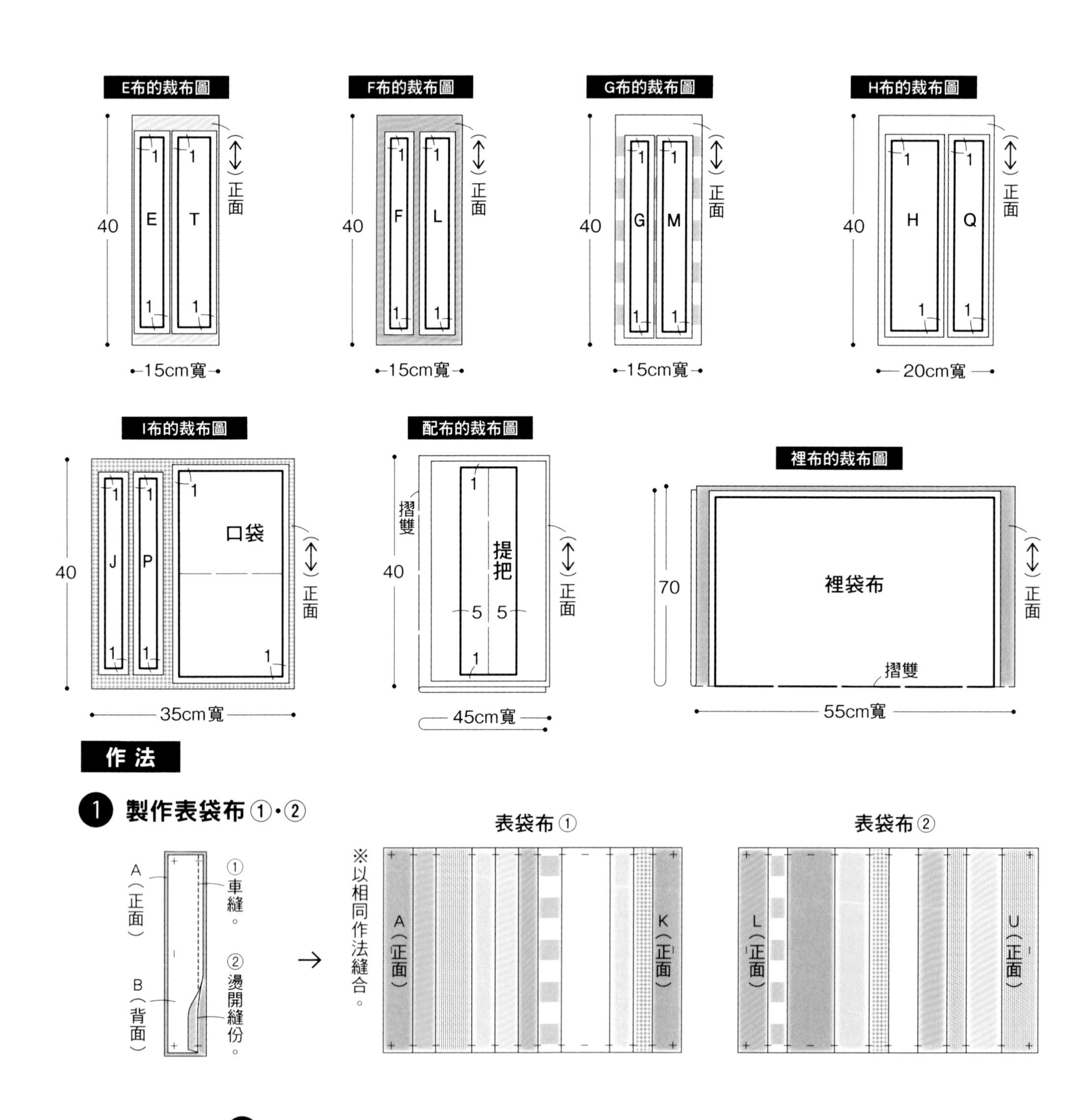
E布的裁布圖
F布的裁布圖
G布的裁布圖
H布的裁布圖
40
15cm寬
20cm寬
正面
I布的裁布圖
35cm寬
口袋
配布的裁布圖
摺雙
提把
45cm寬
裡布的裁布圖
裡袋布
70
55cm寬

作法

1 製作表袋布①・②

A（正面）
B（背面）
①車縫。
②燙開縫份。
※以相同作法縫合。
表袋布①
A（正面）
K（正面）
表袋布②
L（正面）
U（正面）

2 製作口袋

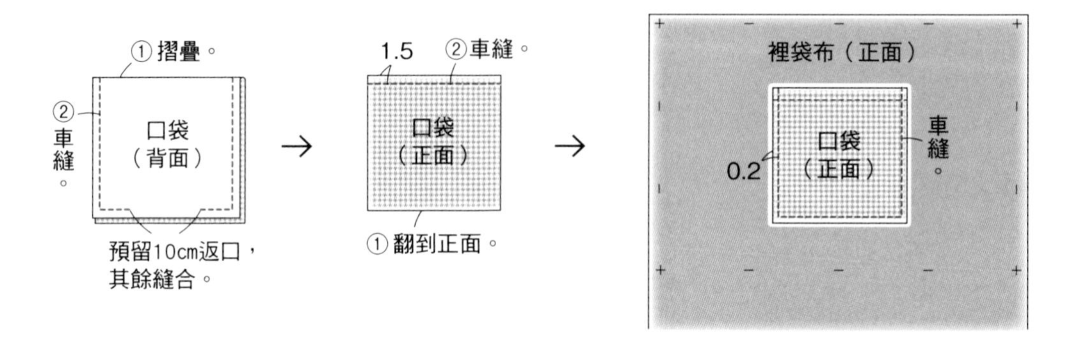
①摺疊。
②車縫。
口袋（背面）
預留10cm返口，其餘縫合。
1.5
②車縫。
口袋（正面）
①翻到正面。
裡袋布（正面）
口袋（正面）
0.2
車縫。

❸ 製作&接縫提把

※另一條作法亦同。

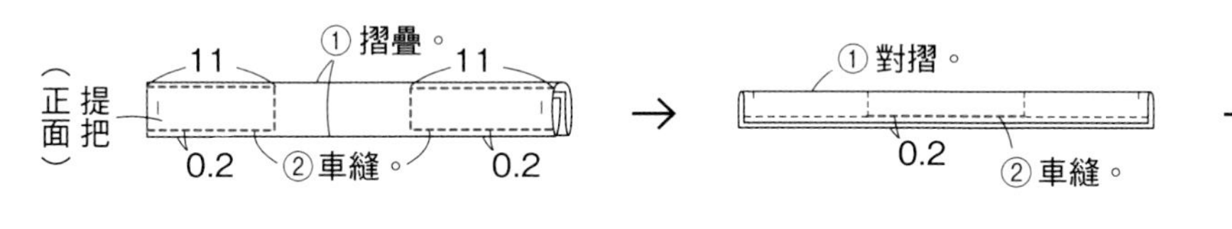

提把（正面）
11
① 摺疊。
11
0.2
② 車縫。
0.2
① 對摺。
0.2
② 車縫。

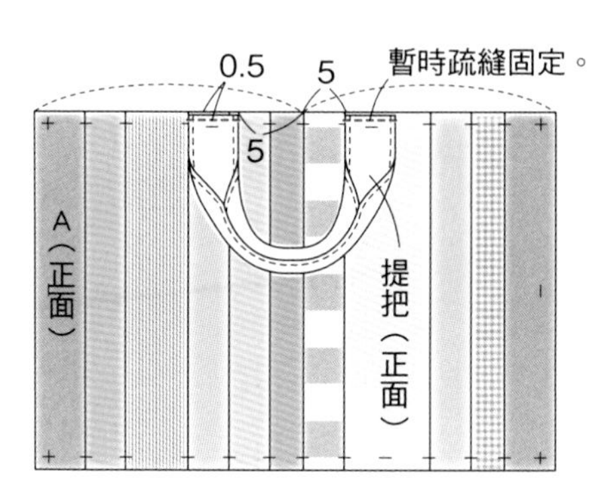

0.5
5
暫時疏縫固定。
5
A（正面）
提把（正面）

❹ 兩片表袋布正面相對縫合

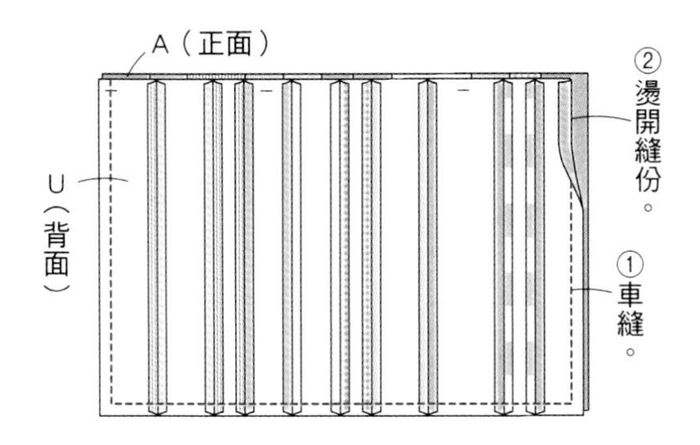

A（正面）
② 燙開縫份。
U（背面）
① 車縫。

❺ 縫製裡袋布脇線

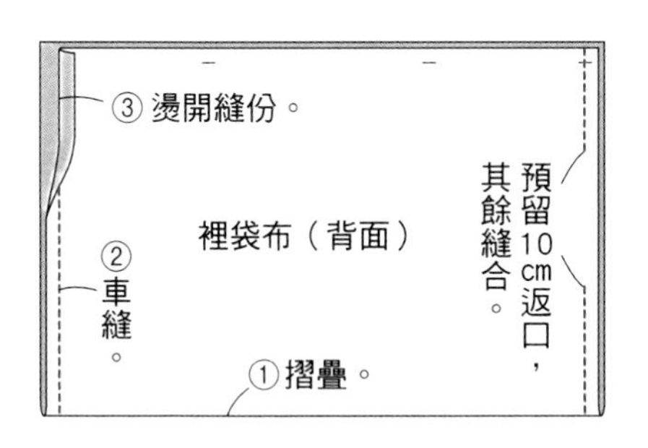

③ 燙開縫份。
裡袋布（背面）
預留10cm返口，其餘縫合。
② 車縫。
① 摺疊。

❻ 縫製側身

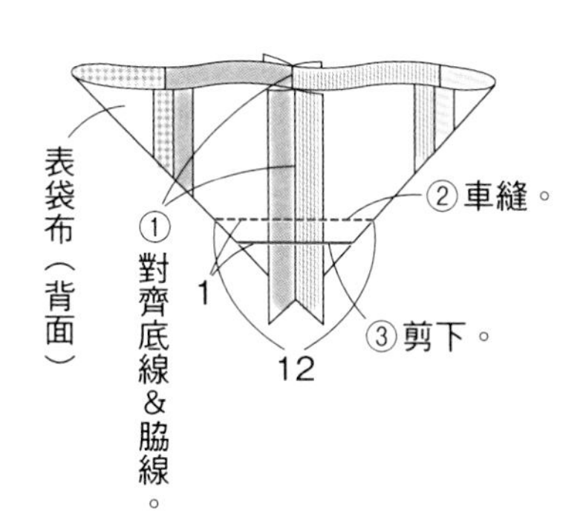

表袋布（背面）
② 車縫。
① 對齊底線&脇線。
1
12
③ 剪下。

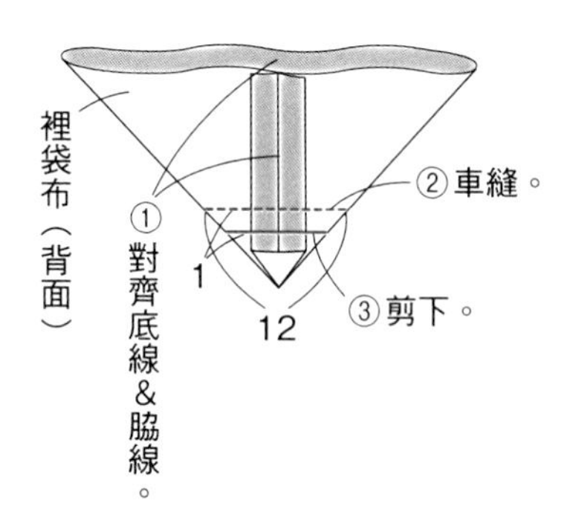

裡袋布（背面）
② 車縫。
① 對齊底線&脇線。
1
12
③ 剪下。

❼ 縫合表袋布&裡袋布

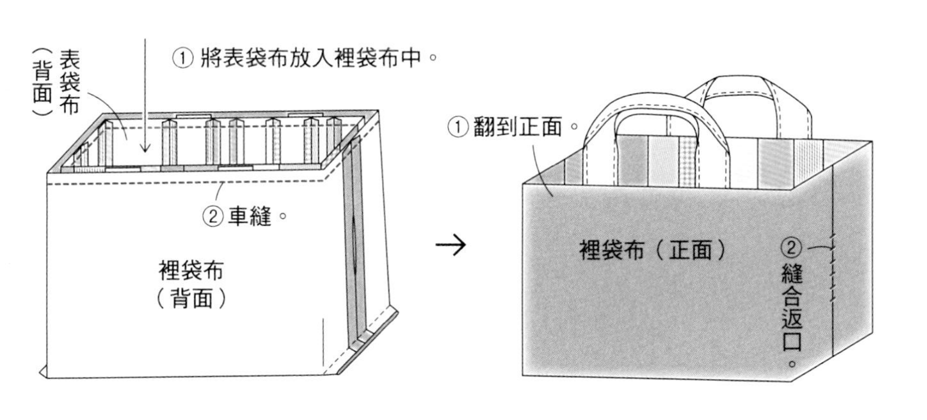

表袋布（背面）
① 將表袋布放入裡袋布中。
② 車縫。
裡袋布（背面）
① 翻到正面。
裡袋布（正面）
② 縫合返口。

❽ 完成

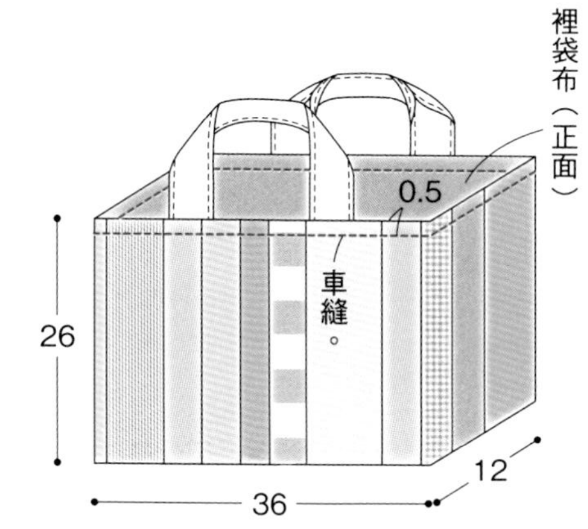

裡袋布（正面）
0.5
車縫。
26
12
36

P.16 23・24

23
24

■ **23・24** 材料（1個份）

A至F布⋯各15cm寬 25cm
配布（棉布・素色）
⋯40cm寬 25cm
裡布（棉布・素色）
⋯70cm寬 25cm
繩子（粗0.4cm）⋯50cm 2條

※A至F布採用棉質或燈芯絨、人造皮草等布料皆可。

A至F布的裁布圖

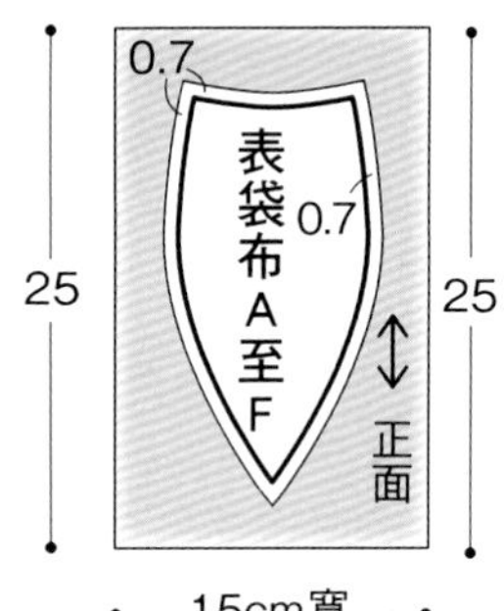

0.7
表袋布A至F
0.7
25
25
正面

15cm寬

裡布的裁布圖

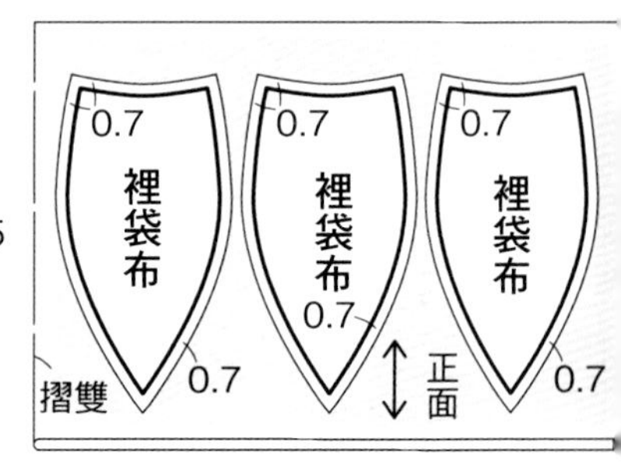

0.7
0.7
0.7
裡袋布
裡袋布
裡袋布
0.7
摺雙
0.7
正面
0.7
70cm寬

紙型・製圖

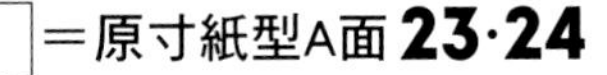

□＝原寸紙型A面23・24

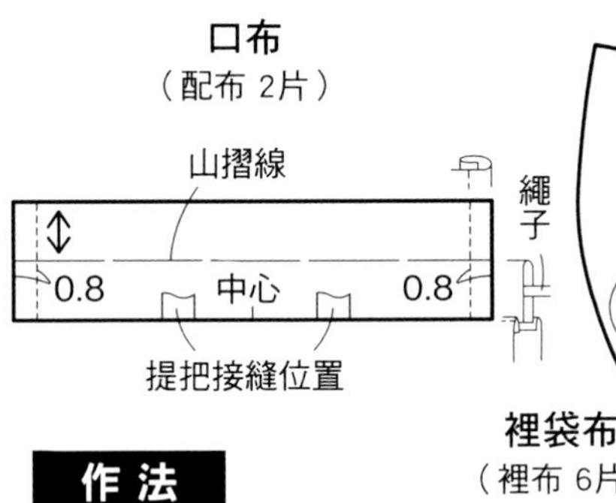

口布
（配布 2片）
山摺線
繩子
0.8
中心
0.8
提把接縫位置

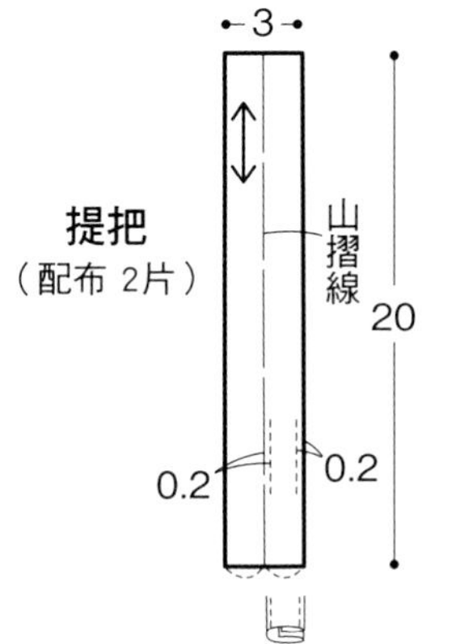

0.2
表袋布
（A至F布各1片）
裡袋布
（裡布 6片）

提把
（配布 2片）

3
山摺線
20
0.2
0.2

※製圖不含縫份。

配布的裁布圖

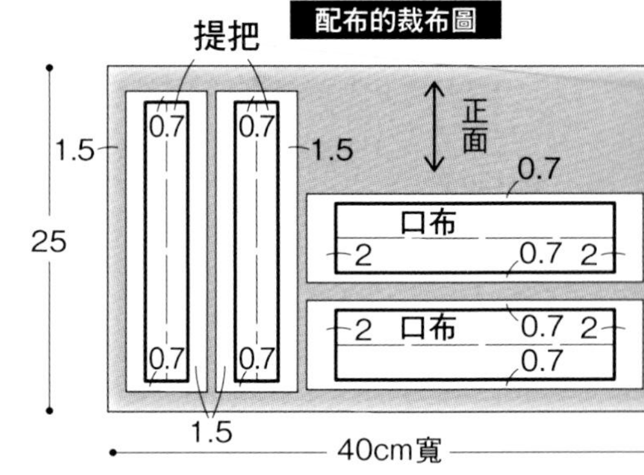

提把
0.7
0.7
1.5
1.5
正面
0.7
25
口布
2
0.7
2
2
口布
0.7
2
0.7
0.7
0.7
1.5
40cm寬

作法

1 製作提把 ※另一條作法亦同。

①摺疊。 0.2 ②車縫。
0.2
提把（正面）

2 製作口布

※另一片作法亦同。

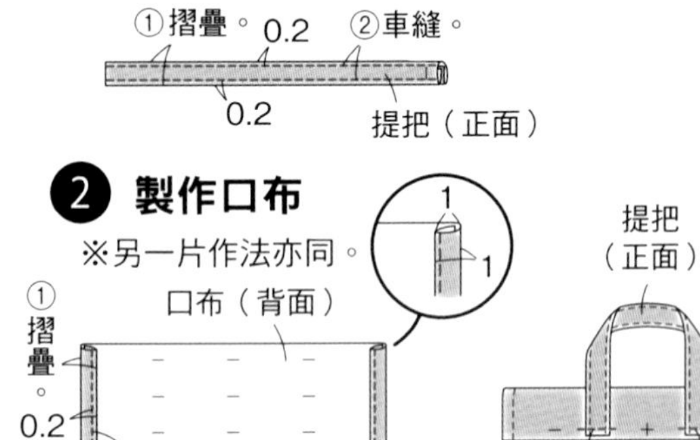

1
1
①摺疊。
口布（背面）
0.2
②車縫。
摺疊。
口布
（正面）
提把
（正面）
口布
（正面）
0.5
暫時疏縫固定。

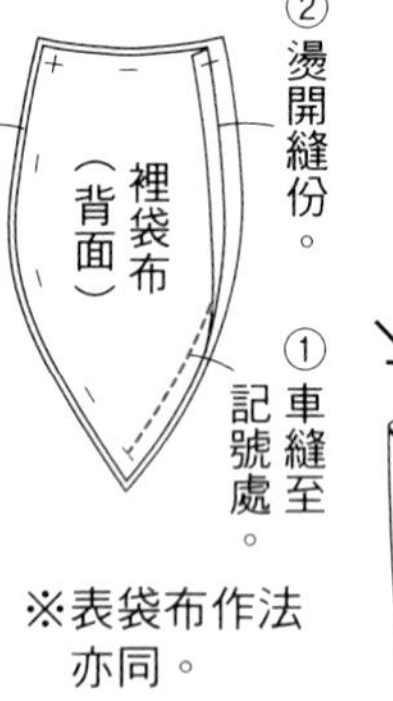

裡袋布（正面）
裡袋布（背面）
②燙開縫份。
①車縫至記號處。

※表袋布作法亦同。

3 製作袋布

裡袋布
（正面）
裡袋布
（背面）
預留7cm返口，其餘縫合。
表袋布D
（正面）
表袋布F
（正面）
表袋布C
（背面）
表袋布B
（背面）
表袋布A
（背面）

4 暫時固定口布

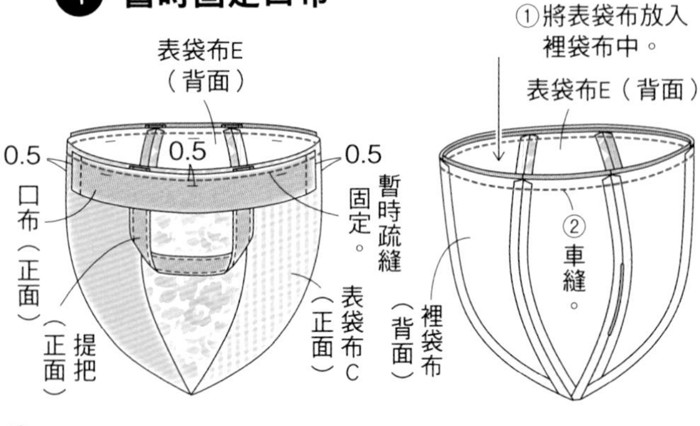

表袋布E
（背面）
0.5
0.5
0.5
口布（正面）
暫時疏縫固定。
提把（正面）
表袋布C（正面）
①將表袋布放入裡袋布中。
表袋布E（背面）
②車縫。
裡袋布（背面）

5 縫合表袋布&裡袋布

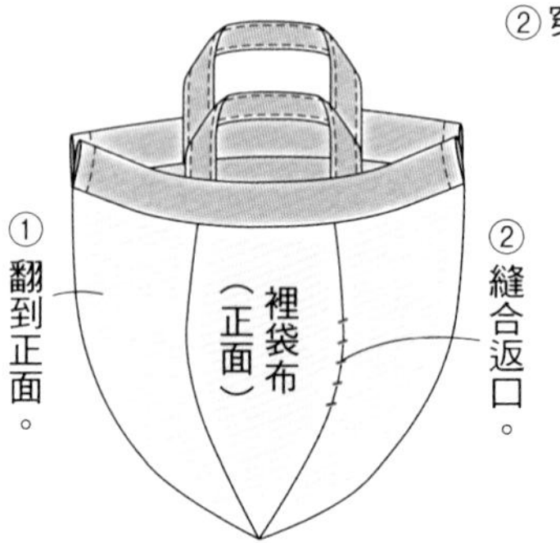

①翻到正面。
裡袋布（正面）
②縫合返口。

6 完成

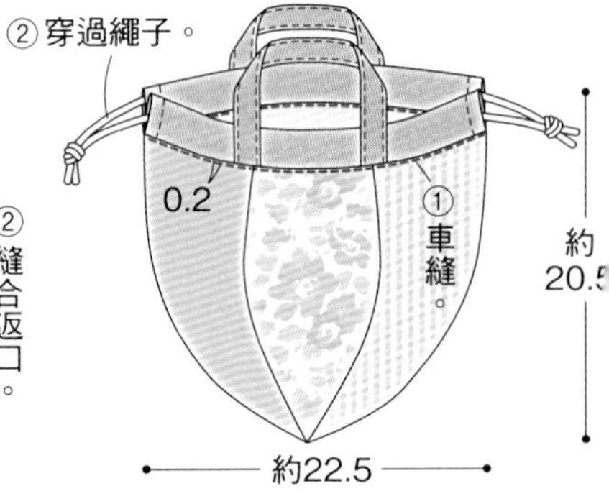

②穿過繩子。
0.2
①車縫。
約20.5
約22.5

繩子穿法

打結。

P.6 **7・8**

7
8

■7・8 材料（1個份）

A布（棉布・圖案或素色）…35cm寬 15cm
B布（棉布・圖案或素色）…35cm寬 15cm
C布（棉布・素色）…30cm寬 15cm
裡布（棉布・素色）…45cm寬 30cm
單膠布襯…35cm寬 30cm
拉鍊（20cm）…1條

紙型 ＝原寸紙型B面 **7・8**

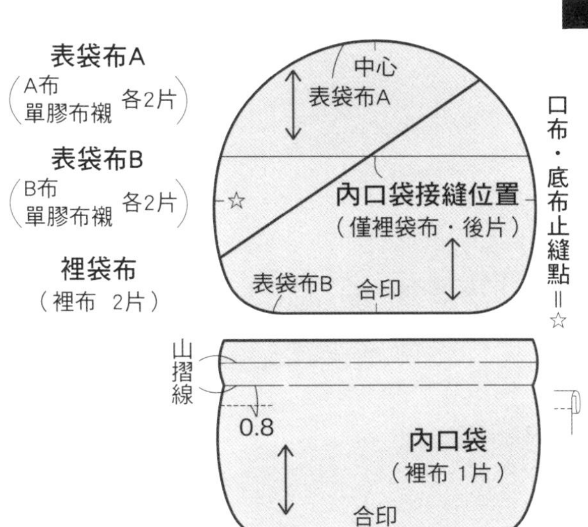

表袋布A
（A布 單膠布襯 各2片）
表袋布B
（B布 單膠布襯 各2片）
裡袋布
（裡布 2片）
中心
表袋布A
內口袋接縫位置
（僅裡袋布・後片）
☆
表袋布B
合印
口布・底布止縫點＝☆
山摺線
0.8
內口袋
（裡布 1片）
合印

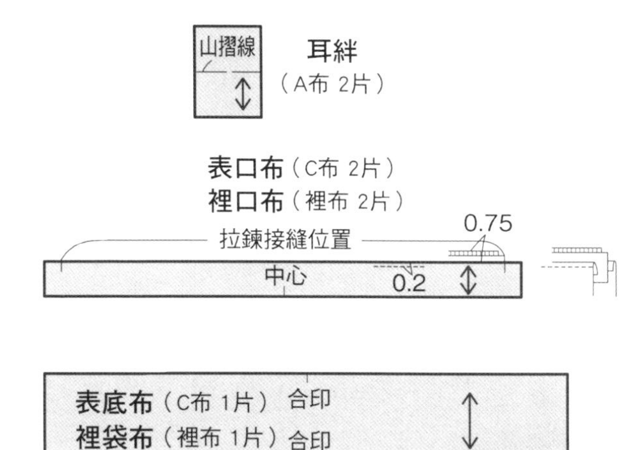

山摺線
耳絆
（A布 2片）
表口布（C布 2片）
裡口布（裡布 2片）
拉鍊接縫位置
0.75
中心
0.2
表底布（C布 1片）合印
裡袋布（裡布 1片）合印

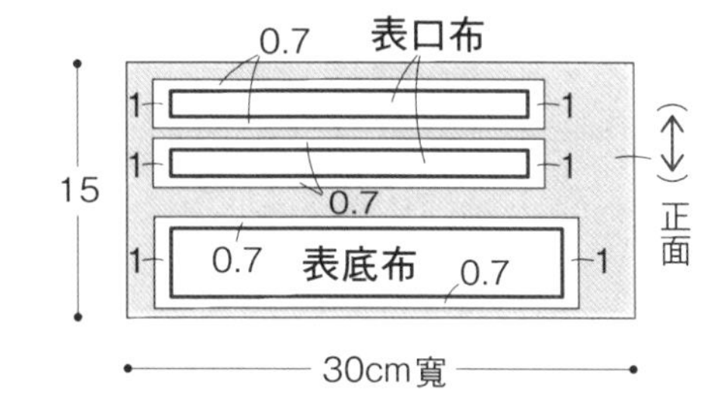

C布的裁布圖
0.7
表口布
1
0.7
表底布
0.7
15
正面
30cm寬

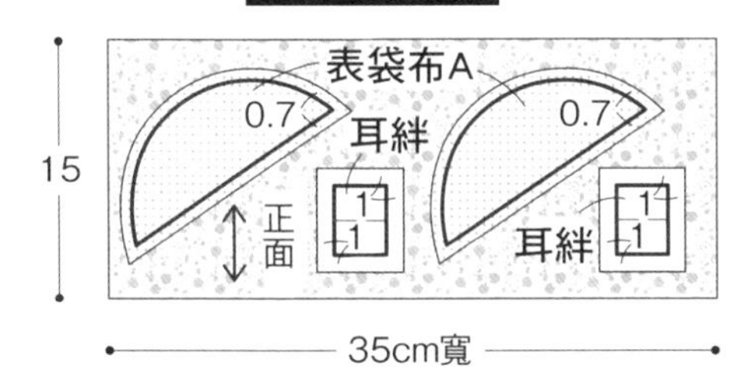

A布的裁布圖
表袋布A
0.7
耳絆
1
15
正面
35cm寬

＝單膠布襯黏貼位置

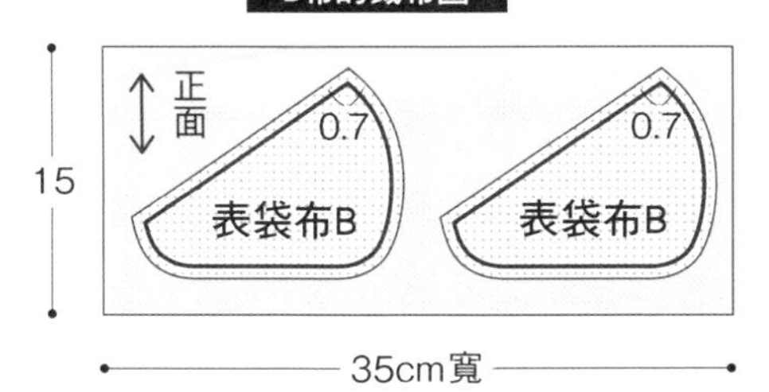

B布的裁布圖
正面
0.7
表袋布B
15
35cm寬

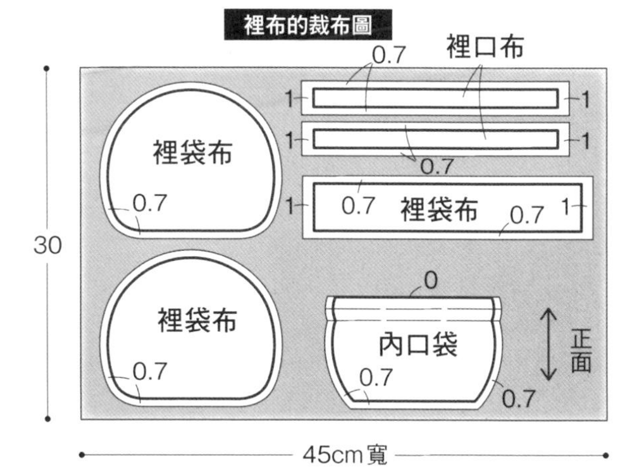

裡布的裁布圖
0.7
裡口布
1
裡袋布
0
內口袋
正面
30
45cm寬

作法 ※開始縫製前先貼上單膠布襯。

❶ 製作耳絆

※另1片作法亦同。

❷ 表口布縫上拉鍊後，與表底布縫合

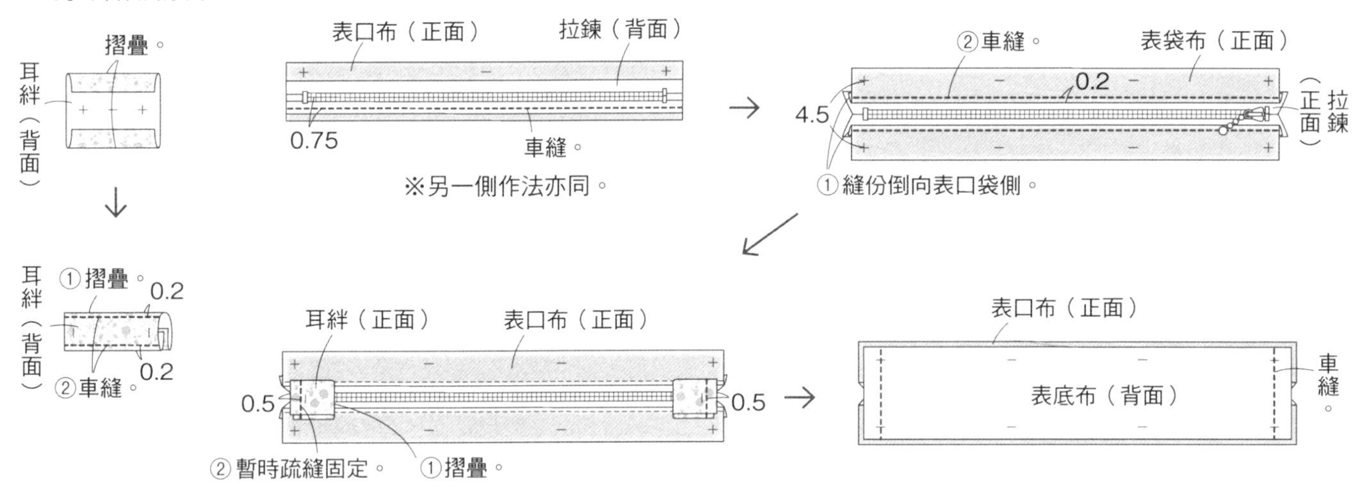

摺疊。
耳絆（背面）
①摺疊。
0.2
②車縫。
0.2
表口布（正面）
拉鍊（背面）
0.75
車縫。
※另一側作法亦同。
②車縫。
表袋布（正面）
0.2
4.5
拉鍊（正面）
①縫份倒向表口袋側。
耳絆（正面）
表口布（正面）
0.5
0.5
②暫時疏縫固定。
①摺疊。
表口布（正面）
表底布（背面）
車縫。

❸ 縫合裡口布&裡底布

❹ 製作表袋布

※另1片作法亦同。

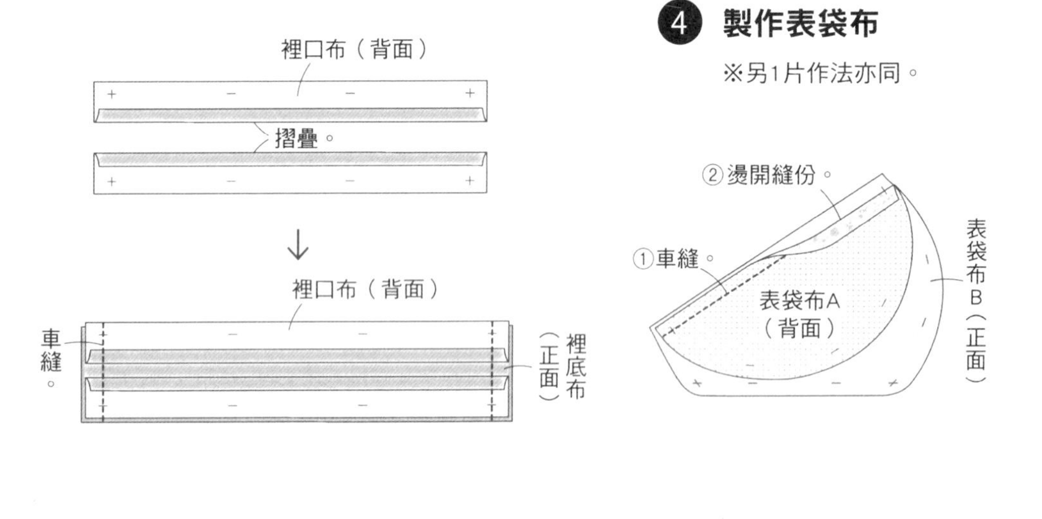

裡口布（背面）
摺疊。
裡口布（背面）
車縫。
裡底布（正面）
②燙開縫份。
①車縫。
表袋布A（背面）
表袋布B（正面）

❺ 製作&接縫內口袋

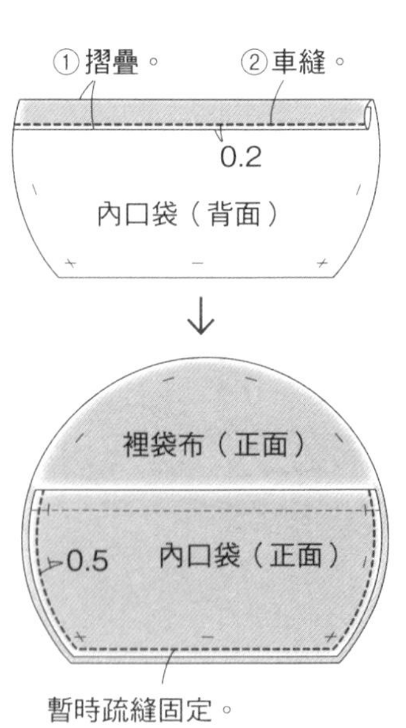

①摺疊。
②車縫。
0.2
內口袋（背面）
裡袋布（正面）
0.5
內口袋（正面）
暫時疏縫固定。

❻ 縫合袋布、口布及底布

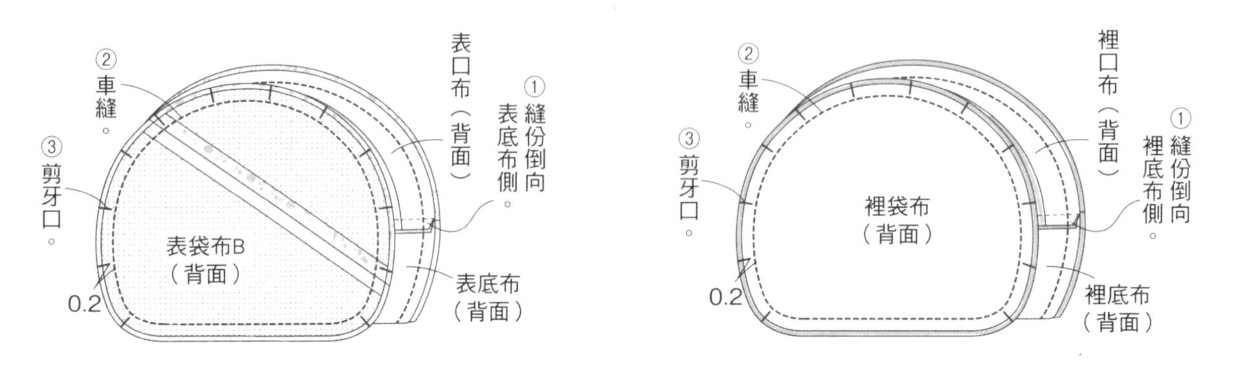

②車縫。
③剪牙口。
表口布（背面）
①縫份倒向表底布側。
表袋布B（背面）
0.2
表底布（背面）
②車縫。
③剪牙口。
裡口布（背面）
①縫份倒向裡底布側。
裡袋布（背面）
0.2
裡底布（背面）

❼ 表袋布＆裡袋布一起壓線車縫

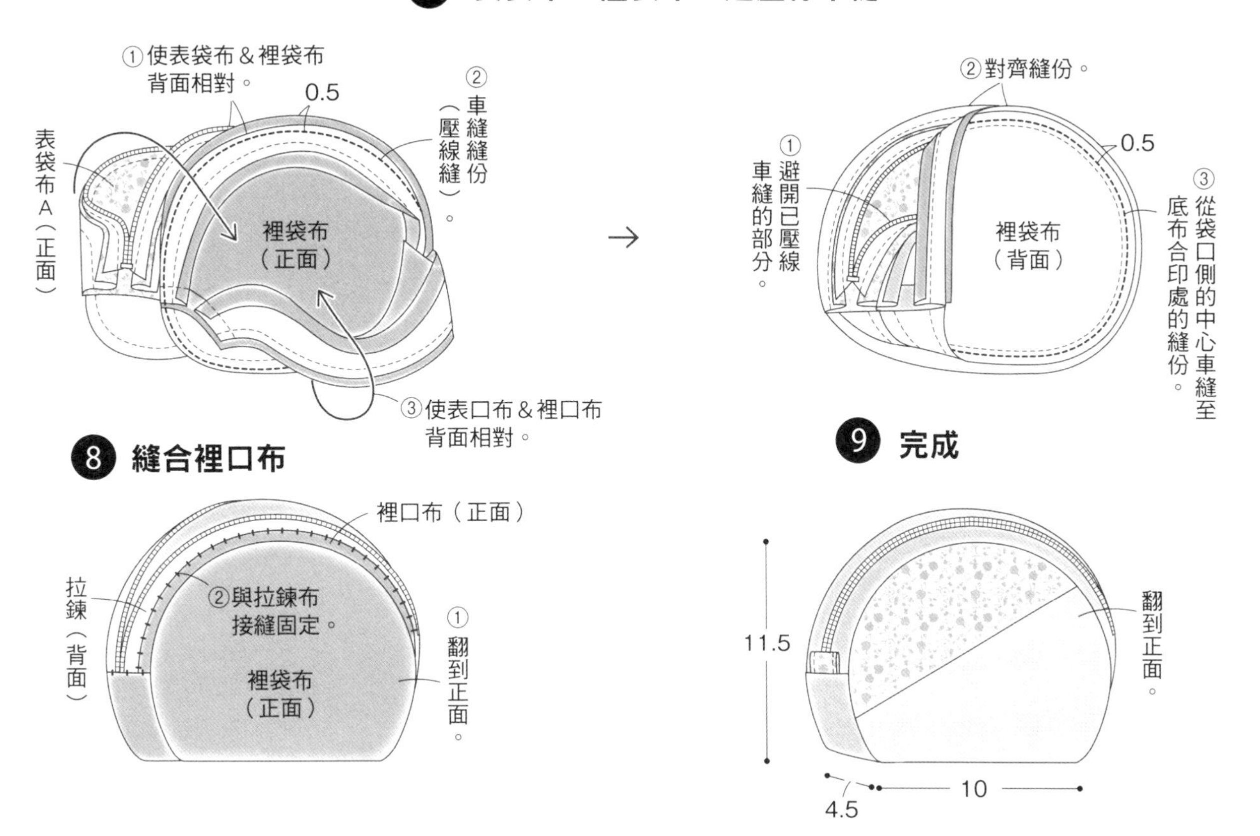

①使表袋布＆裡袋布背面相對。
0.5
②車縫縫份（壓線縫）。
表袋布A（正面）
裡袋布（正面）
③使表口布＆裡口布背面相對。
②對齊縫份。
0.5
①避開已壓線車縫的部分。
③從袋口側的中心車縫至底布合印處的縫份。
裡袋布（背面）
❽ 縫合裡口布
裡口布（正面）
拉鍊（背面）
②與拉鍊布接縫固定。
①翻到正面。
裡袋布（正面）
❾ 完成
11.5
翻到正面。
4.5
10

P.37 57

■ 材料

A至K布（棉布・圖案）…各15cm寬 10cm
壓克力環（外徑13cm）1個
麻繩（粗0.3cm）…35cm

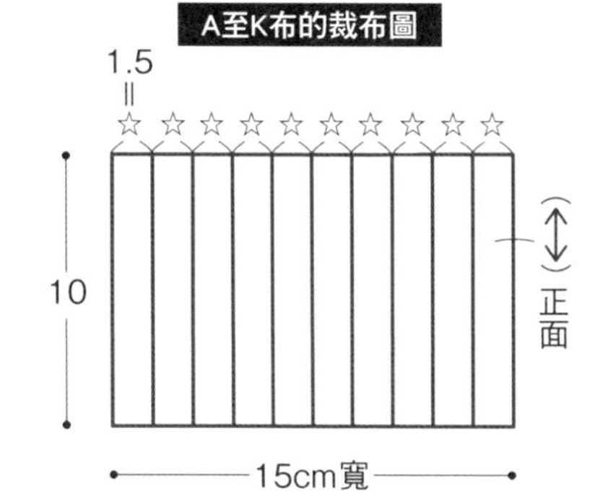

A至K布的裁布圖
1.5
10
（↕）正面
15cm寬

作法

❶ 將A至K布綁在壓克力環上

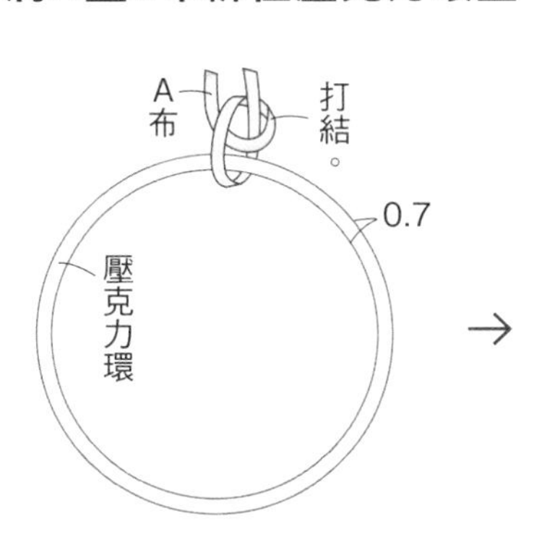

A布
打結。
0.7
壓克力環

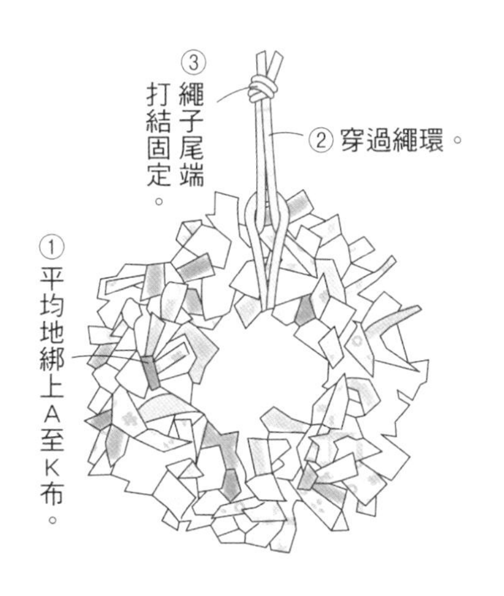

③繩子尾端打結固定。
②穿過繩環。
①平均地綁上A至K布。

❷ 完成

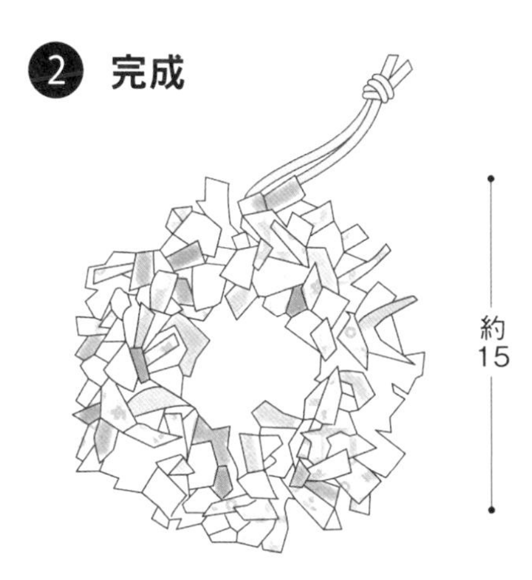

約15

P.7 9

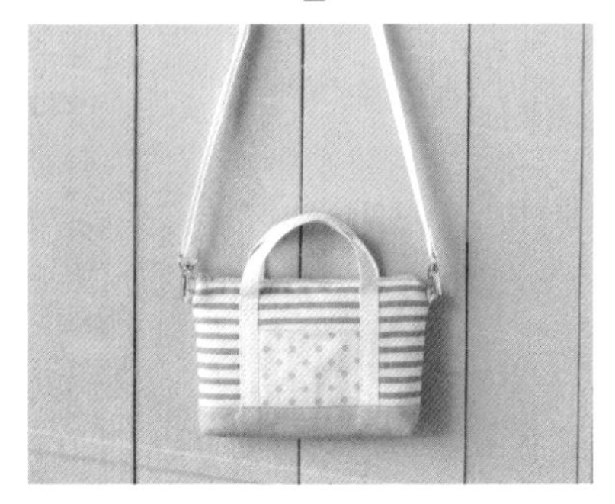

■ 材料（1個份）

表布（棉布・圖案）…15cm寬 50cm
A布（棉布・素色）…25cm寬 15cm
B布（棉布・圖案）…15cm寬 15cm
C布（棉布・素色）…5cm寬 125cm
裡布（棉布・素色）…25cm寬 35cm
羅緞織帶（1.5cm 寬）…38cm 2條
平織拉鍊（20cm）…1條
問號鉤（內徑1.2cm）…2個
日型環（內徑1.2cm）…1個

※製圖不含縫份。

製圖

表布的裁布圖

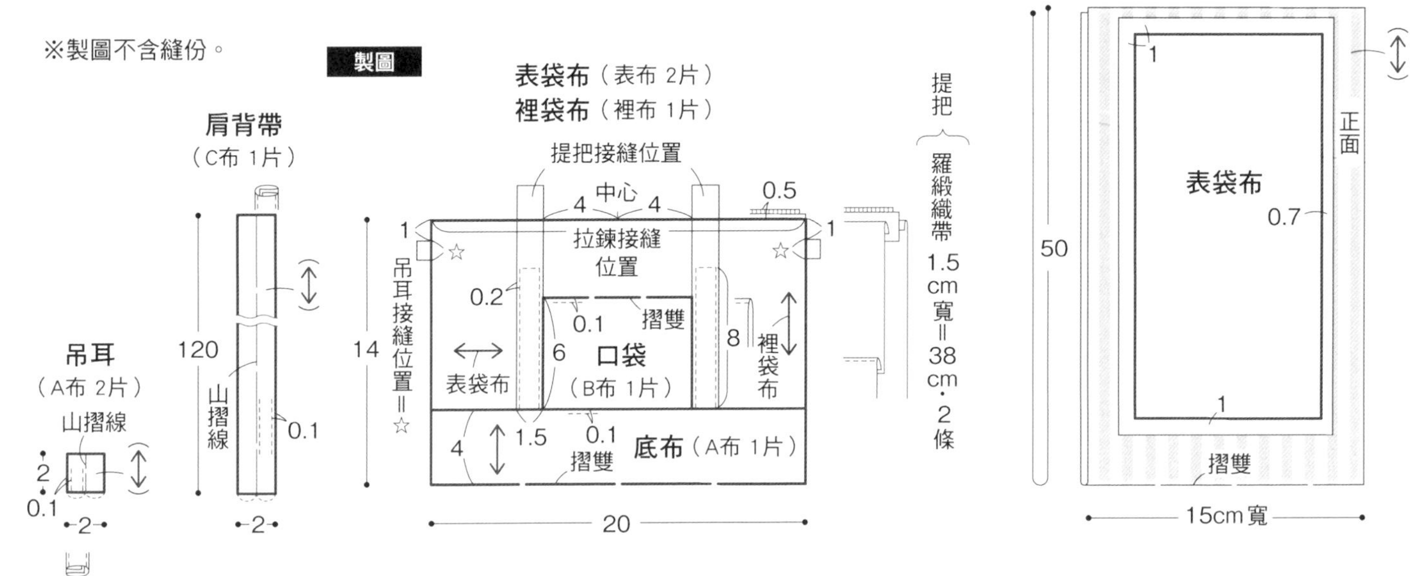

肩背帶
（C布 1片）
120
山摺線
0.1
2
吊耳
（A布 2片）
山摺線
2
0.1
2
表袋布（表布 2片）
裡袋布（裡布 1片）
提把接縫位置
中心
4
4
0.5
1
1
拉鍊接縫
位置
吊耳接縫位置＝☆
14
0.2
0.1
摺雙
6
口袋
（B布 1片）
8
裡袋布
表袋布
4
1.5
0.1
摺雙
底布（A布 1片）
20
提把
羅緞織帶
1.5cm寬＝38cm・2條
50
表袋布
正面
0.7
1
1
摺雙
15cm寬

A布的裁布圖

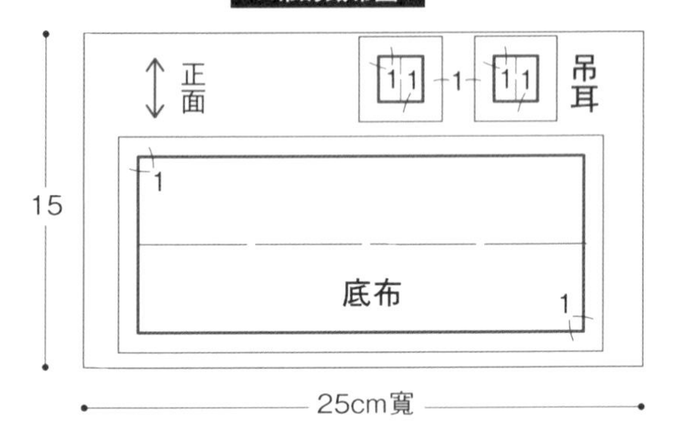

正面
吊耳
1
15
底布
1
1
25cm寬

B布的裁布圖

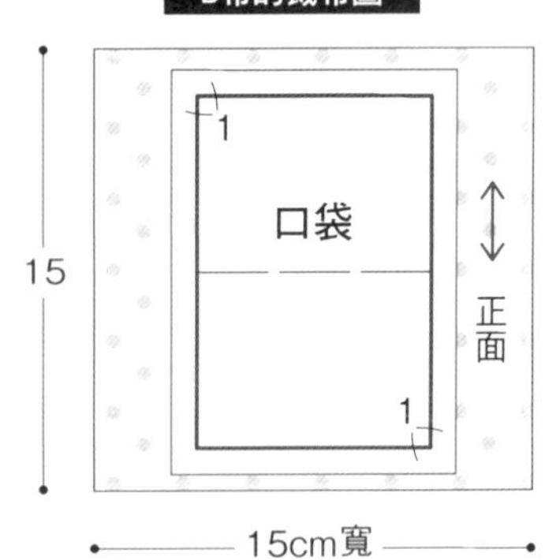

1
口袋
15
正面
1
15cm寬

C布的裁布圖

裡布的裁布圖

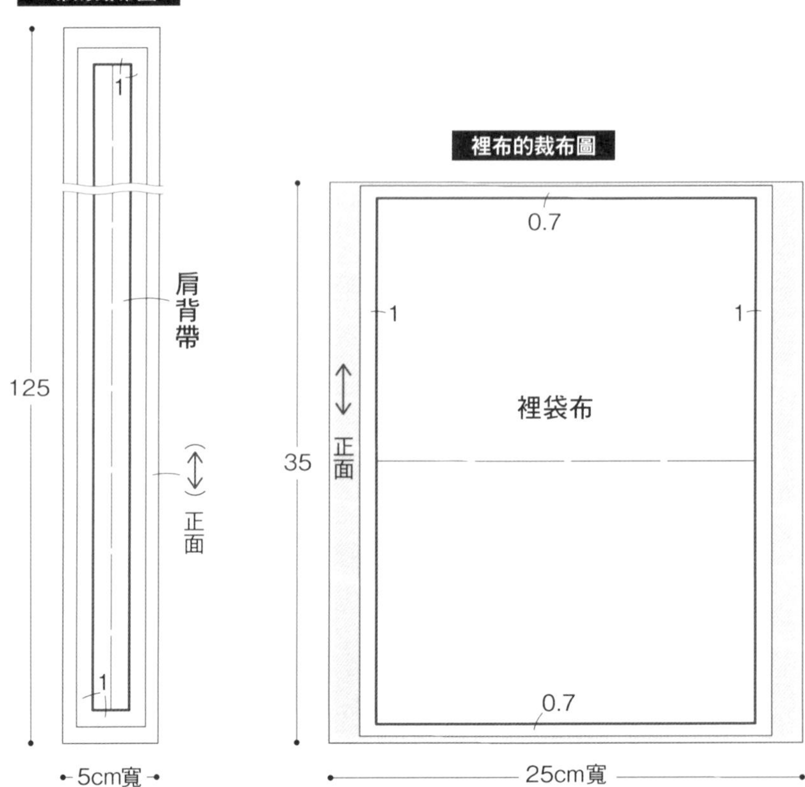

1
肩背帶
125
正面
1
5cm寬
0.7
1
1
裡袋布
35
正面
0.7
25cm寬

作法

❶ 製作口袋

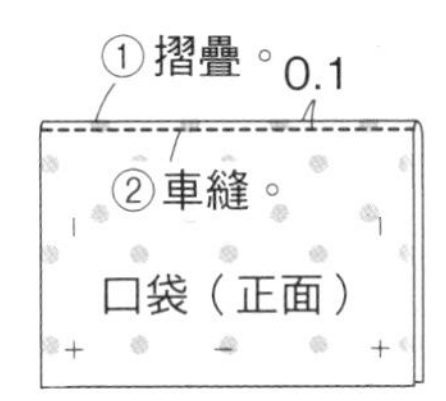

①摺疊。
0.1
②車縫。
口袋（正面）

❷ 製作吊耳

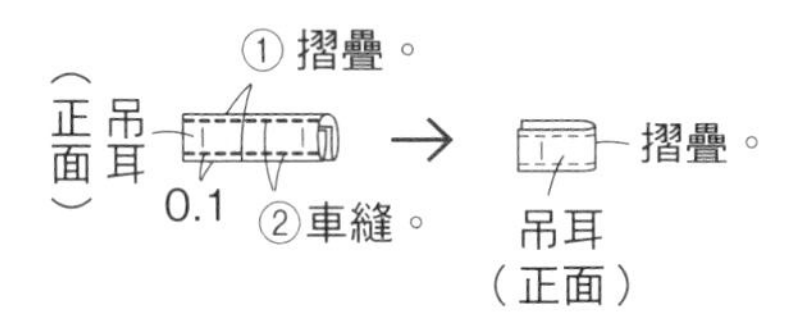

①摺疊。
吊耳（正面）
0.1
②車縫。
摺疊。
吊耳（正面）

❸ 暫時固定口袋・吊耳・提把

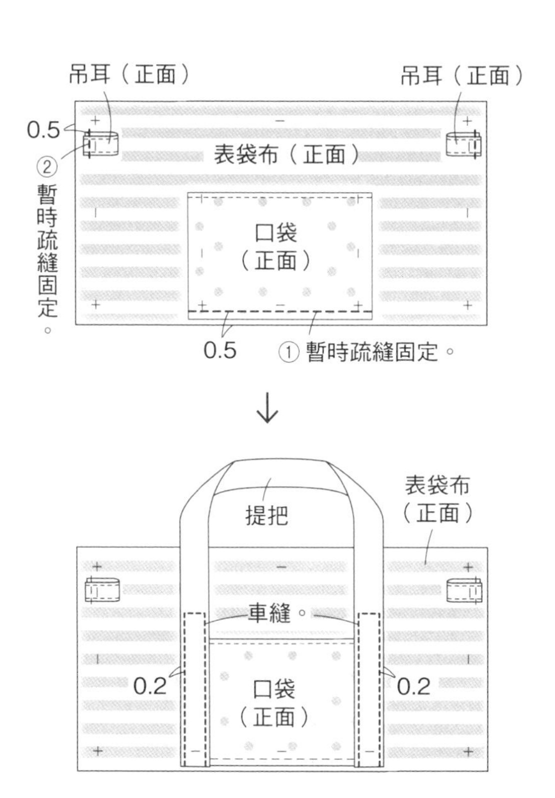

吊耳（正面）
吊耳（正面）
0.5
②暫時疏縫固定。
表袋布（正面）
口袋（正面）
0.5
①暫時疏縫固定。
提把
表袋布（正面）
車縫。
0.2
口袋（正面）
0.2

※另1片表袋布只縫上提把。

❹ 縫合表袋布＆底布

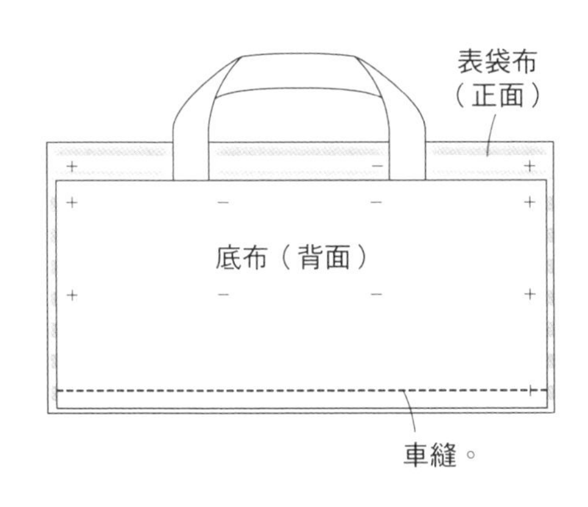

表袋布（正面）
底布（背面）
車縫。

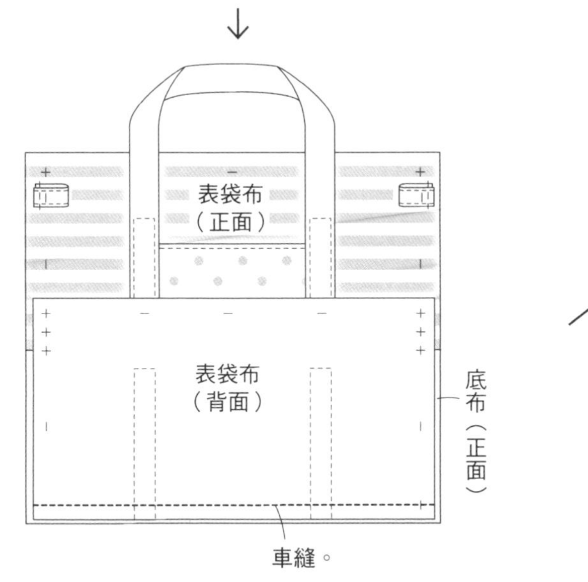

表袋布（正面）
表袋布（背面）
底布（正面）
車縫。

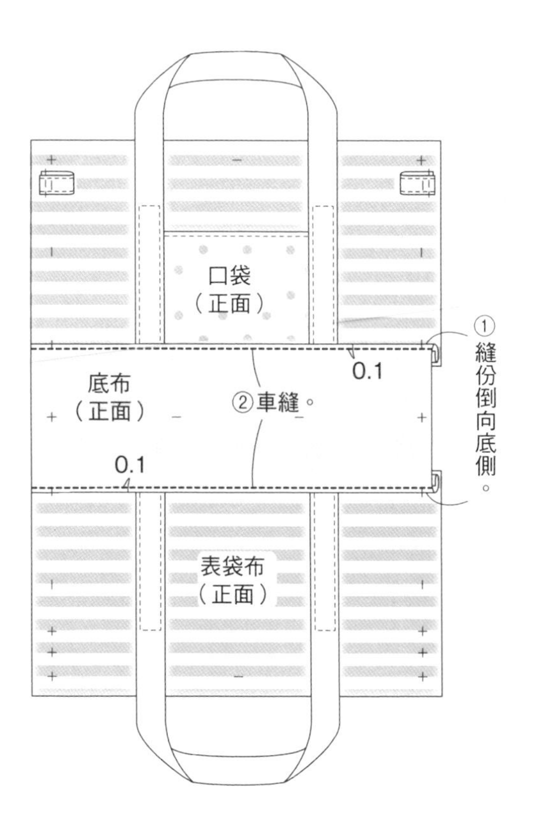

口袋（正面）
①縫份倒向底側。
0.1
底布（正面）
②車縫。
0.1
表袋布（正面）

❺ 縫上拉鍊

※另一側作法亦同。

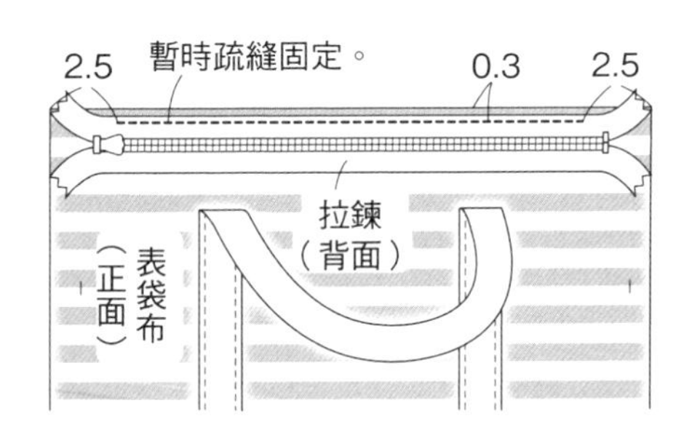

2.5
暫時疏縫固定。
0.3
2.5
拉鍊
（背面）
表袋布
（正面）

→

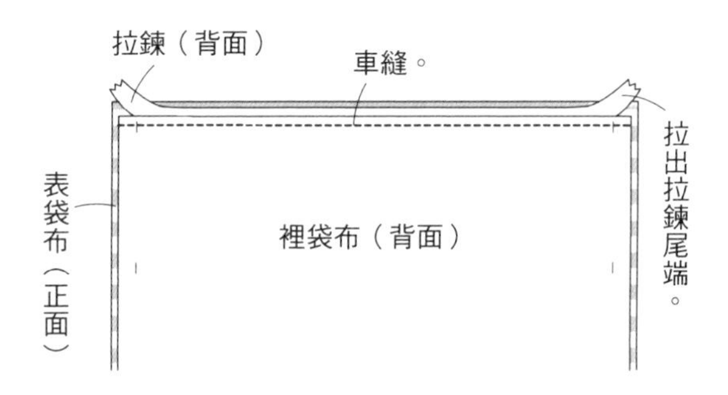

拉鍊（背面）
車縫。
表袋布（正面）
裡袋布（背面）
拉出拉鍊尾端。

❻ 縫合周圍

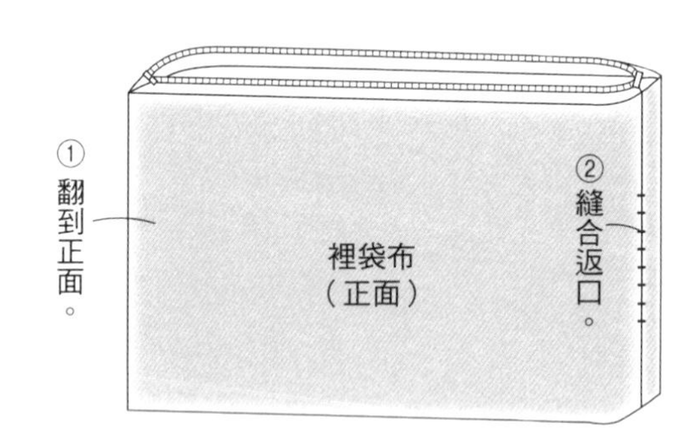

❼ 製作側身

※表袋布作法亦同。

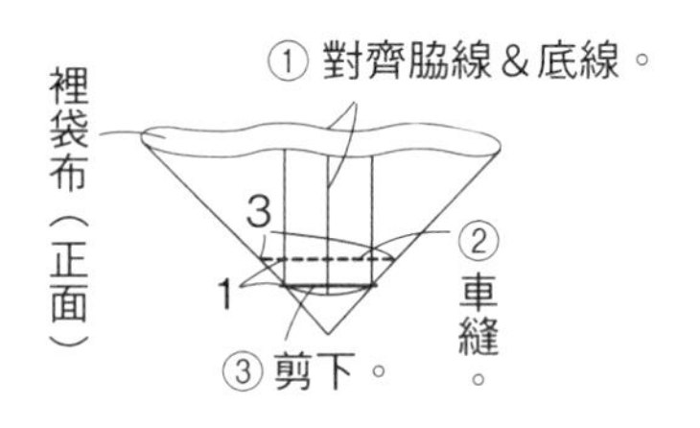

①對齊脇線＆底線。
裡袋布（正面）
3
1
②車縫。
③剪下。

❽ 翻到正面

②摺疊。
裡袋布&表袋布各自正面相對。
預留8cm返口，其餘縫合。
裡袋布
（背面）
①縫份倒向表袋布側。
③車縫。
表袋布
（背面）
②摺疊。
①翻到正面。
裡袋布
（正面）
②縫合返口。

❾ 製作肩背帶

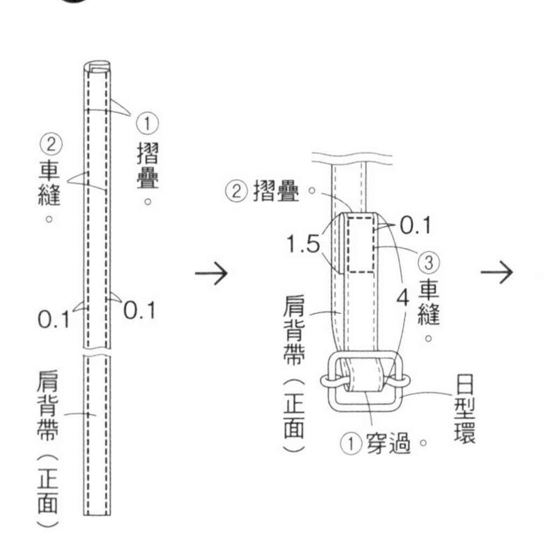

①摺疊。
②車縫。
0.1
0.1
肩背帶（正面）
→
②摺疊。
0.1
1.5
③車縫。
4
肩背帶（正面）
日型環
①穿過。
→

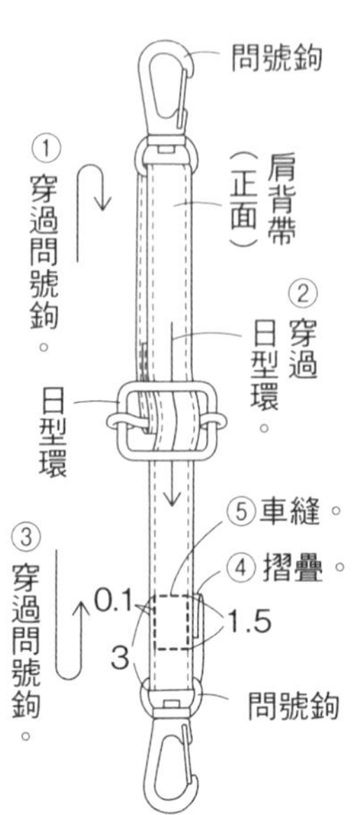

問號鉤
①穿過問號鉤。
肩背帶（正面）
②穿過日型環。
日型環
⑤車縫。
③穿過問號鉤。
④摺疊。
0.1
1.5
3
問號鉤

❿ 完成

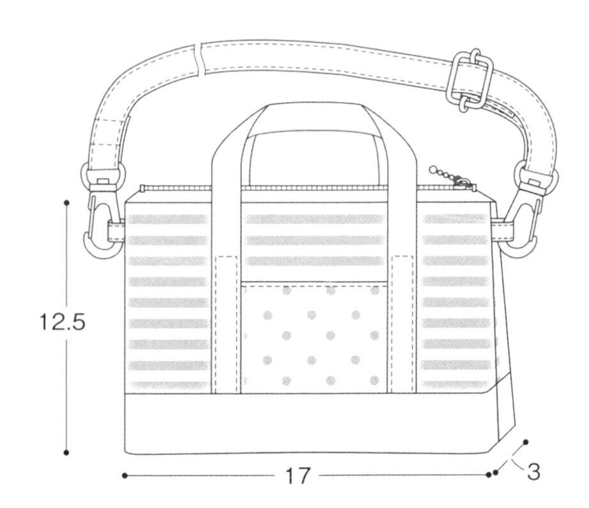

12.5
17
3

P.8 10・11

10
11

■10・11材料（1個份）

A布（棉布・圖案）…30cm寬 25cm
B布（棉布・圖案）…30cm寬 35cm
單膠鋪棉…30cm寬 30cm
拉鍊（20cm）…1條

＝原寸紙型
B面 10・11

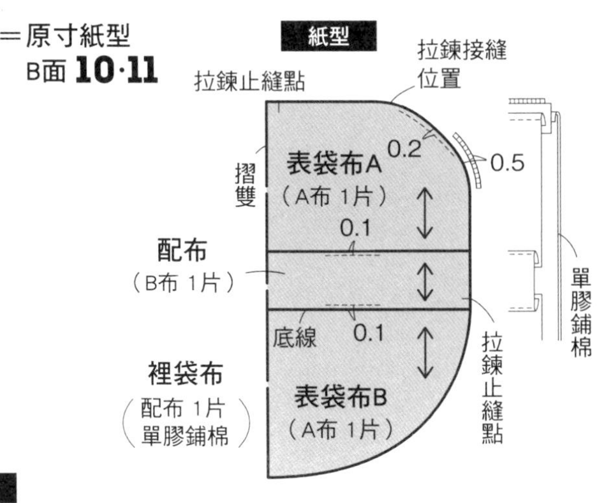

紙型
拉鍊止縫點
拉鍊接縫位置
摺雙
表袋布A
（A布 1片）
0.2
0.5
0.1
配布
（B布 1片）
底線
0.1
裡袋布
（配布 1片 單膠鋪棉）
表袋布B
（A布 1片）
拉鍊止縫點
單膠鋪棉

作 法　※開始縫製前先貼上單膠鋪棉。

1 製作表袋布

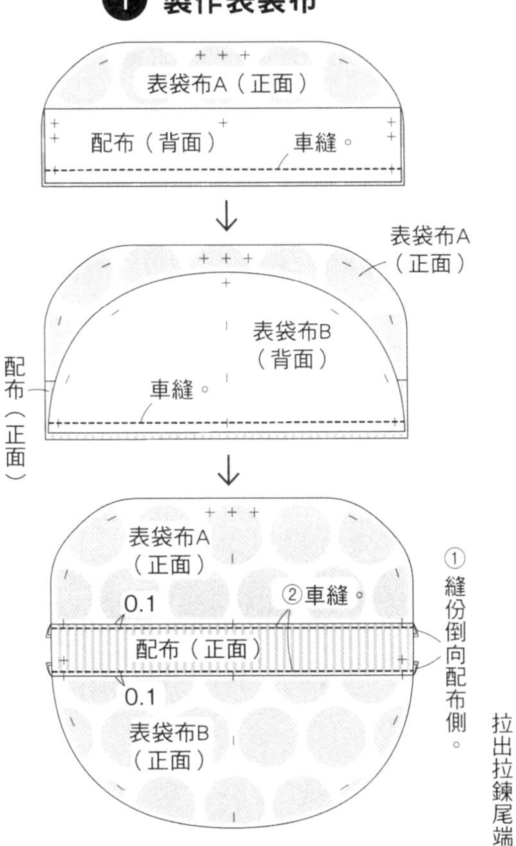

表袋布A（正面）
配布（背面）
車縫。
表袋布A（正面）
表袋布B（背面）
配布（正面）
車縫。
表袋布A（正面）
②車縫。
0.1
配布（正面）
0.1
表袋布B（正面）
①縫份倒向配布側。

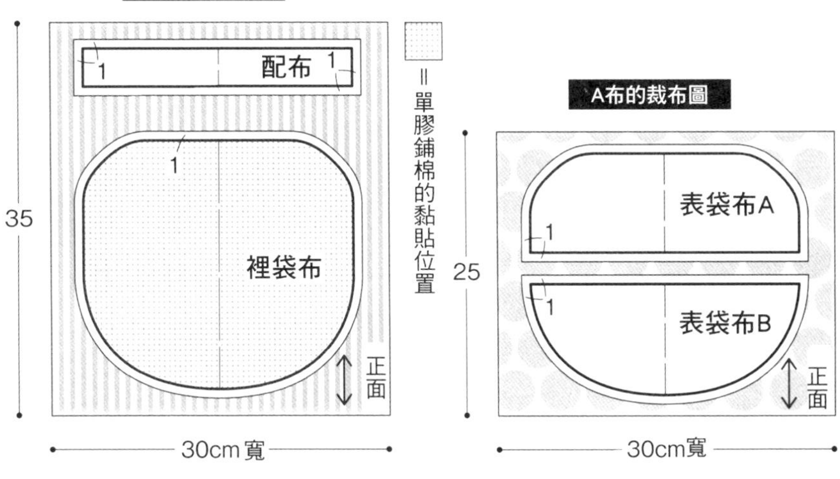

B布的裁布圖
配布
1
1
1
裡袋布
35
正面
30cm寬
＝單膠鋪棉的黏貼位置
A布的裁布圖
表袋布A
1
1
表袋布B
25
正面
30cm寬

3 縫合周圍

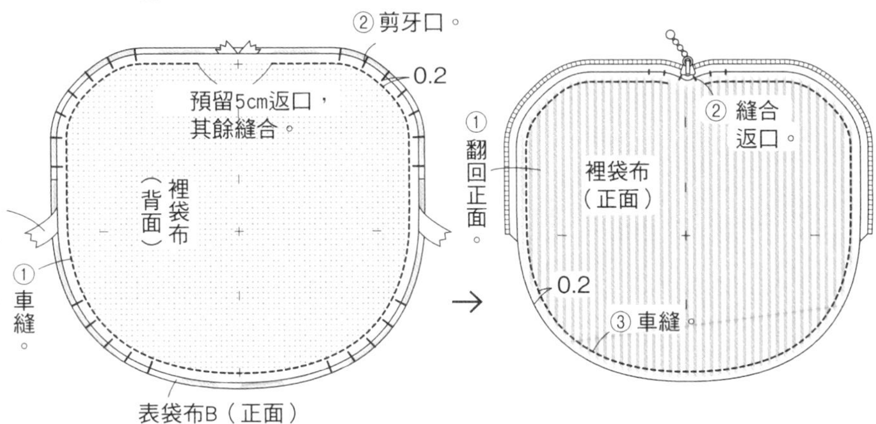

②剪牙口。
0.2
預留5cm返口，其餘縫合。
裡袋布（背面）
拉出拉鍊尾端。
①車縫。
表袋布B（正面）
①翻回正面。
②縫合返口。
裡袋布（正面）
0.2
③車縫。

2 縫上拉鍊

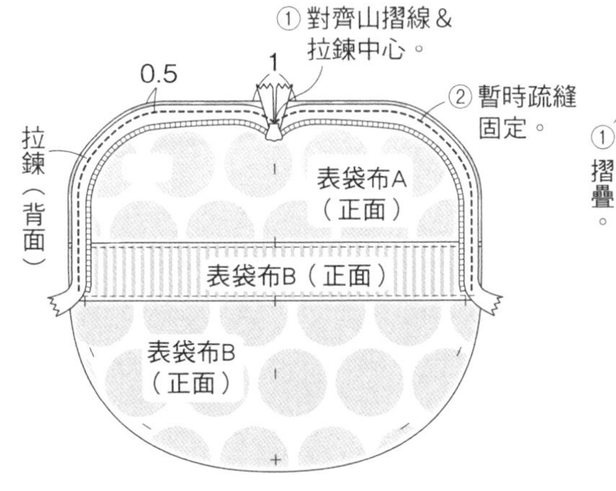

①對齊山摺線＆拉鍊中心。
1
0.5
②暫時疏縫固定。
拉鍊（背面）
表袋布A（正面）
表袋布B（正面）
表袋布B（正面）

4 車縫底線

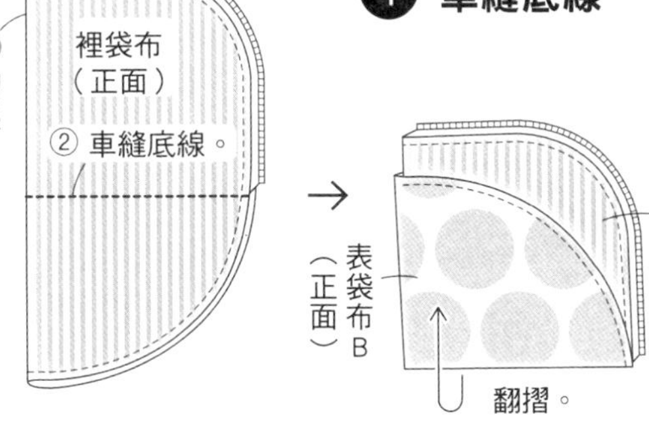

①摺疊。
裡袋布（正面）
②車縫底線。
表袋布B（正面）
裡袋布（正面）
翻摺。

5 完成

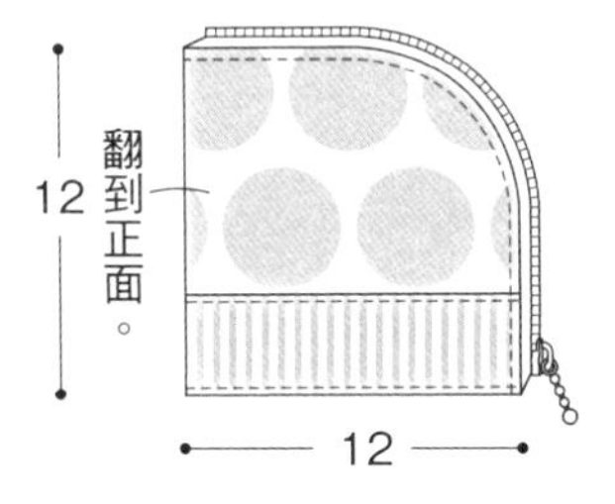

12
翻到正面。
12

P.9 12至14

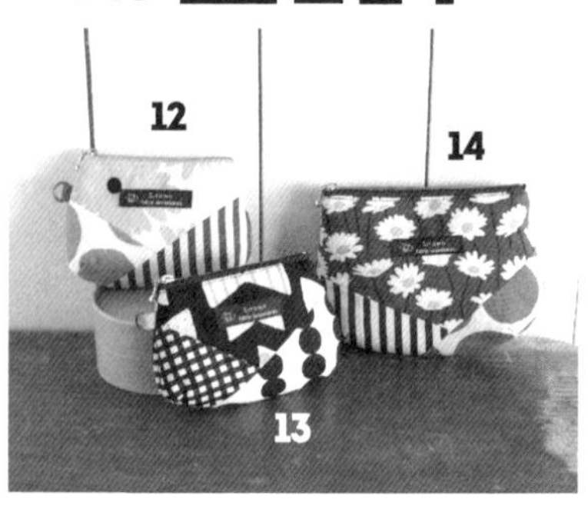

12
14
13

■12・13材料（1個份）

A布（棉布・圖案）…40cm寬 10cm
B布（棉布・圖案）…20cm寬 15cm
C布（棉布・圖案）…20cm寬 20cm
D布（棉布・素色）…7cm寬 7cm
單膠鋪棉…50cm寬 25cm
裡布（棉布・圖案）…40cm寬 15cm
拉鍊（12cm）…1條
D型環（內徑1.2cm）…1個
布標（1.5cm寬 7cm）…1片

■14材料

A布（棉布・圖案）…50cm寬 15cm
B布（棉布・圖案）…25cm寬 20cm
C布（棉布・圖案）…25cm寬 20cm
裡布（棉布・圖案）…50cm寬 20cm
單膠鋪棉…50cm寬 25cm
拉鍊（16cm）…1條
布標（1.5cm寬 7.5cm）…1片

紙型・製圖

※製圖不含縫份。

□＝原寸紙型
A面 **12·13·14**

重疊的數字
細…**12·13**
粗…**14**

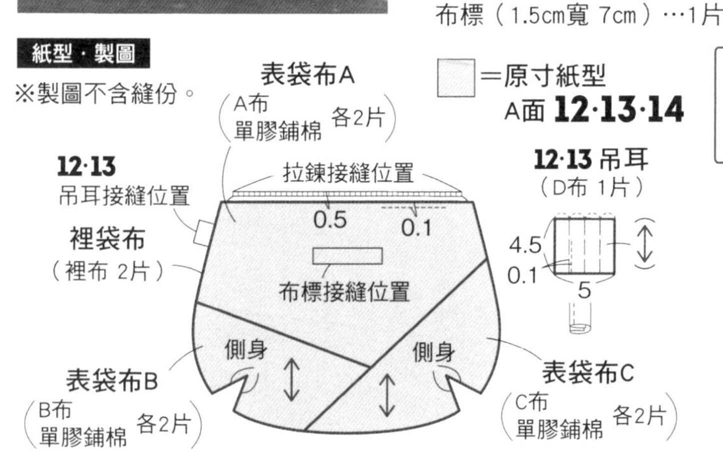

表袋布A
A布
單膠鋪棉 各2片
12·13
吊耳接縫位置
拉鍊接縫位置
0.5
0.1
裡袋布
（裡布 2片）
布標接縫位置
側身
側身
表袋布B
B布
單膠鋪棉 各2片
表袋布C
C布
單膠鋪棉 各2片
12·13 吊耳
（D布 1片）
4.5
0.1
5

D布的裁布圖

7 吊耳 0 正面
7cm寬

裡布的裁布圖

摺雙 0.7 1 裡袋布 正面
15
20
40
50 cm寬

A布的裁布圖

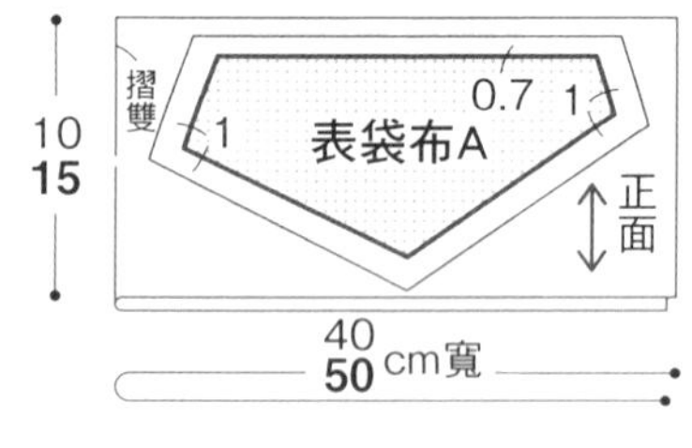

摺雙
0.7
1
1
表袋布A
10
15
正面
40
50 cm寬

B布的裁布圖

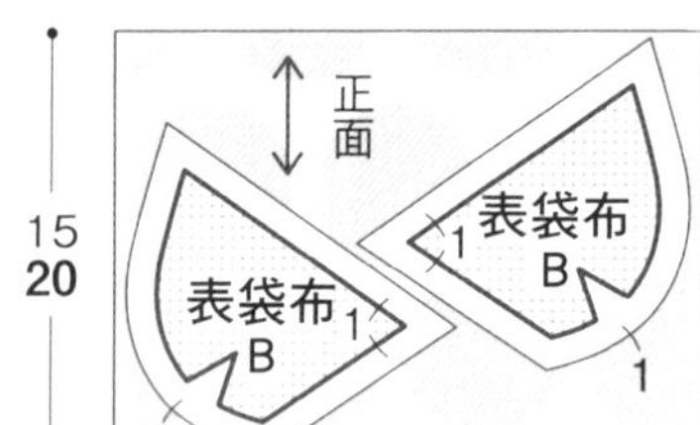

正面
15
20
表袋布B
表袋布B
1
1
1
1
20
25 cm寬

□＝單膠鋪棉的黏貼位置

C布的裁布圖

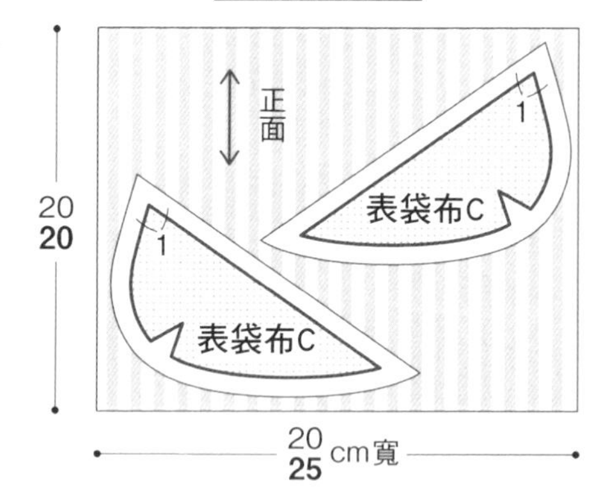

正面
20
20
1
1
表袋布C
表袋布C
20
25 cm寬

作法

※開始縫製前先貼上單膠鋪棉。

① 縫上布標

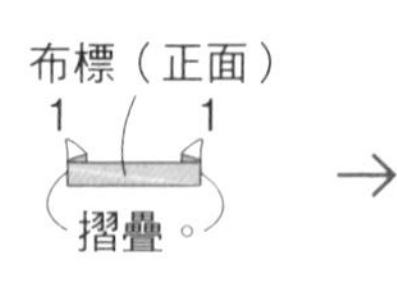

布標（正面）
1
1
摺疊。

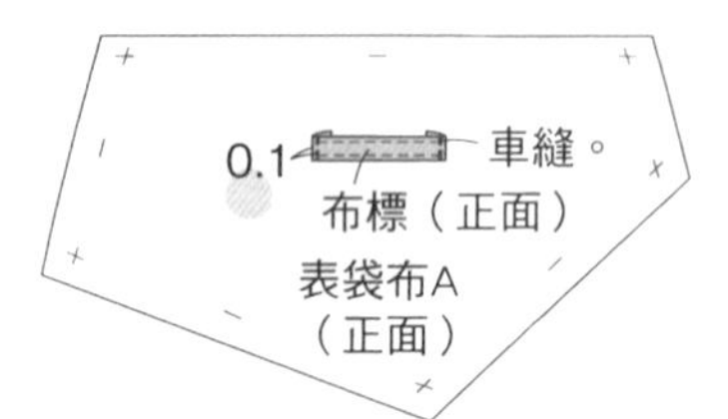

0.1
車縫。
布標（正面）
表袋布A
（正面）

② 製作表袋布

※另1片也以相同方式縫製。

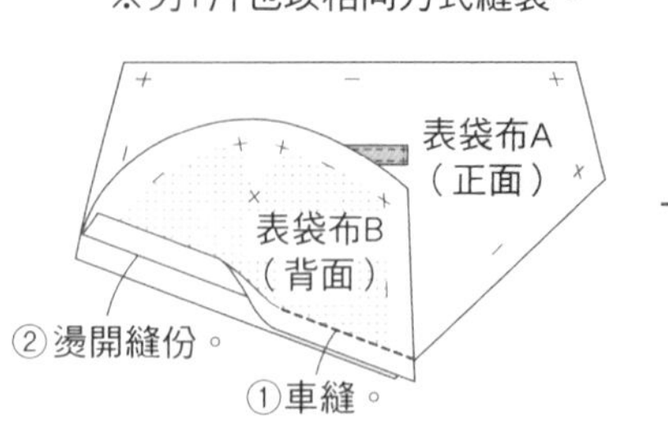

表袋布A
（正面）
表袋布B
（背面）
②燙開縫份。
①車縫。

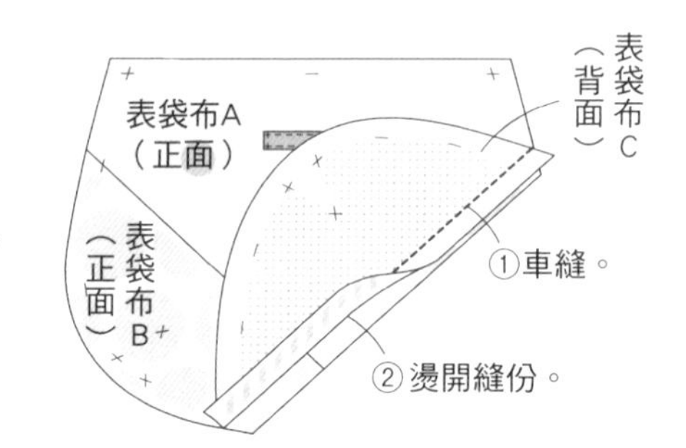

表袋布A
（正面）
表袋布C
（背面）
①車縫。
表袋布B
（正面）
②燙開縫份。

③ 縫製側身 ※裡袋布作法亦同。

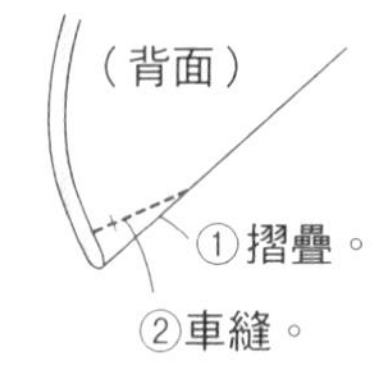

（背面）
①摺疊。
②車縫。

④ 製作吊耳（僅12・13）

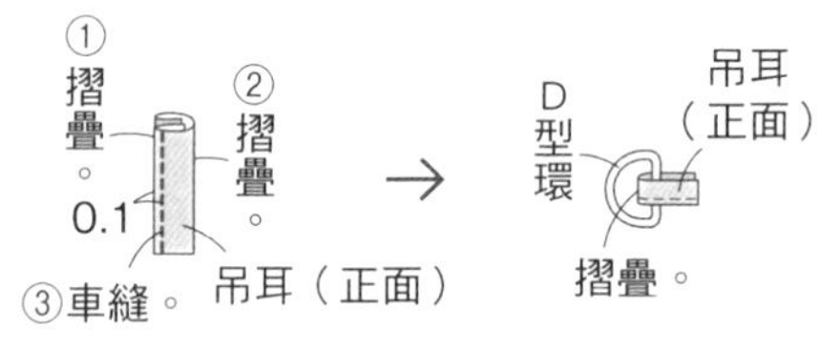

①摺疊。
②摺疊。
0.1
③車縫。
吊耳（正面）
D型環
吊耳
（正面）
摺疊。

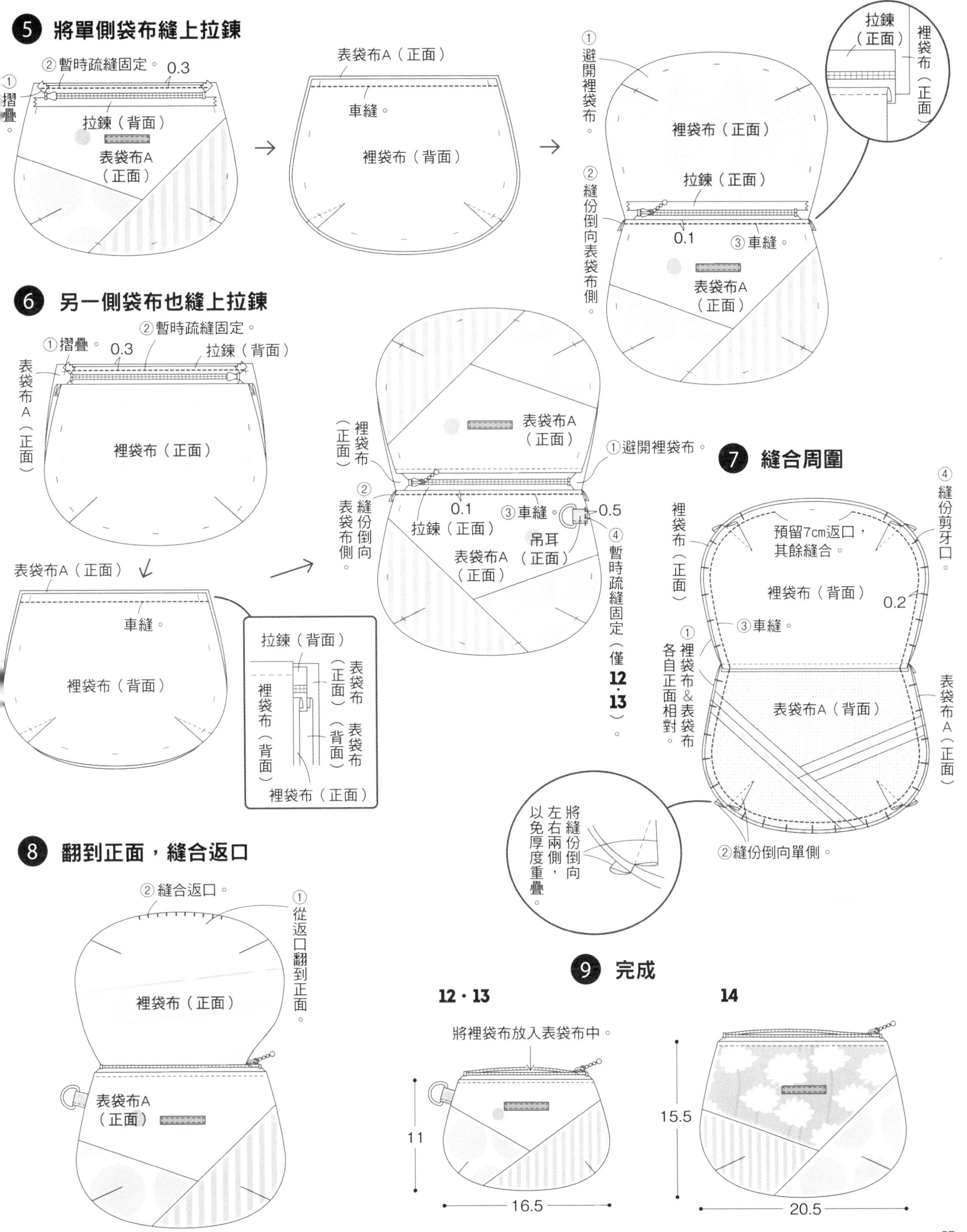
5 將單側袋布縫上拉鍊
①摺疊。
②暫時疏縫固定。
0.3
拉鍊（背面）
表袋布A（正面）
表袋布A（正面）
車縫。
裡袋布（背面）
①避開裡袋布。
裡袋布（正面）
拉鍊（正面）
②縫份倒向表袋布側。
0.1
③車縫。
表袋布A（正面）
拉鍊（正面）
裡袋布（正面）
6 另一側袋布也縫上拉鍊
①摺疊。
②暫時疏縫固定。
0.3
拉鍊（背面）
表袋布A（正面）
裡袋布（正面）
表袋布A（正面）
車縫。
裡袋布（背面）
拉鍊（背面）
表袋布（正面）
裡袋布（背面）
表袋布（背面）
裡袋布（正面）
表袋布A（正面）
裡袋布（正面）
①避開裡袋布。
②縫份倒向表袋布側。
0.1
③車縫。
0.5
拉鍊（正面）
吊耳（正面）
表袋布A（正面）
④暫時疏縫固定（僅12·13）。
7 縫合周圍
裡袋布（正面）
預留7cm返口，其餘縫合。
④縫份剪牙口。
裡袋布（背面）
0.2
③車縫。
①裡袋布&表袋布各自正面相對。
表袋布A（背面）
表袋布A（正面）
將縫份倒向左右兩側，以免厚度重疊。
②縫份倒向單側。
8 翻到正面，縫合返口
②縫合返口。
①從返口翻到正面。
裡袋布（正面）
表袋布A（正面）
9 完成
12·13
將裡袋布放入表袋布中。
11
16.5
14
15.5
20.5

P.10 15・16

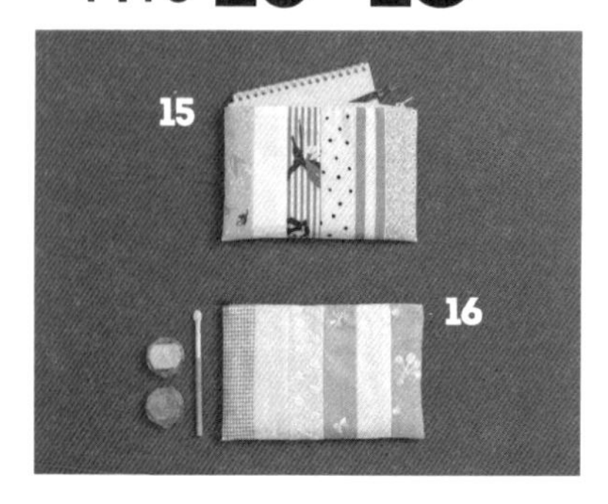

15
16

■**15・16** 材料（1個份）

A布（棉布或麻布・圖案）…10cm寬 35cm
B布（棉布・素色）…10cm寬 35cm
C布（棉布・圖案）…10cm寬 35cm
D布（棉布或麻布・圖案）…10cm寬 35cm
E布（棉布・圖案或素色）…10cm寬 35cm
F布（棉布或麻布・圖案）…10cm寬 35cm
裡布（棉布・圖案）…25cm寬 35cm
單膠布襯…40cm寬 35cm
平織拉鍊（20cm）…1條

製圖 ※製圖不含縫份。

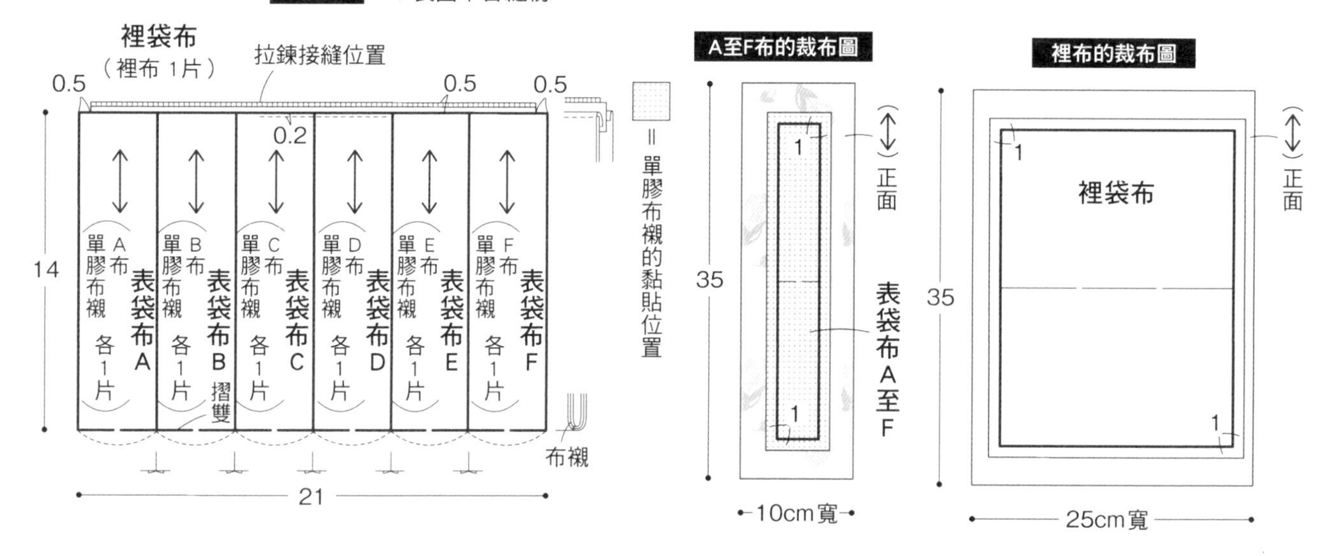

裡袋布
（裡布 1片）
拉鍊接縫位置
0.5
0.5
0.5
0.2
14
21
表袋布A
表袋布B
表袋布C
表袋布D
表袋布E
表袋布F
A布 單膠布襯 各1片
B布 單膠布襯 各1片
C布 單膠布襯 各1片
D布 單膠布襯 各1片
E布 單膠布襯 各1片
F布 單膠布襯 各1片
摺雙
布襯
＝單膠布襯的黏貼位置
A至F布的裁布圖
35
1
正面
表袋布A至F
10cm寬
裡布的裁布圖
裡袋布
35
正面
25cm寬

作法 ※開始縫製前先貼上單膠布襯

❶ 製作表袋布

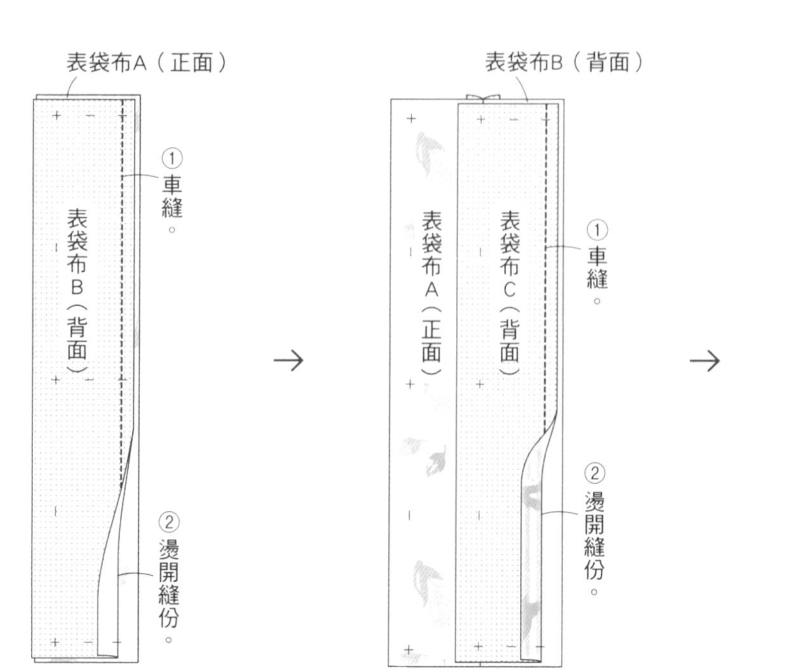

表袋布A（正面）
①車縫。
表袋布B（背面）
②燙開縫份。
表袋布B（背面）
表袋布A（正面）
表袋布C（背面）
①車縫。
②燙開縫份。

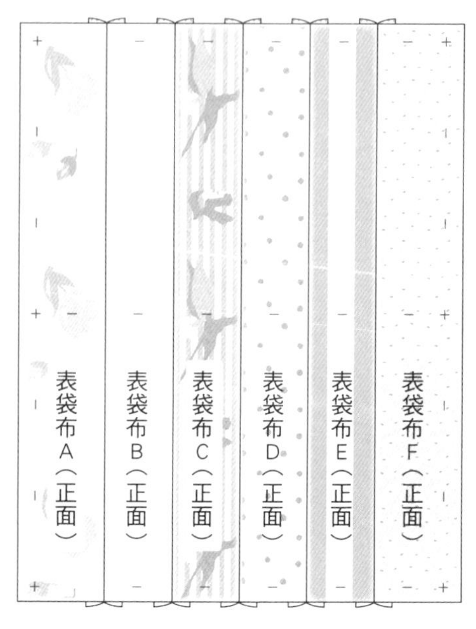

※以相同方式接縫6片布料。
表袋布A（正面）
表袋布B（正面）
表袋布C（正面）
表袋布D（正面）
表袋布E（正面）
表袋布F（正面）

❷ 表袋布縫上拉鍊

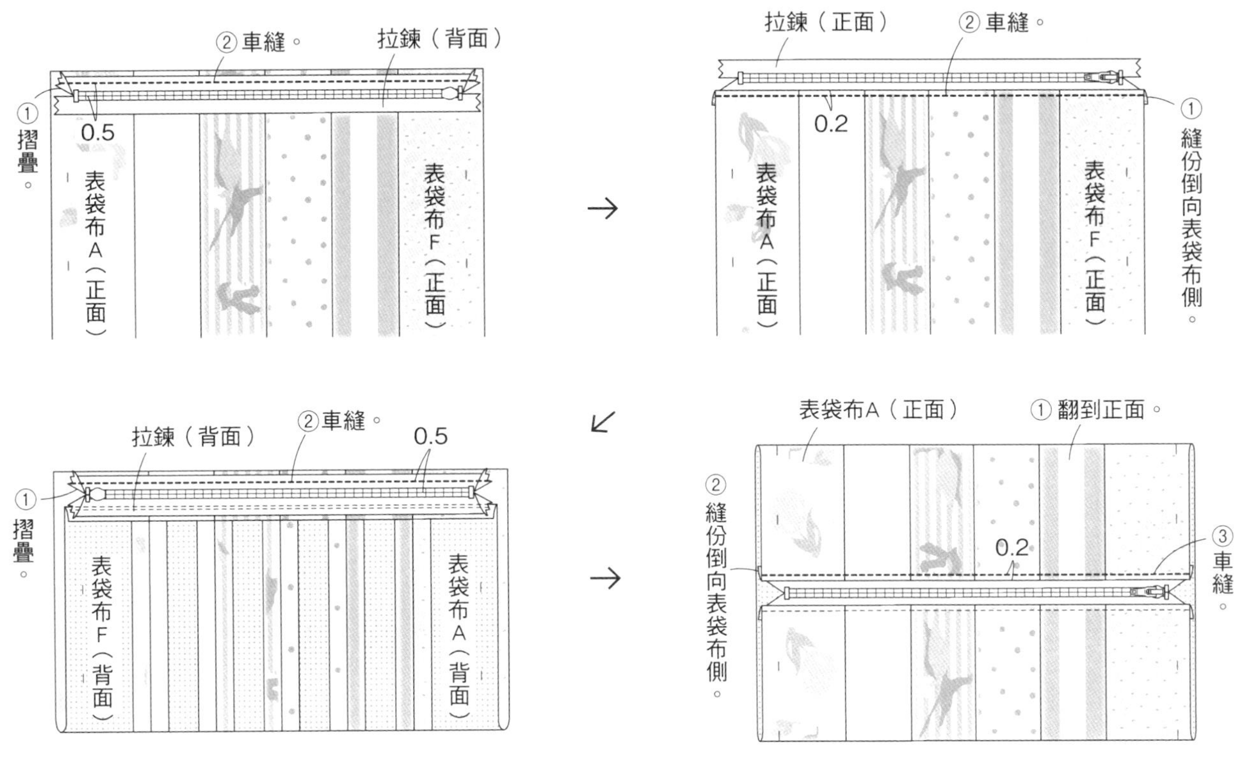

②車縫。
拉鍊（背面）
①摺疊。
0.5
表袋布A（正面）
表袋布F（正面）
拉鍊（正面）
②車縫。
0.2
①縫份倒向表袋布側。
表袋布A（正面）
表袋布F（正面）
拉鍊（背面）
②車縫。
0.5
①摺疊。
表袋布F（背面）
表袋布A（背面）
表袋布A（正面）
①翻到正面。
②縫份倒向表袋布側。
0.2
③車縫。

❸ 縫製脇線

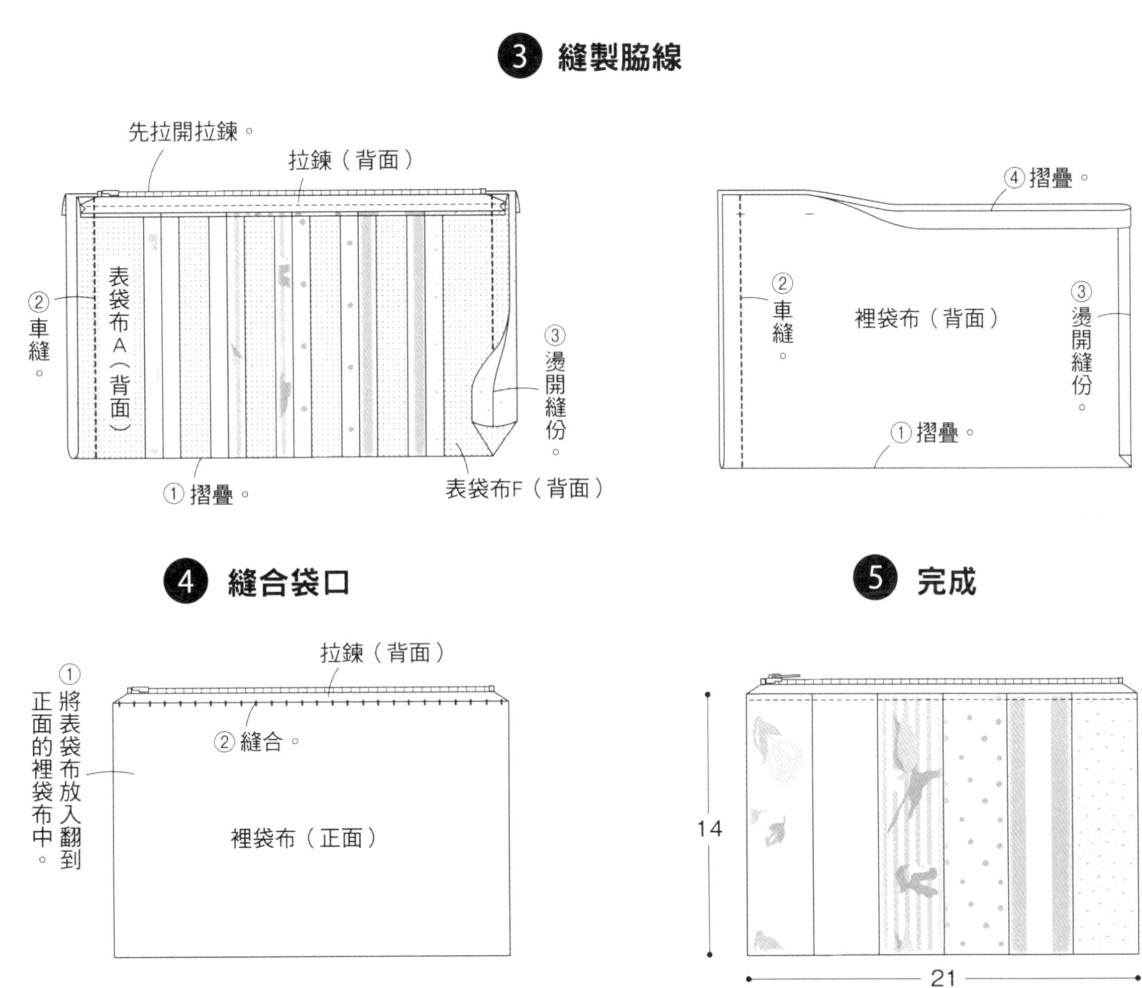

先拉開拉鍊。
拉鍊（背面）
②車縫。
表袋布A（背面）
③燙開縫份。
①摺疊。
表袋布F（背面）
④摺疊。
②車縫。
裡袋布（背面）
③燙開縫份。
①摺疊。
❹ 縫合袋口
拉鍊（背面）
①將表袋布放入翻到正面的裡袋布中。
②縫合。
裡袋布（正面）
❺ 完成
14
21

P.13 20

■ 材料

A布（棉布・素色）…55cm寬 50cm
B布（棉布・圖案）…55cm寬 40cm
C布（棉布・圖案）…15cm寬 35cm
D布（棉布・圖案）…15cm寬 35cm
E布（棉布・圖案）…20cm寬 35cm

A布的裁布圖

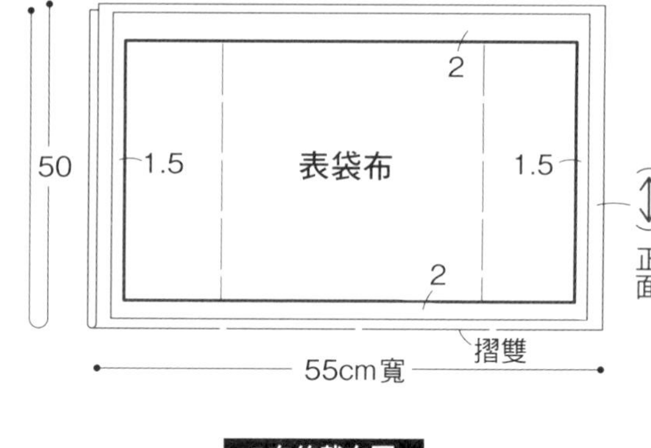

2
50
1.5
表袋布
1.5
正面
2
摺雙
55cm寬

※製圖不含縫份。

製圖

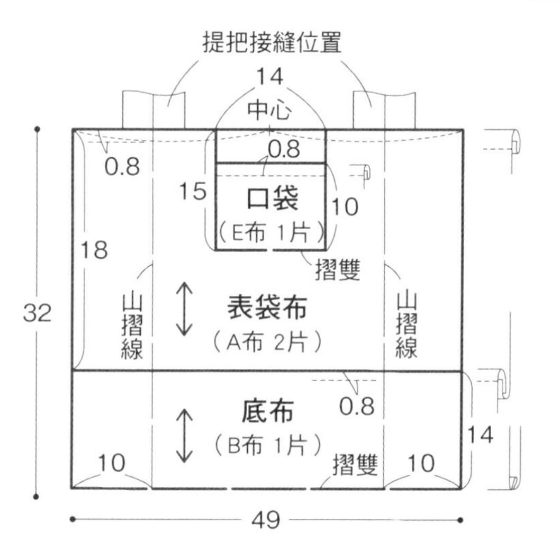

提把接縫位置
14
中心
0.8
0.8
15
口袋
（E布 1片）
10
摺雙
18
32
山摺線
表袋布
（A布 2片）
山摺線
底布
（B布 1片）
0.8
14
10
摺雙
10
49

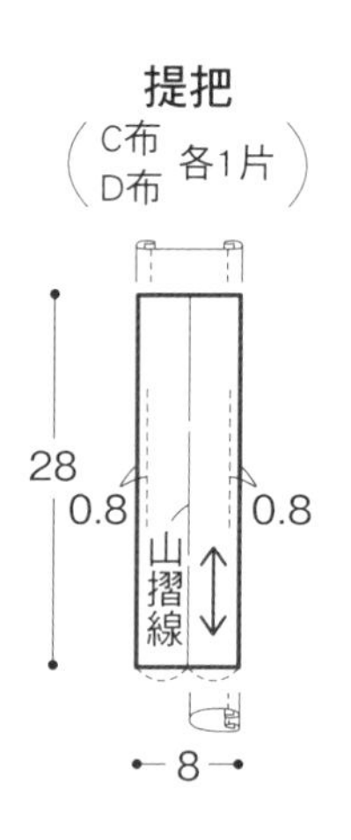

提把
C布
D布
各1片
28
0.8
0.8
山摺線
8

B布的裁布圖

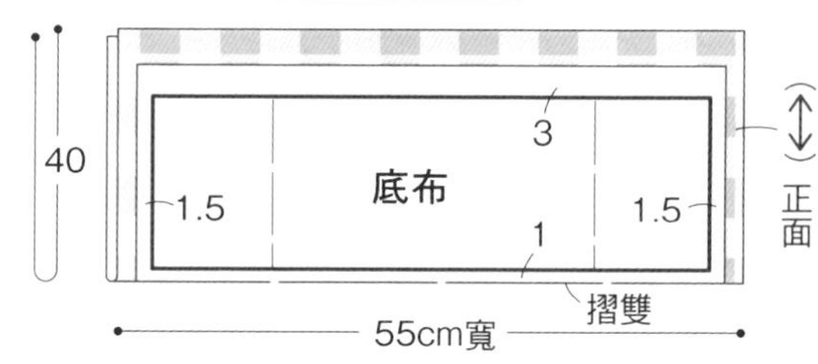

40
3
1.5
底布
1.5
正面
1
摺雙
55cm寬

C布・D布的裁布圖

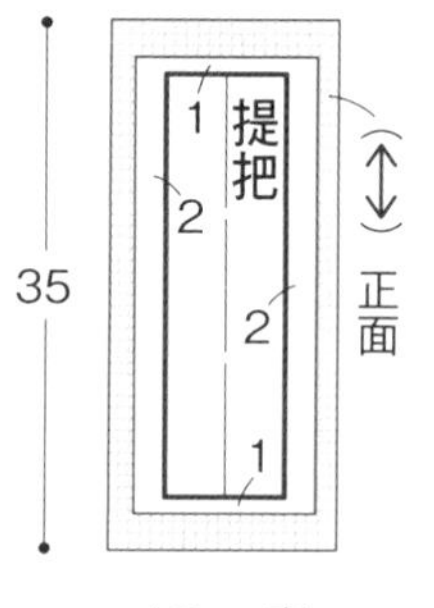

1
提把
2
2
1
35
正面
15cm寬

E布的裁布圖

35
1
口袋
2
2
正面
20cm寬

作法

1 製作提把

※另1條作法亦同。

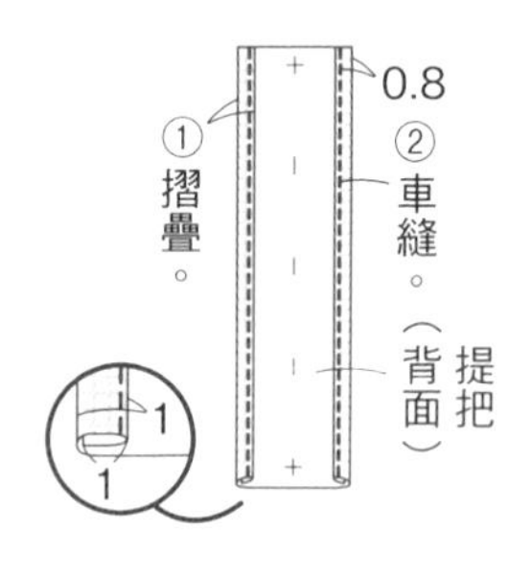

0.8
①摺疊。
②車縫。
提把（背面）
1
1

2 製作口袋

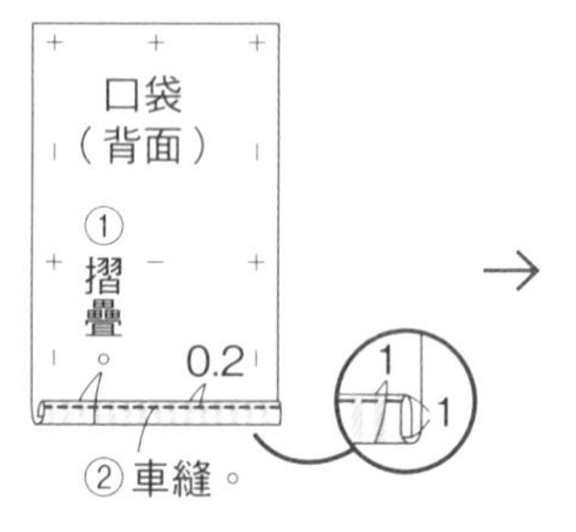

口袋（背面）
①摺疊。
0.2
②車縫。
1
1

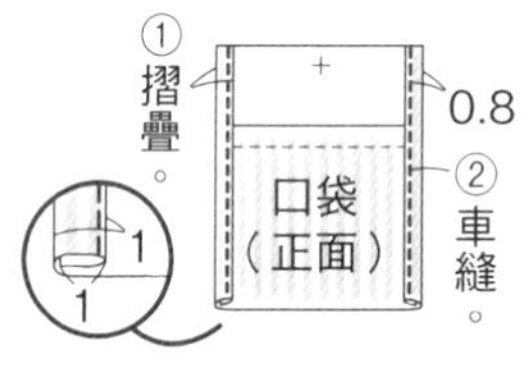

①摺疊。
0.8
口袋（正面）
②車縫。
1
1

3 縫合表袋布&裡袋布

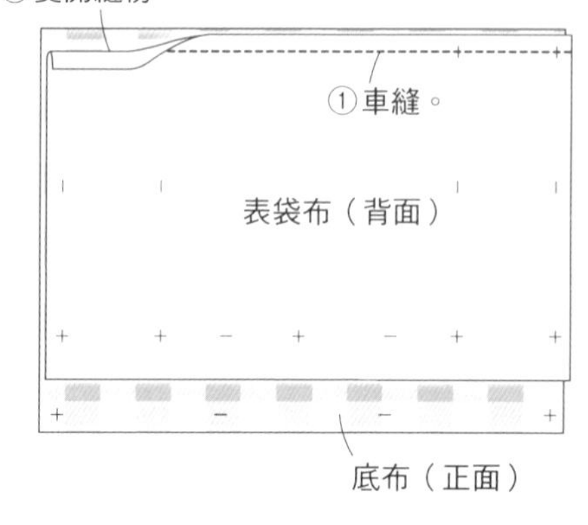

②燙開縫份。
①車縫。
表袋布（背面）
底布（正面）

表袋布（正面）
底布（正面）
表袋布（背面）
①車縫。
②燙開縫份。

❹ 將縫份包邊縫

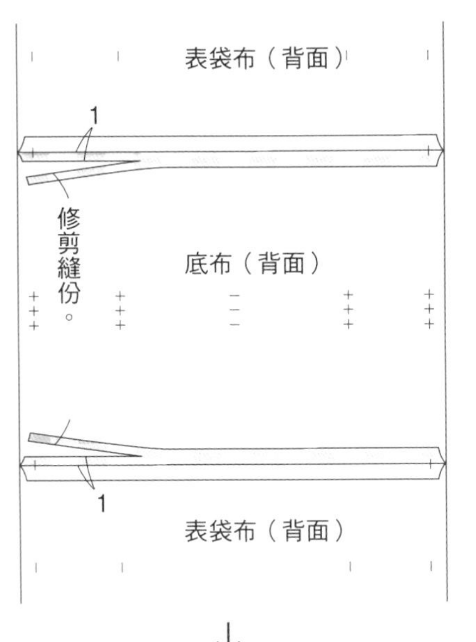

表袋布（背面）
1
修剪縫份。
底布（背面）
1
表袋布（背面）

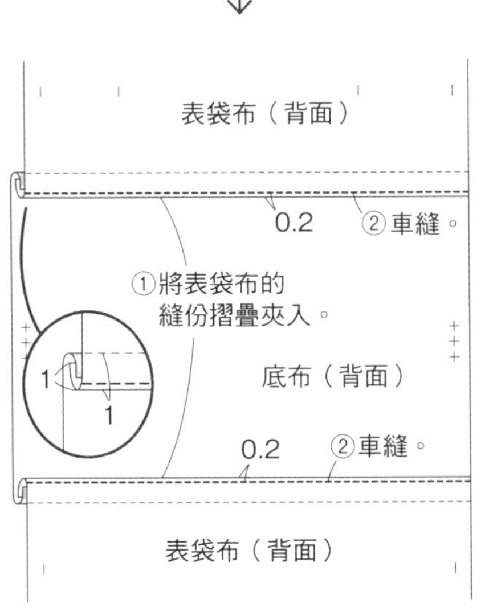

表袋布（背面）
0.2
②車縫。
①將表袋布的縫份摺疊夾入。
1
1
底布（背面）
0.2
②車縫。
表袋布（背面）

❺ 脇線做袋縫

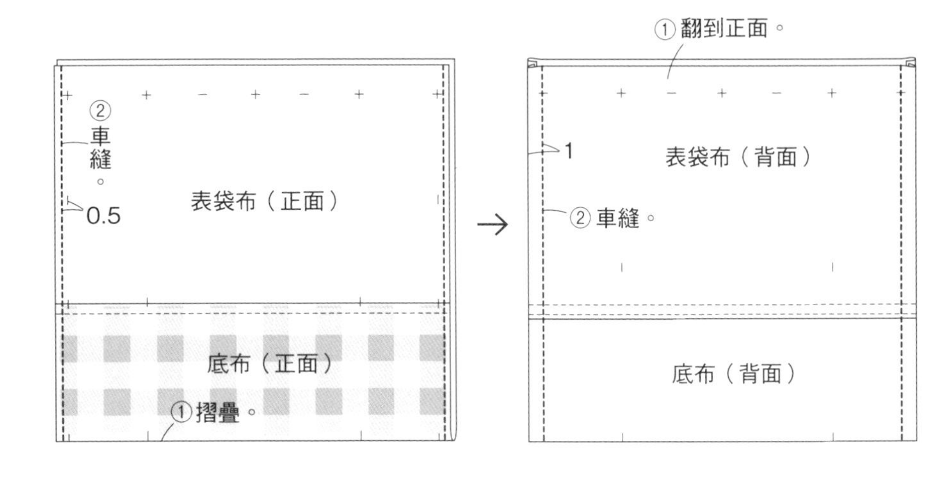

②車縫。
0.5
表袋布（正面）
底布（正面）
①摺疊。
①翻到正面。
1
表袋布（背面）
②車縫。
底布（背面）

❻ 接縫提把＆口袋，車縫袋口

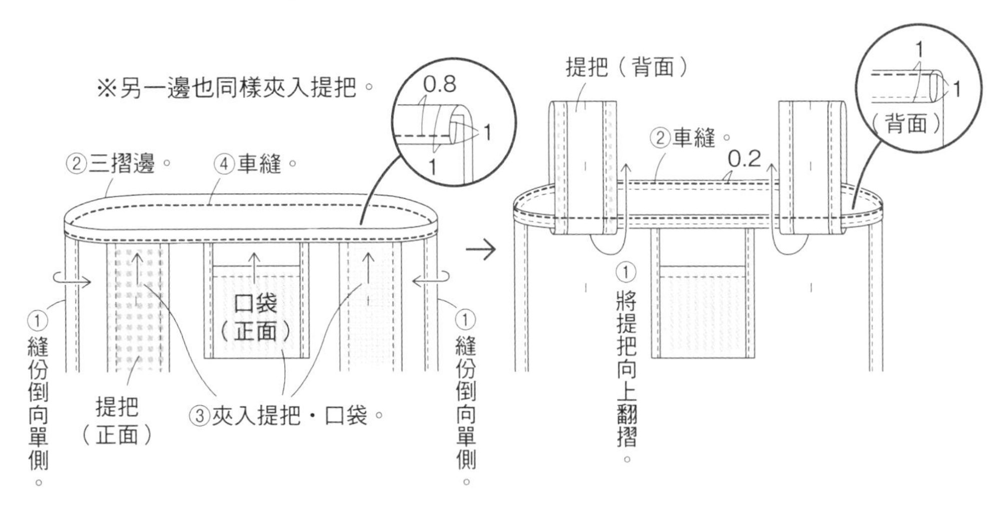

※另一邊也同樣夾入提把。
0.8
1
1
②三摺邊。
④車縫。
口袋（正面）
①縫份倒向單側。
提把（正面）
③夾入提把・口袋。
①縫份倒向單側。
提把（背面）
②車縫。
0.2
1
1
（背面）
①將提把向上翻摺。

❼ 摺疊側身，縫製袋底

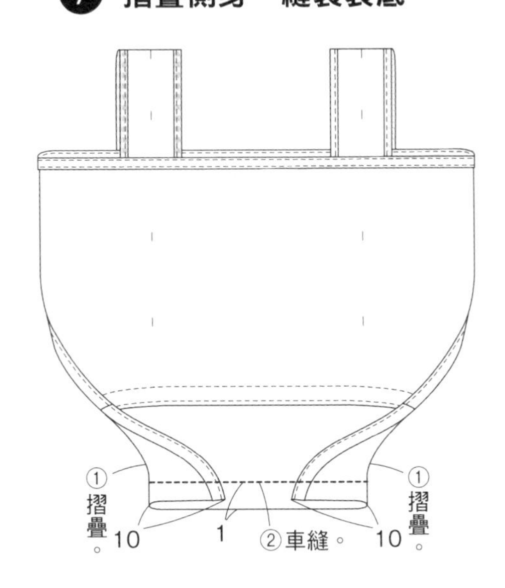

①摺疊。
10
1
②車縫。
10
①摺疊。

❽ 完成

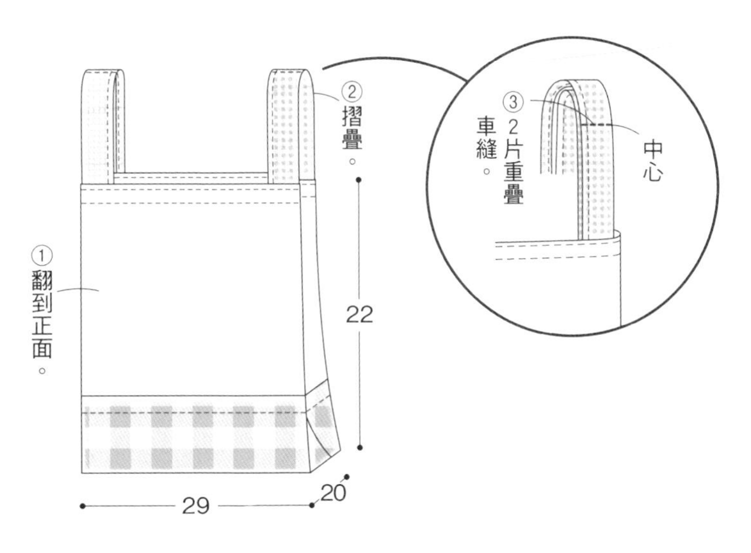

②摺疊。
①翻到正面。
22
29
20
③2片重疊車縫。
中心

P.15 22

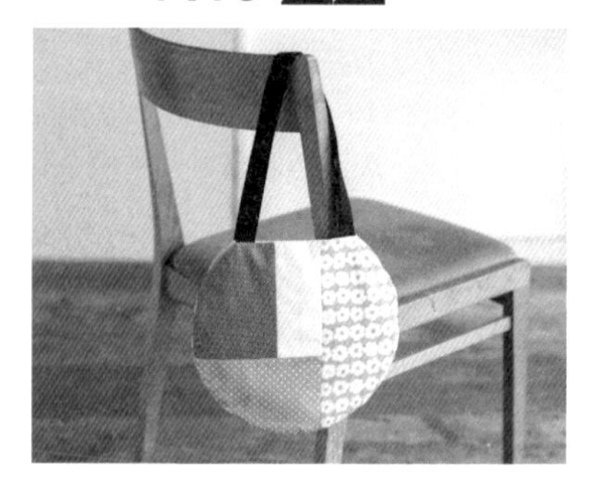

■ 材料

A布（棉布・圖案）…35cm寬 20cm
B布（棉布・素色）…90cm寬 35cm
C布（棉布・圖案）…45cm寬 20cm
D布（棉布・圖案）…35cm寬 35cm
E布（棉布・素色）…25cm寬 55cm

A布的裁布圖

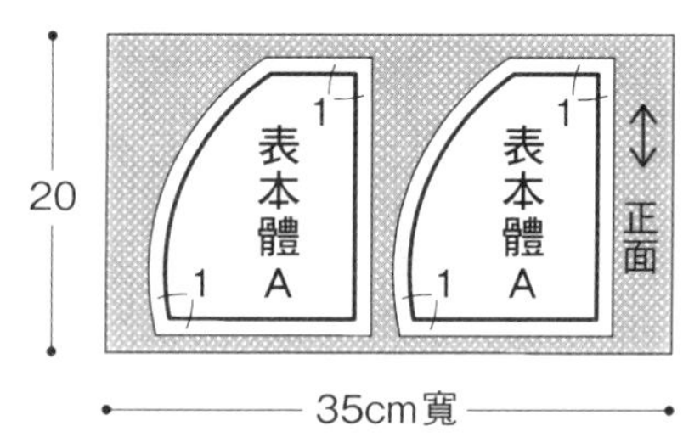

表本體A
表本體A
1
正面
20
35cm寬

E布的裁布圖

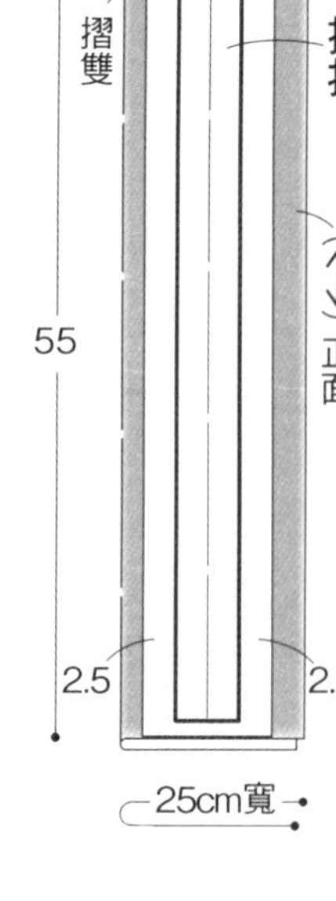

摺雙
55
2.5
25cm寬

紙型・製圖

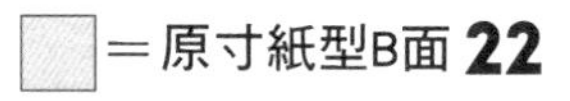

＝原寸紙型B面 22

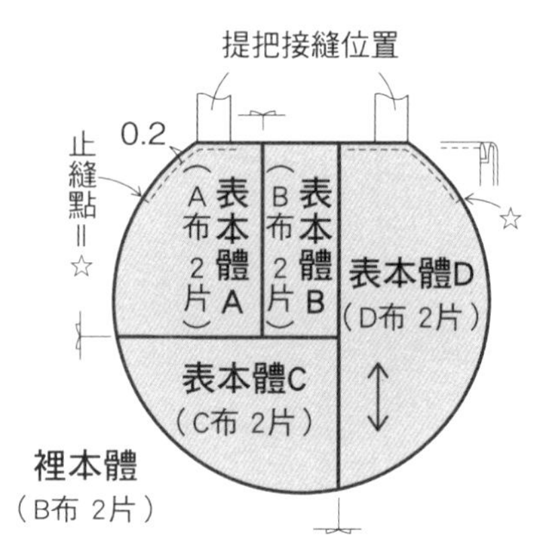

提把接縫位置
0.2
止縫點＝☆
☆
表本體A（A布 2片）
表本體B（B布 2片）
表本體D（D布 2片）
表本體C（C布 2片）
裡本體（B布 2片）

提把（E布 2片）

山摺線
0.2
0.2
52
5
※製圖不含縫份。

B布的裁布圖

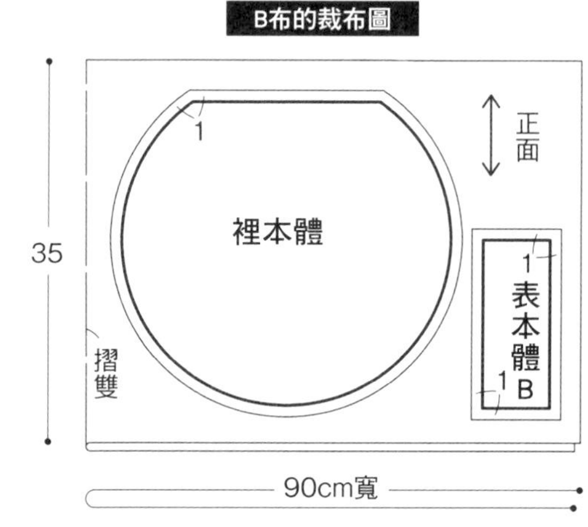

裡本體
表本體B
1
正面
摺雙
35
90cm寬

C布的裁布圖

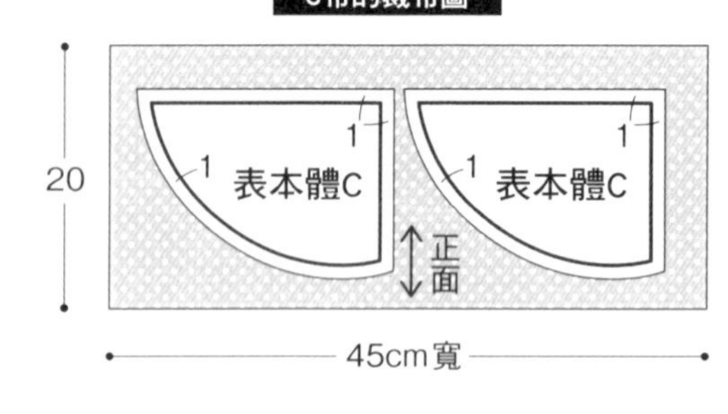

表本體C
表本體C
1
正面
20
45cm寬

D布的裁布圖

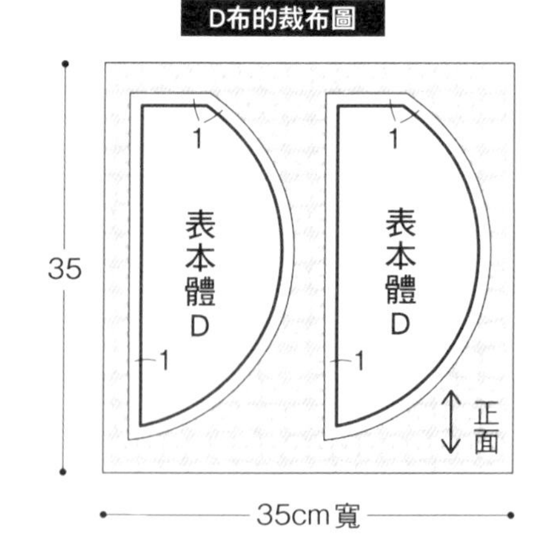

表本體D
表本體D
1
正面
35
35cm寬

作法

1 縫合表本體A・B

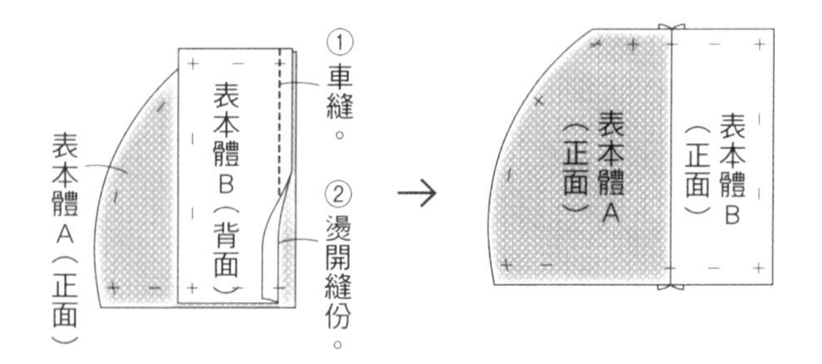

表本體A（正面）
表本體B（背面）
①車縫。
②燙開縫份。
表本體A（正面）
表本體B（正面）

2 縫合表本體A・B及表本體C

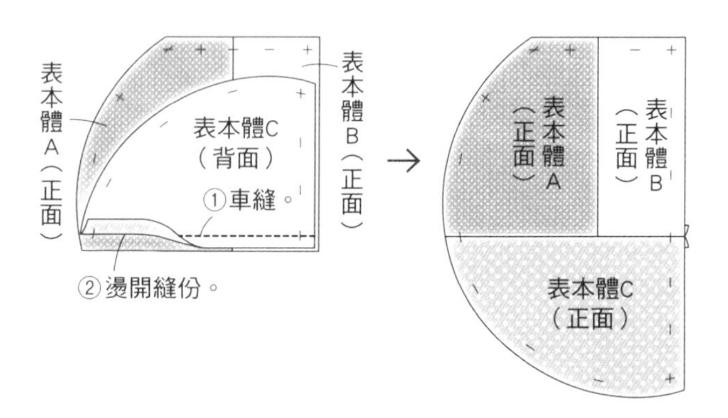

表本體A（正面）
表本體C（背面）
表本體B（正面）
①車縫。
②燙開縫份。
表本體A（正面）
表本體B（正面）
表本體C（正面）

❸ 縫合表本體A・B・C及表本體D

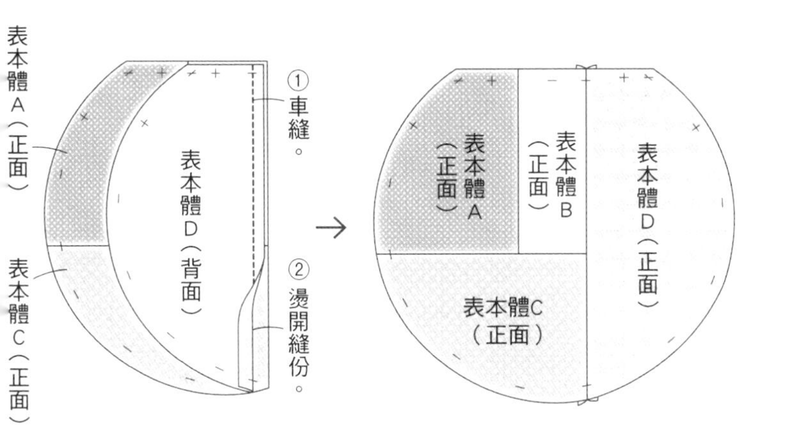
表本體A（正面）
表本體C（正面）
表本體D（背面）
①車縫。
②燙開縫份。
表本體A（正面）
表本體B（正面）
表本體D（正面）
表本體C（正面）

❹ 製作提把，暫時固定

※另一組作法亦同。

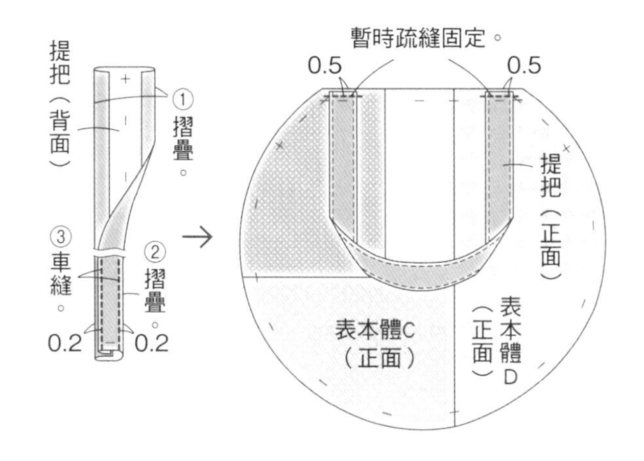
提把（背面）
①摺疊。
②摺疊。
③車縫。
0.2
0.2
暫時疏縫固定。
0.5
0.5
提把（正面）
表本體C（正面）
表本體D（正面）

❺ 表・裡本體各自縫合

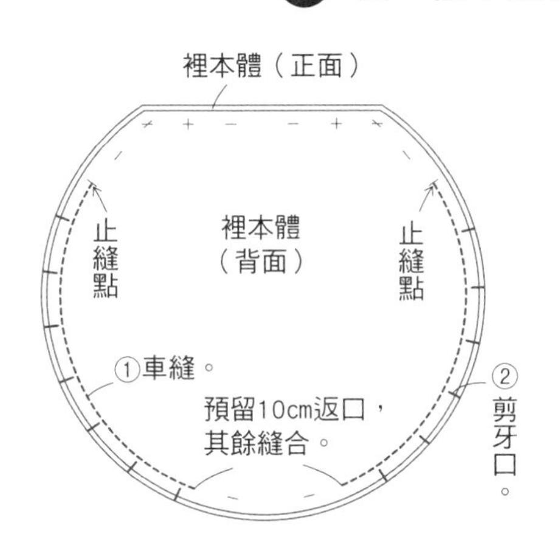
裡本體（正面）
裡本體（背面）
止縫點
止縫點
①車縫。
預留10cm返口，其餘縫合。
②剪牙口。

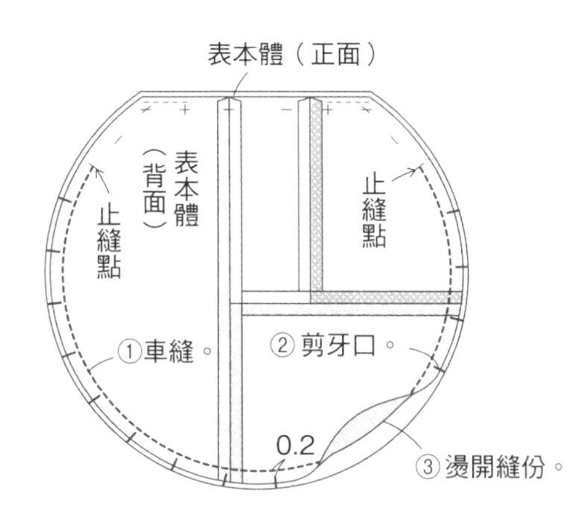
表本體（正面）
表本體（背面）
止縫點
止縫點
①車縫。
②剪牙口。
0.2
③燙開縫份。

❻ 縫合表本體＆裡本體

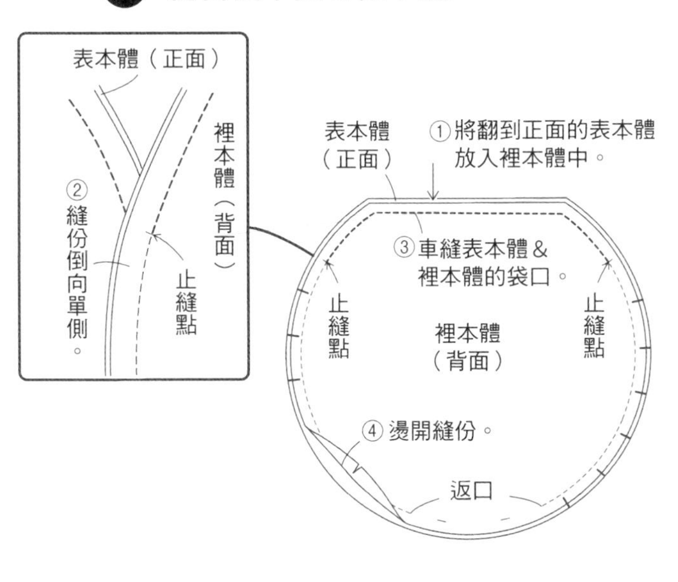
表本體（正面）
裡本體（背面）
②縫份倒向單側。
止縫點
表本體（正面）
①將翻到正面的表本體放入裡本體中。
③車縫表本體＆裡本體的袋口。
止縫點
止縫點
裡本體（背面）
④燙開縫份。
返口

❼ 完成

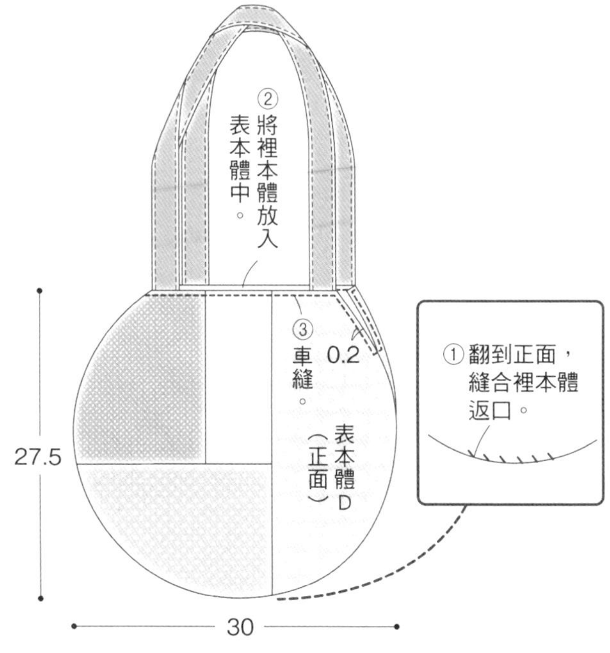
②將裡本體放入表本體中。
③車縫。
0.2
表本體D（正面）
27.5
30
①翻到正面，縫合裡本體返口。

P.14 21

■ 材料

A布（棉布・圖案）…20cm寬 10cm
B布（棉布・素色）…20cm寬 10cm
C布（棉布・圖案）…20cm寬 10cm
D布（棉布・圖案）…20cm寬 10cm
E布（棉布・圖案）…20cm寬 10cm
F布（棉布・圖案）…20cm寬 10cm
G布（棉布・圖案）…20cm寬 10cm
H布（棉布・圖案）…20cm寬 10cm
I布（棉布・素色）…65cm寬 20cm
裡布（棉布・素色）…110cm寬 40cm

製圖 ※製圖不含縫份。

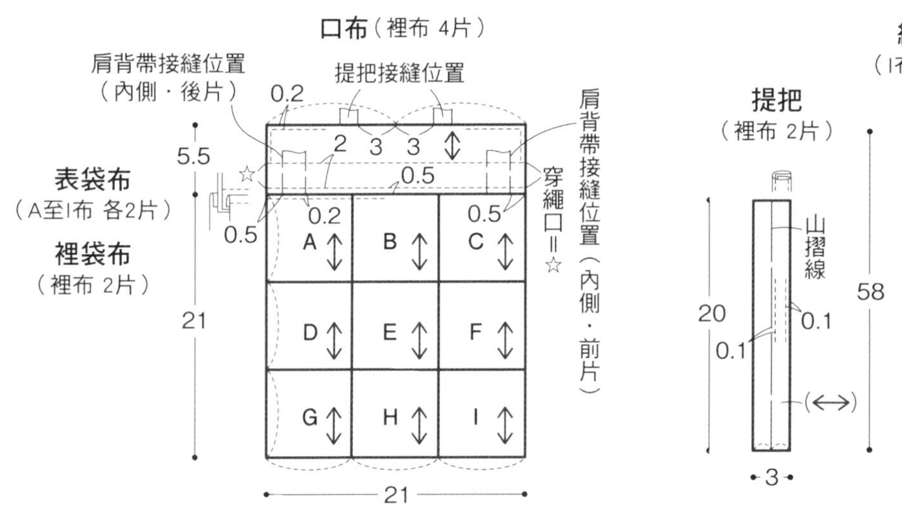

口布（裡布 4片）
肩背帶接縫位置
（內側・後片）
提把接縫位置
0.2
5.5
2 3 3
0.5
表袋布
（A至I布 各2片）
裡袋布
（裡布 2片）
0.5
0.2
0.5
A B C
D E F
G H I
21
21
肩背帶接縫位置（內側・前片）
穿繩口＝☆

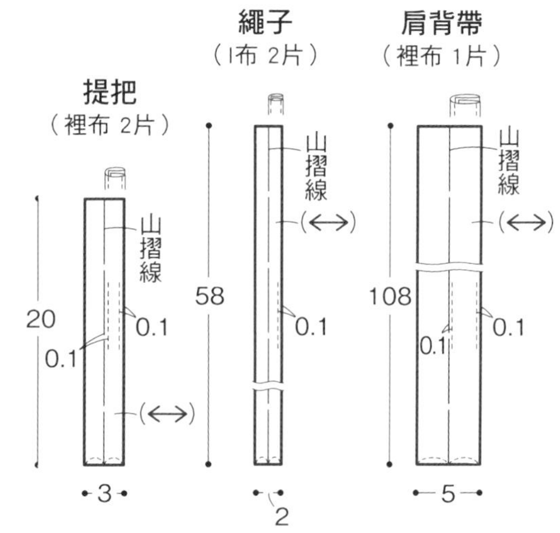

提把
（裡布 2片）
繩子
（I布 2片）
肩背帶
（裡布 1片）
山摺線
0.1
20
58
108
3
2
5

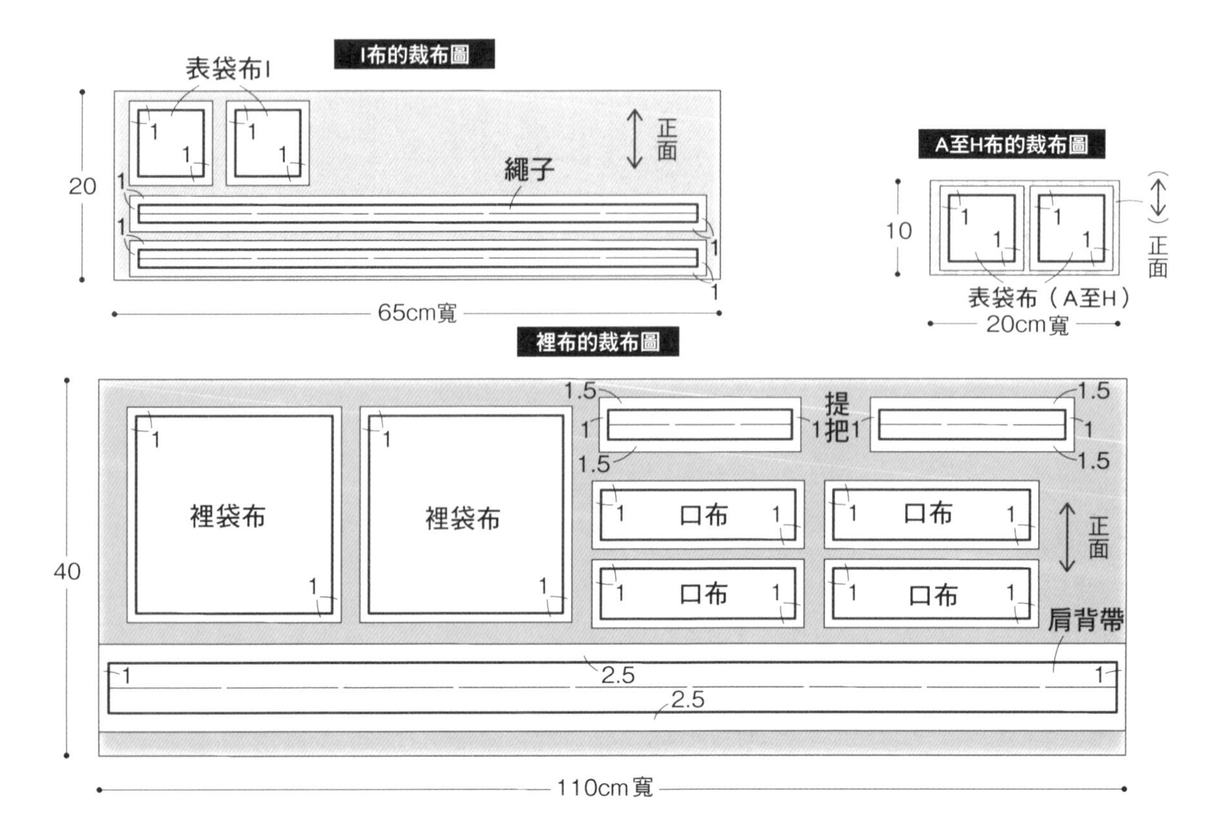

I布的裁布圖
表袋布I
繩子
正面
20
65cm寬
A至H布的裁布圖
10
表袋布（A至H）
20cm寬
裡布的裁布圖
1.5
提把
裡袋布
裡袋布
口布
口布
口布
口布
肩背帶
2.5
40
110cm寬

作法

1 縫製表袋布

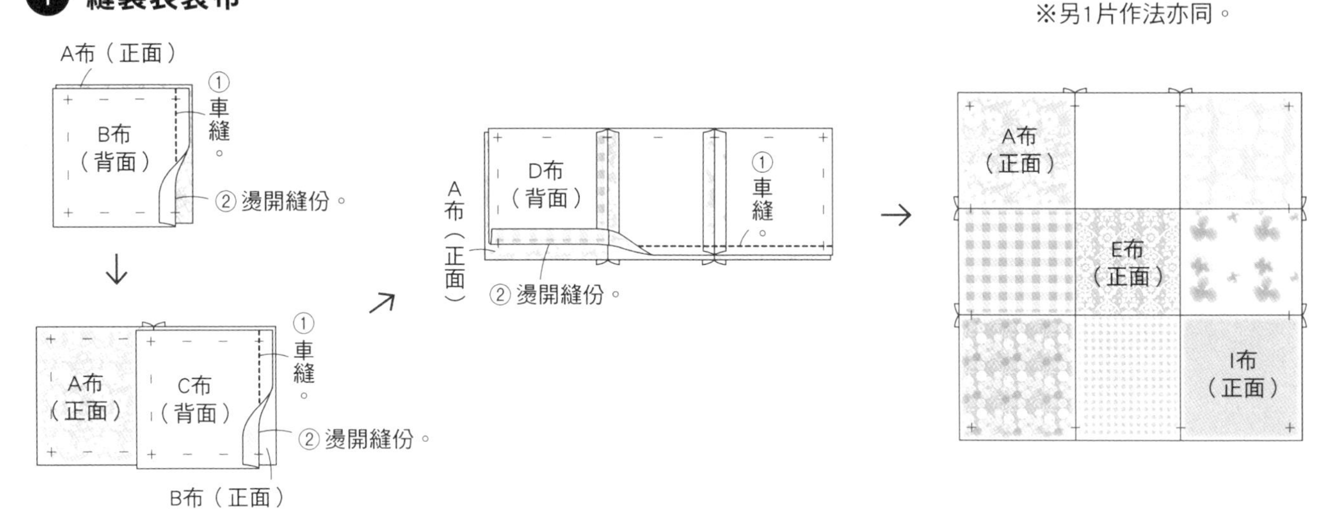

A布（正面）
①車縫。
B布（背面）
②燙開縫份。
A布（正面）
C布（背面）
①車縫。
②燙開縫份。
B布（正面）
D布（背面）
A布（正面）
①車縫。
②燙開縫份。
※另1片作法亦同。
A布（正面）
E布（正面）
I布（正面）

2 製作提把

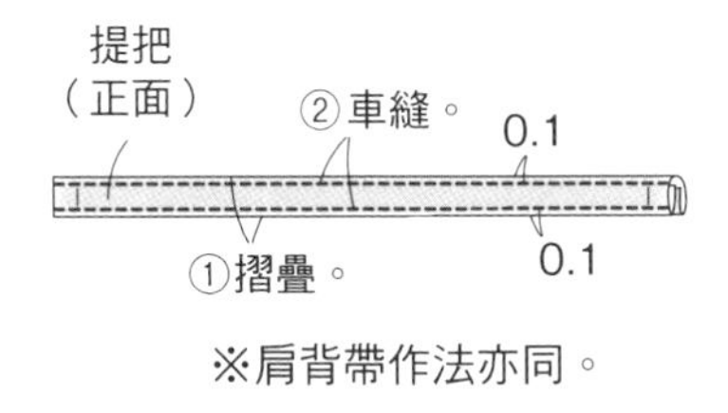

提把（正面）
②車縫。
0.1
①摺疊。
0.1

※肩背帶作法亦同。

3 製作口布

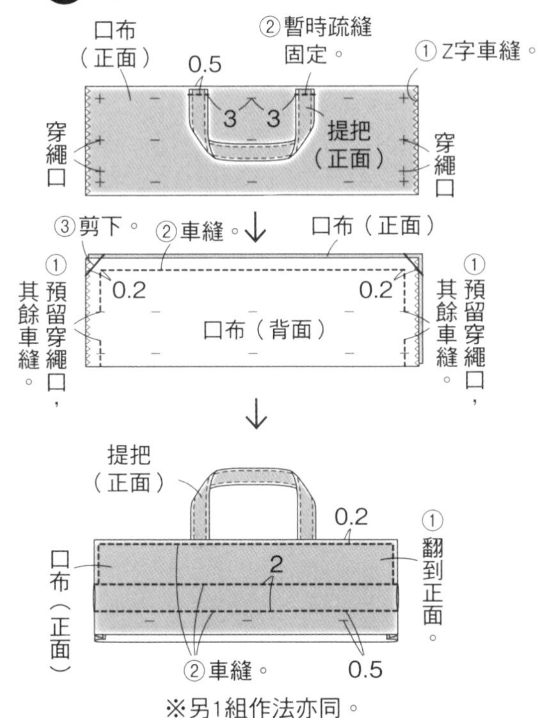

口布（正面）
②暫時疏縫固定。
①Z字車縫。
0.5
3
3
提把（正面）
穿繩口
穿繩口
③剪下。
②車縫。
口布（正面）
①預留穿繩口，其餘車縫。
0.2
0.2
口布（背面）
①預留穿繩口，其餘車縫。
提把（正面）
0.2
①翻到正面。
口布（正面）
2
②車縫。
0.5

※另1組作法亦同。

4 暫時固定表袋布、口布及肩背帶

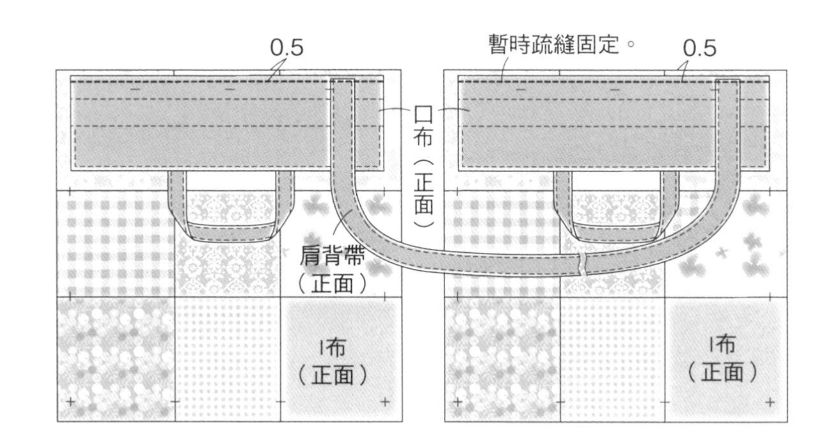

0.5
暫時疏縫固定。
0.5
口布（正面）
肩背帶（正面）
I布（正面）
I布（正面）

5 縫合表袋布＆裡袋布

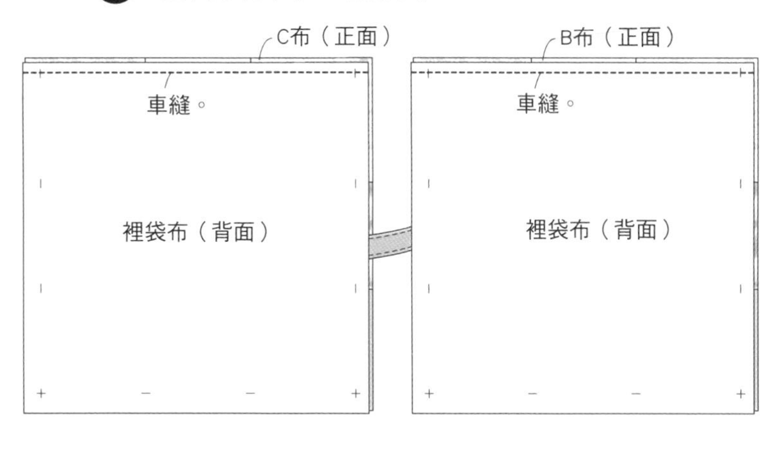

C布（正面）
B布（正面）
車縫。
車縫。
裡袋布（背面）
裡袋布（背面）

❻ 表袋布＆裡袋布各自正面相對，縫合周圍

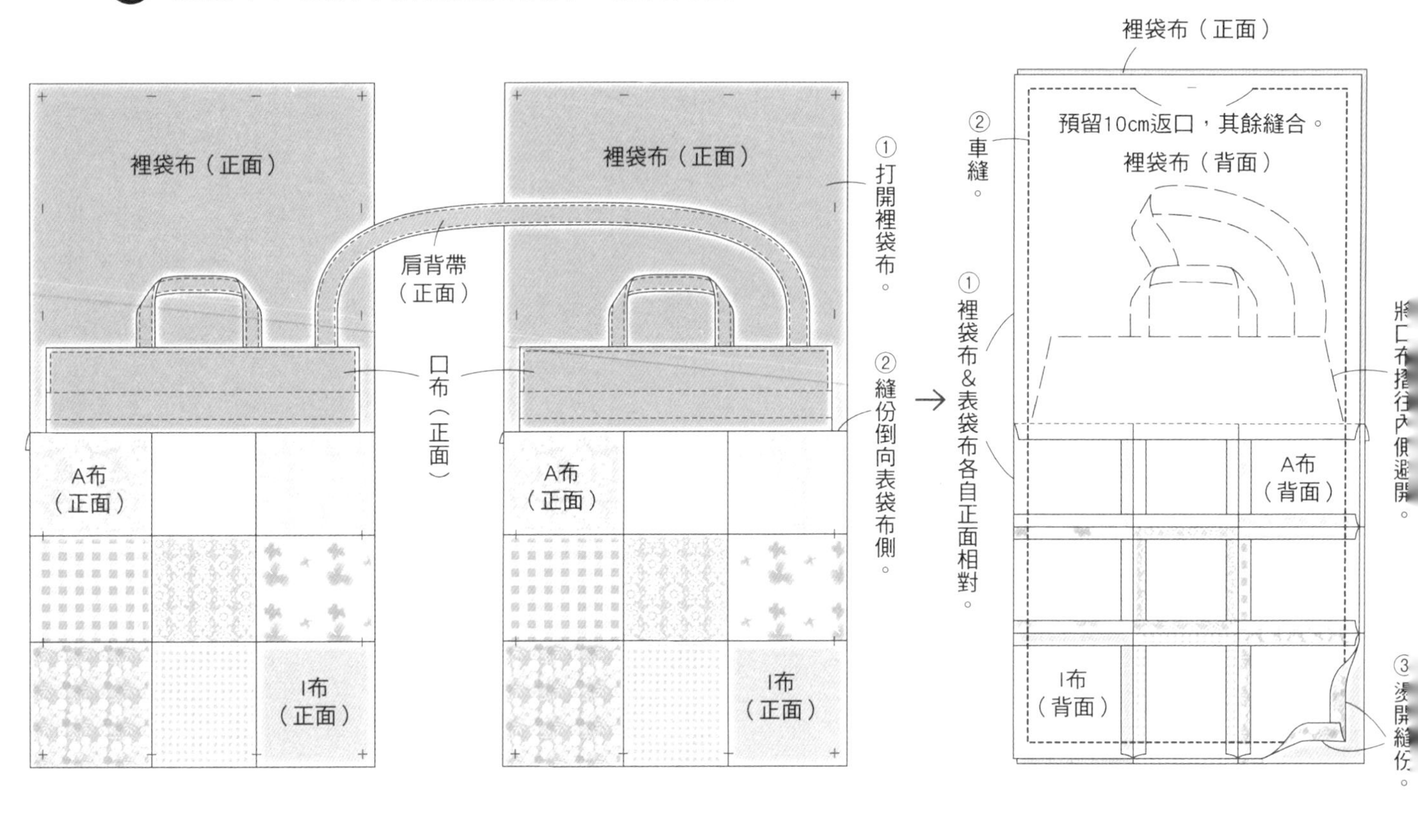
裡袋布（正面）
肩背帶（正面）
口布（正面）
A布（正面）
I布（正面）
①打開裡袋布。
②縫份倒向表袋布側。
②車縫。
①裡袋布&表袋布各自正面相對。
預留10cm返口，其餘縫合。
裡袋布（背面）
A布（背面）
I布（背面）

❼ 翻到正面

❽ 製作繩子

❾ 完成

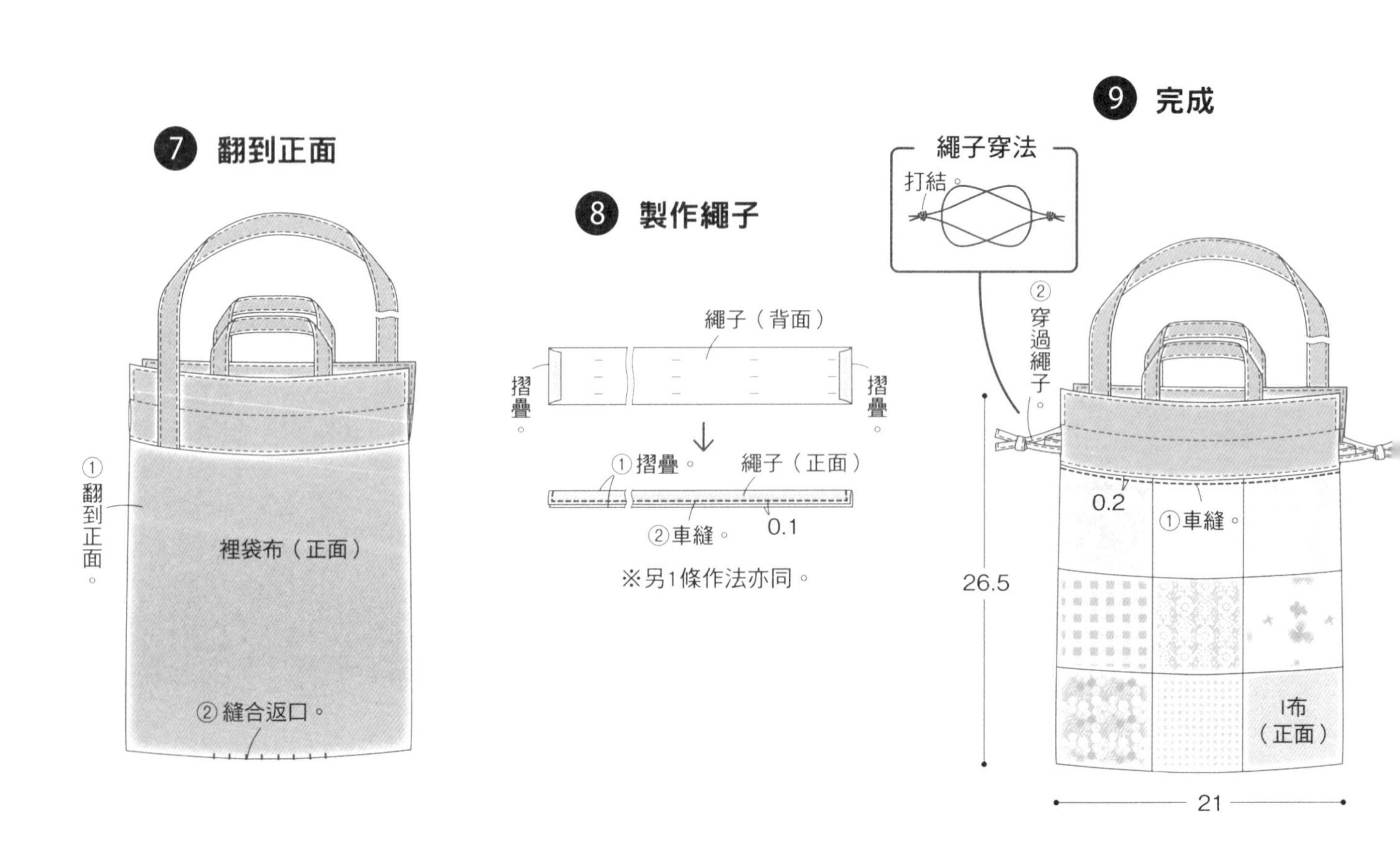
①翻到正面。
裡袋布（正面）
②縫合返口。
繩子（背面）
摺疊。
①摺疊。
繩子（正面）
②車縫。
0.1
※另1條作法亦同。
繩子穿法
打結。
②穿過繩子。
0.2
①車縫。
26.5
I布（正面）
21

P.36 54

■ 材料

表布（棉布・圖案）…10cm寬 10cm
配布（棉布・圖案）…10cm寬 10cm
手工藝棉花 …適量
鈕釦（直徑1cm）…2個
鬆緊帶（1cm寬）…45cm
背膠魔鬼氈® （0.8cm寬）…2.5cm

製圖 ※製圖不含縫份。

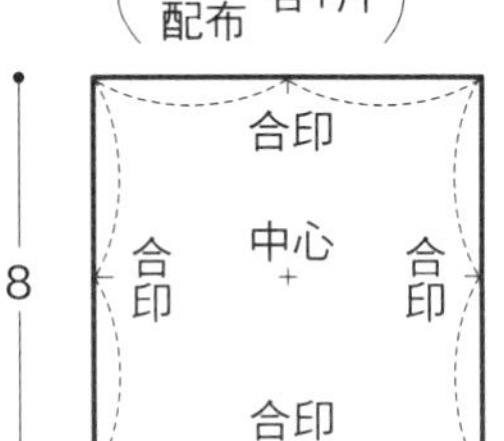

本體
表布
配布
各1片
合印
中心
8

表布・配布的裁布圖

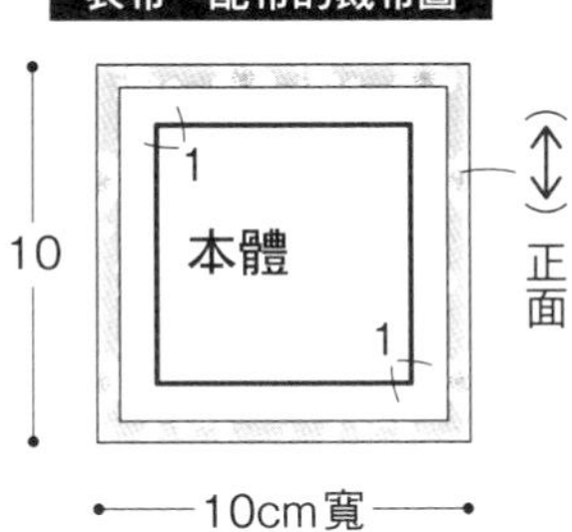

本體
10
正面
10cm寬

作法

1 將鬆緊帶縫上魔鬼氈

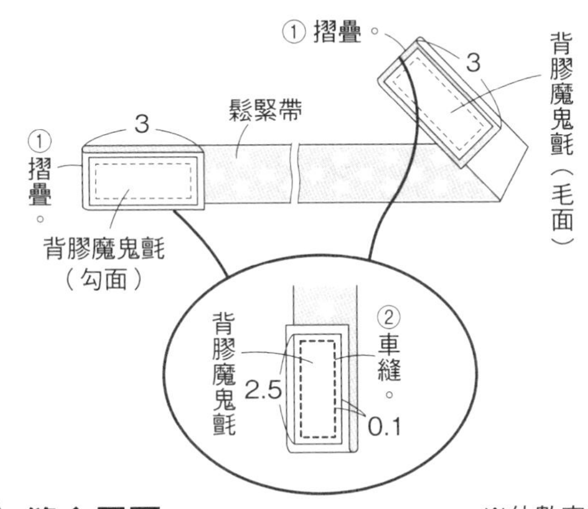

① 摺疊。
3
鬆緊帶
背膠魔鬼氈（毛面）
背膠魔鬼氈（勾面）
② 車縫。
2.5
0.1

2 加上記號

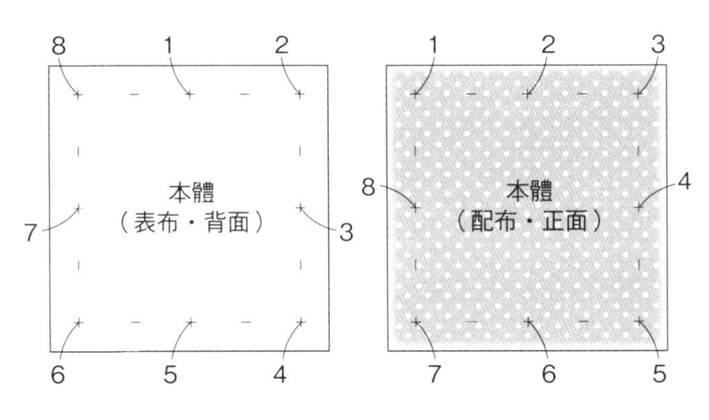

本體（表布・背面）
本體（配布・正面）

3 縫合周圍

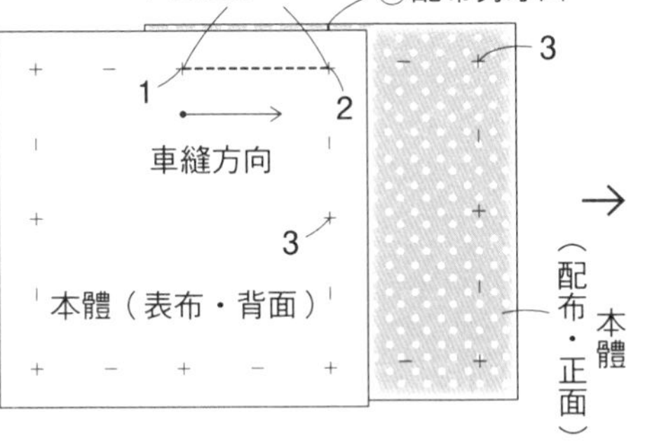

①錯開兩片布，
車縫記號1至2。
②配布剪牙口。
車縫方向
本體（表布・背面）
本體（配布・正面）

※依數字順序，
對齊布料車縫。
※記號7至8當作返口，
不車縫。

本體（表布・背面）
車縫記號2至3。
本體（配布・正面）

4 翻到正面

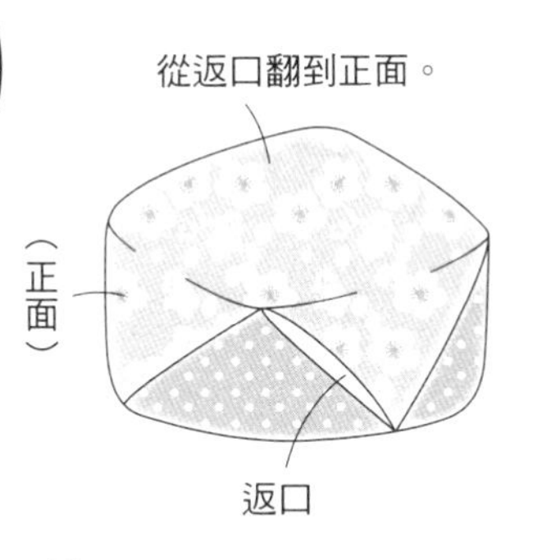

從返口翻到正面。
（正面）
返口

5 放入手工藝棉花後封口

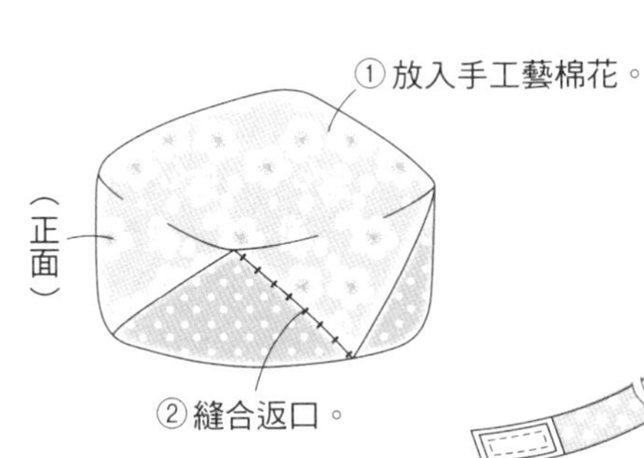

①放入手工藝棉花。
（正面）
②縫合返口。

6 縫上鈕釦＆鬆緊帶

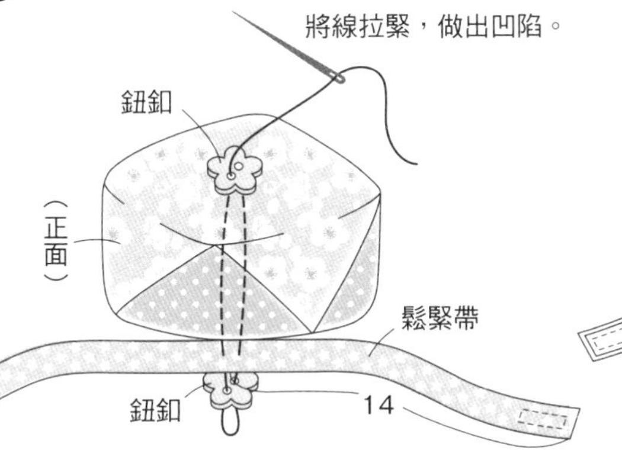

將線拉緊，做出凹陷。
鈕釦
（正面）
鬆緊帶
14

7 完成

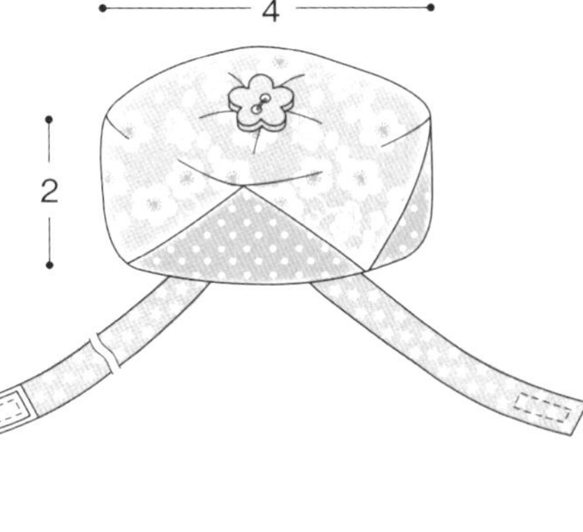

4
2

P.18 25至27

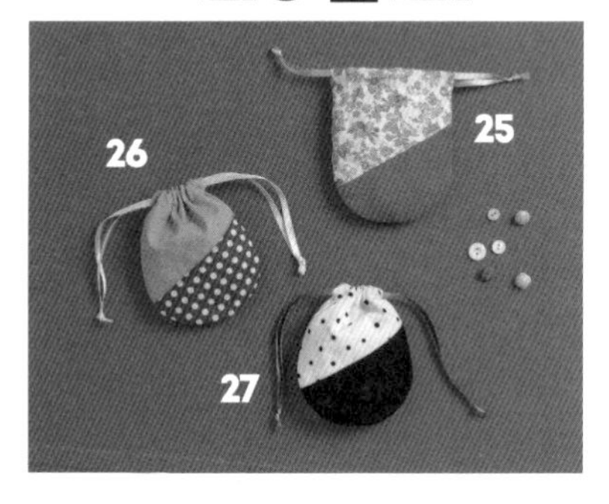

26
25
27

■ 25至27 材料（1個份）

A布（棉布・圖案或素色）…30cm寬 30cm
B布（棉布・圖案或素色）…30cm寬 15cm
緞帶（0.6cm寬）…40cm 2條

紙型

▢＝原寸紙型A面25至27

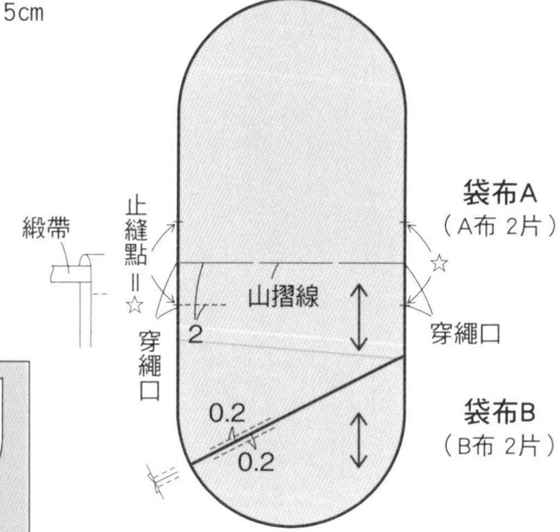

袋布A
（A布 2片）
止縫點＝☆
緞帶
山摺線
穿繩口
2
袋布B
（B布 2片）
0.2
0.2

A布的裁布圖

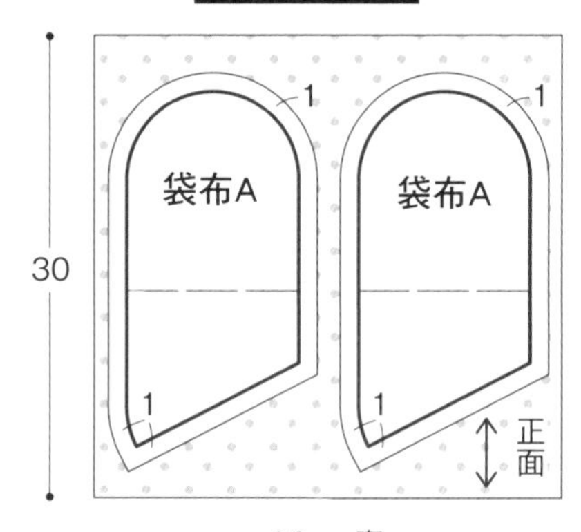

30
袋布A
袋布A
1
正面
30cm寬

B布的裁布圖

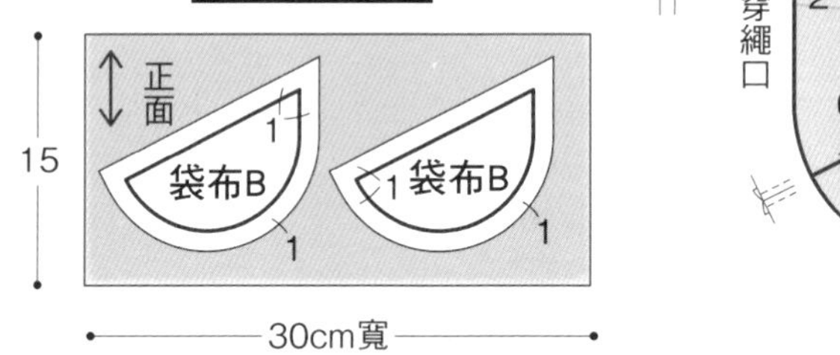

15
正面
袋布B
袋布B
1
30cm寬

作法

1 縫合袋布A・B

※另1片作法亦同。

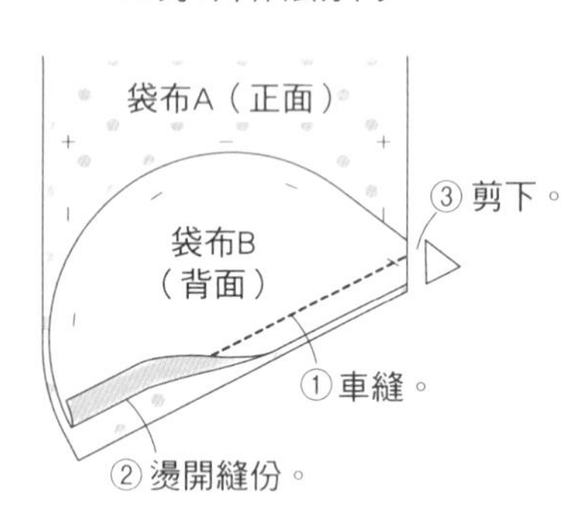

袋布A（正面）
袋布B
（背面）
③剪下。
①車縫。
②燙開縫份。
袋布A
（正面）
車縫。
0.2
0.2
袋布B（正面）

2 縫合袋布

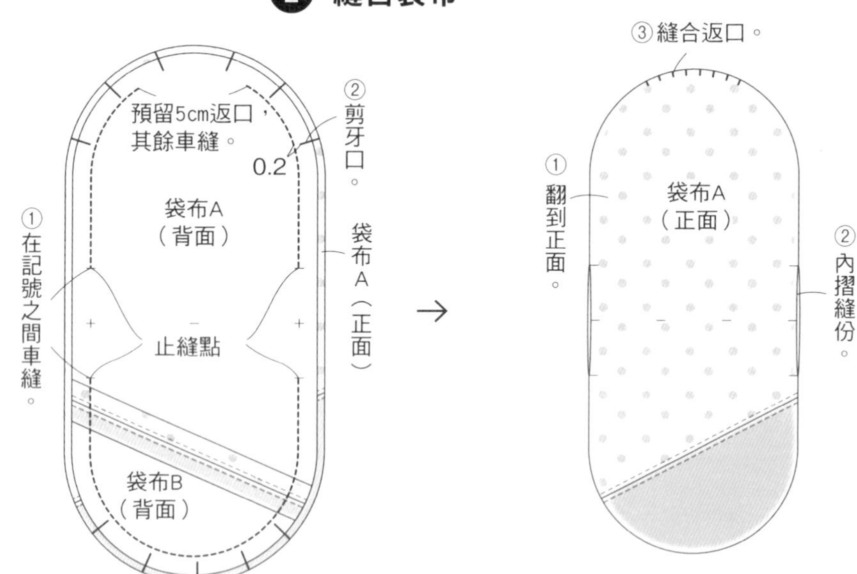

預留5cm返口，其餘車縫。
②剪牙口。
0.2
袋布A
（背面）
①在記號之間車縫。
袋布A（正面）
止縫點
袋布B
（背面）
③縫合返口。
①翻到正面。
袋布A
（正面）
②內摺縫份。

3 摺疊袋布A的山摺線，車縫

①摺疊，將袋布放入。

2

止縫點

②車縫。

袋布A
（正面）

袋布B
（正面）

止縫點

繩子穿法

打結。

4 完成

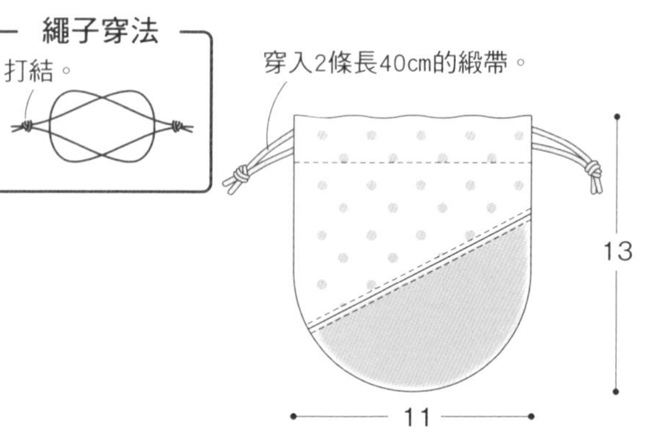

穿入2條長40cm的緞帶。
13
11

P.20 28・29

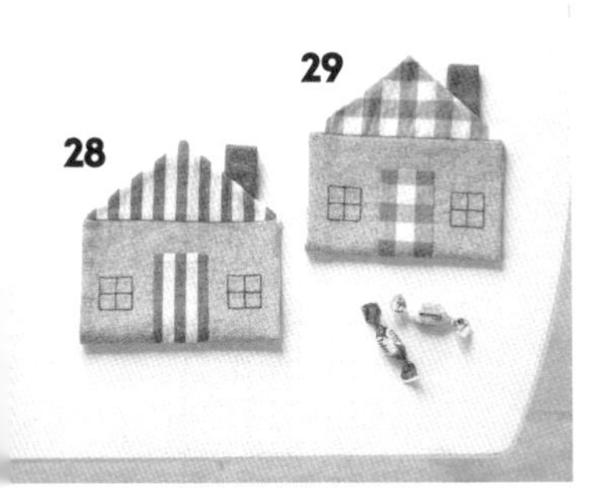

29
28

■ **28・29** 材料（1個份）
表布（棉布・素色）…20cm寬 25cm
配布（棉布・素色）…10cm寬 15cm
裡布（棉布・圖案）…35cm寬 35cm
按釦（直徑0.8cm）…1組
25號繡線（茶色）

配布的裁布圖

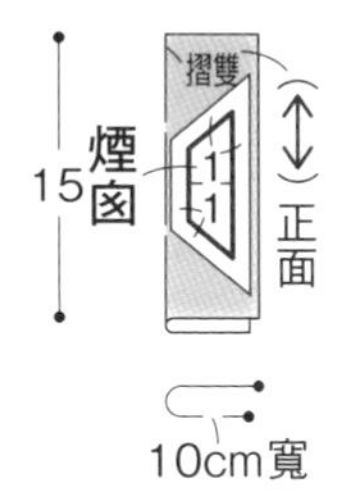

摺雙
煙囪
15
1
1
正面
10cm寬

表布的裁布圖

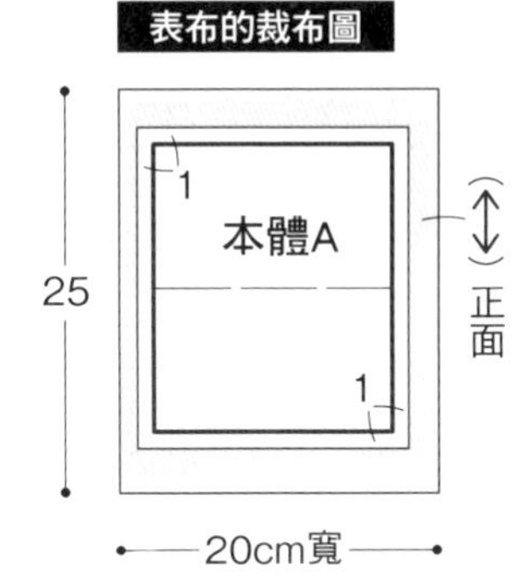

1
本體A
25
正面
1
20cm寬

紙型 ＝原寸紙型B面 **28・29**

作法

1 製作＆縫上煙囪

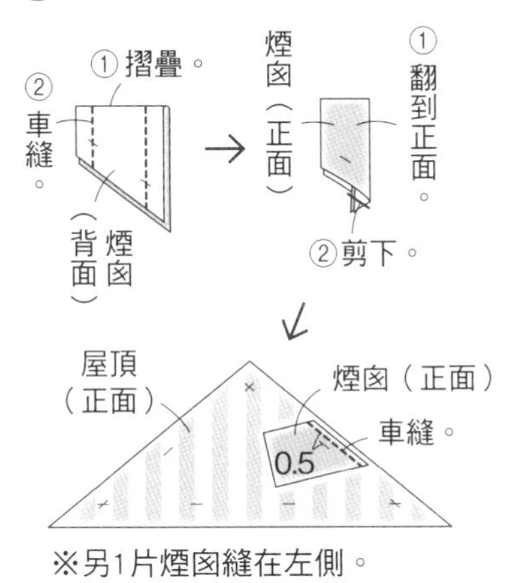

①摺疊。
②車縫。
煙囪（背面）
煙囪（正面）
①翻到正面。
②剪下。
屋頂（正面）
煙囪（正面）
車縫。
0.5

※另1片煙囪縫在左側。

摺雙
屋頂（裡布 2片）
煙囪（配布 2片）
本體A（表布 1片）
本體B（裡布 1片）
刺繡位置＝☆
摺雙
門（裡布 1片）

裡布的裁布圖

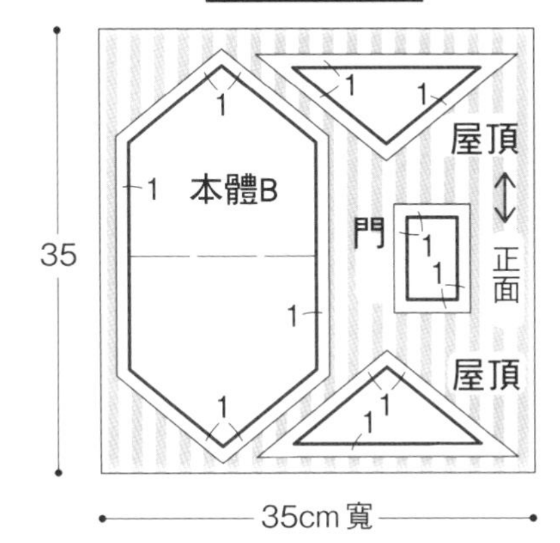

1
1
1
屋頂
1
本體B
門
1
1
35
正面
1
1
1
1
屋頂
35cm寬

2 將門縫在本體A上＆繡製窗戶

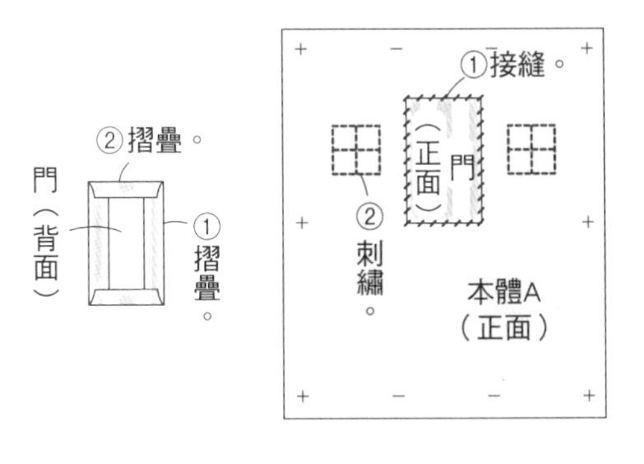

②摺疊。
門（背面）
①摺疊。
①接縫。
（正面）門
②刺繡。
本體A（正面）

3 將本體A縫上屋頂

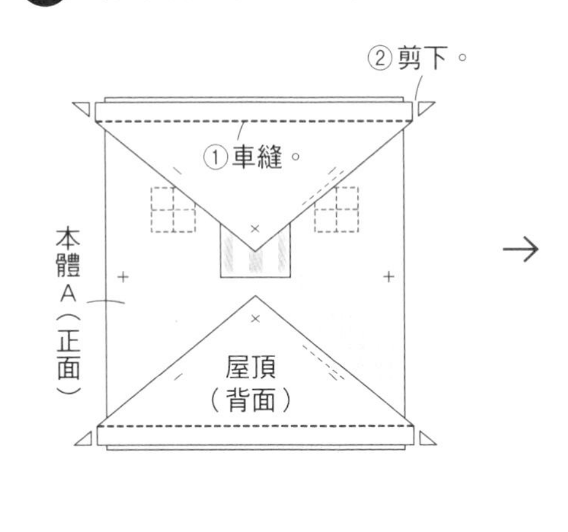

②剪下。
①車縫。
本體A（正面）
屋頂（背面）

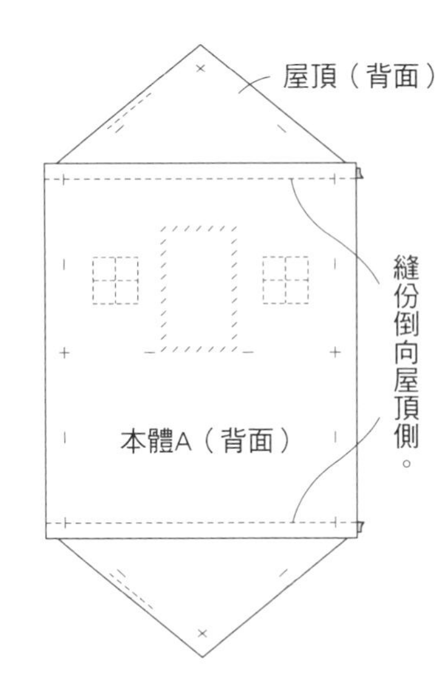

屋頂（背面）
縫份倒向屋頂側。
本體A（背面）

4 縫合本體A・B

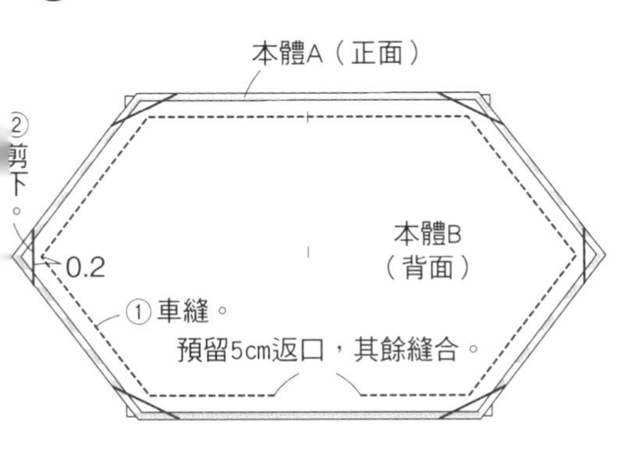

本體A（正面）
②剪下。
0.2
本體B（背面）
①車縫。
預留5cm返口，其餘縫合。

5 翻到正面，縫上按釦

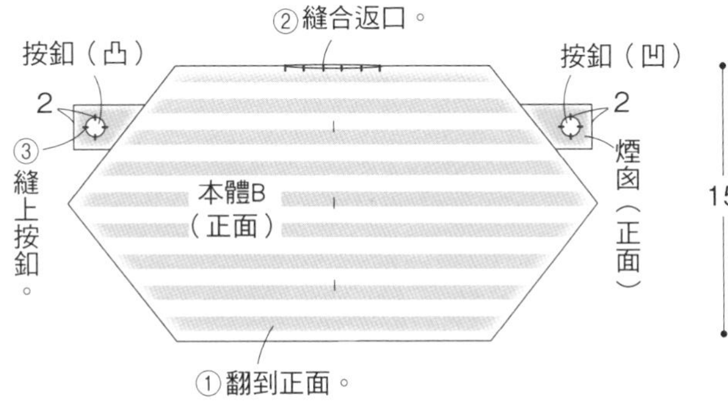

②縫合返口。
按釦（凸）
按釦（凹）
2
2
③縫上按釦。
煙囪（正面）
本體B（正面）
①翻到正面。

6 完成

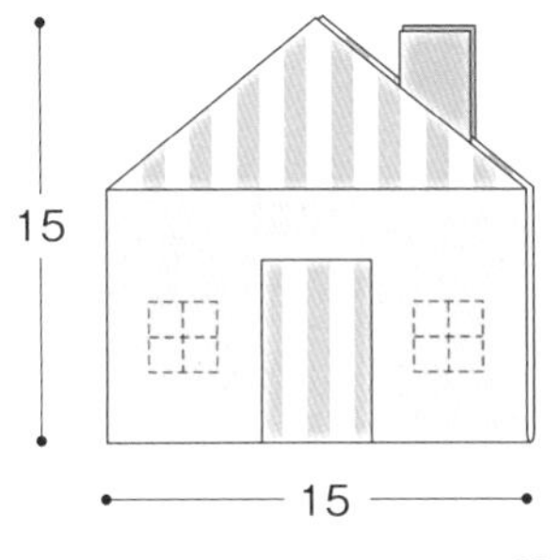

15
15

P.21 30

■ 材料（1個份）

A布（棉布・圖案）…30cm寬 10cm
B布（棉布・圖案）…30cm寬 25cm
C布（棉布・素色）…15cm寬 25cm
D布（棉布・圖案）…15cm寬 25cm
保溫布…30cm寬 30cm

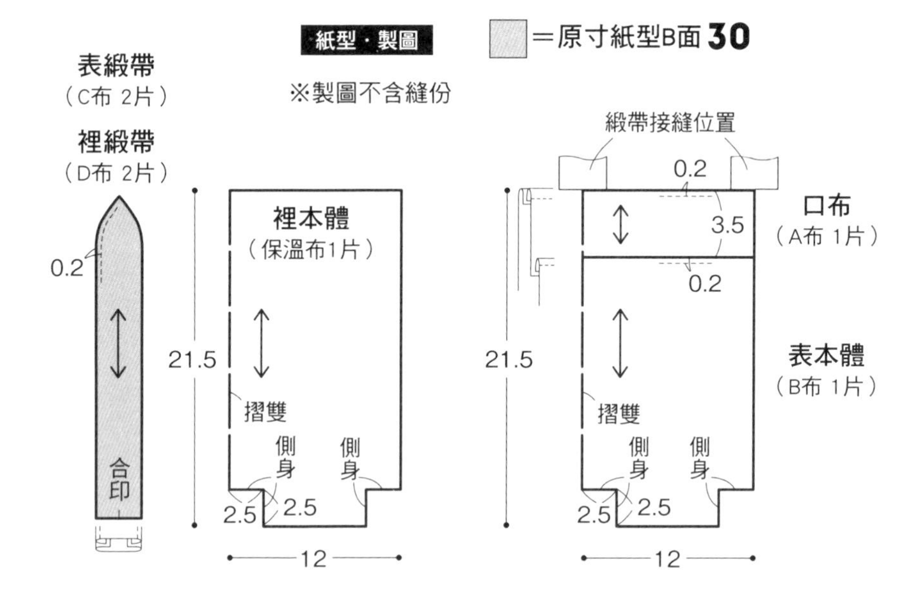

紙型・製圖
=原寸紙型B面 30
※製圖不含縫份
表緞帶
（C布 2片）
裡緞帶
（D布 2片）
0.2
合印
裡本體
（保溫布1片）
21.5
摺雙
側身
側身
2.5
2.5
12
緞帶接縫位置
0.2
3.5
0.2
口布
（A布 1片）
表本體
（B布 1片）
21.5
摺雙
側身
側身
2.5
2.5
12

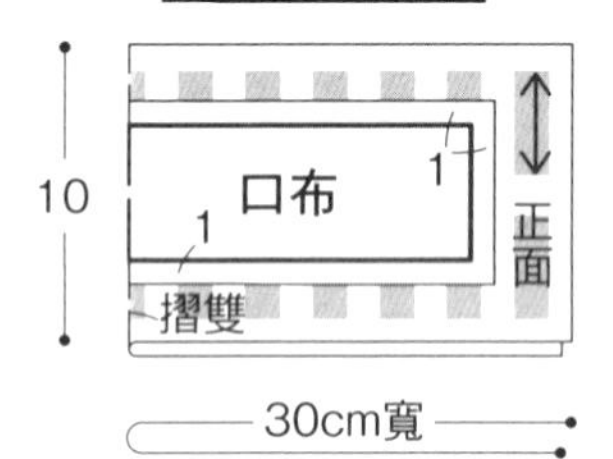

A布的裁布圖
10
口布
1
1
摺雙
正面
30cm寬

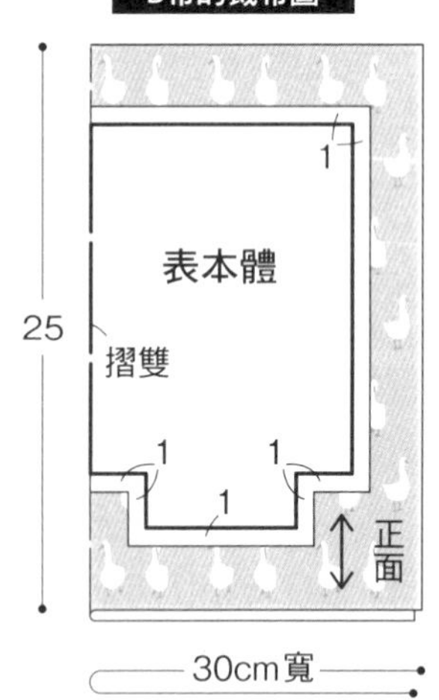

B布的裁布圖
25
表本體
1
摺雙
1
1
1
正面
30cm寬

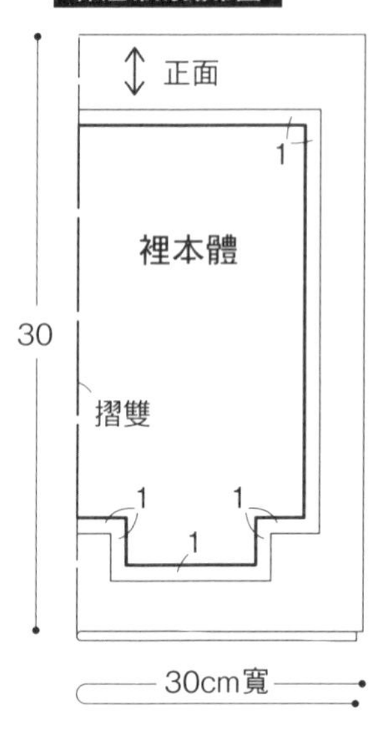

保溫布的裁布圖
正面
1
裡本體
30
摺雙
1
1
1
30cm寬

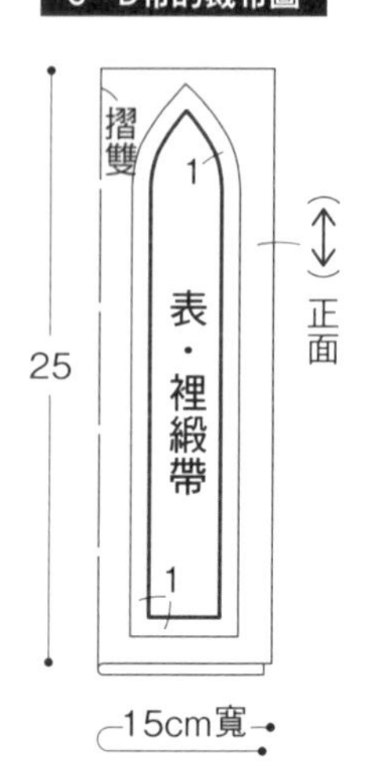

C・D布的裁布圖
摺雙
1
正面
25
表・裡緞帶
1
15cm寬

作法

1 製作緞帶

0.2
②剪下。
③剪牙口。
裡緞帶（正面）
0.2
表緞帶（背面）
①車縫。
→
②車縫。
表緞帶（正面）
0.2
①翻到正面。

2 縫合表本體＆口布

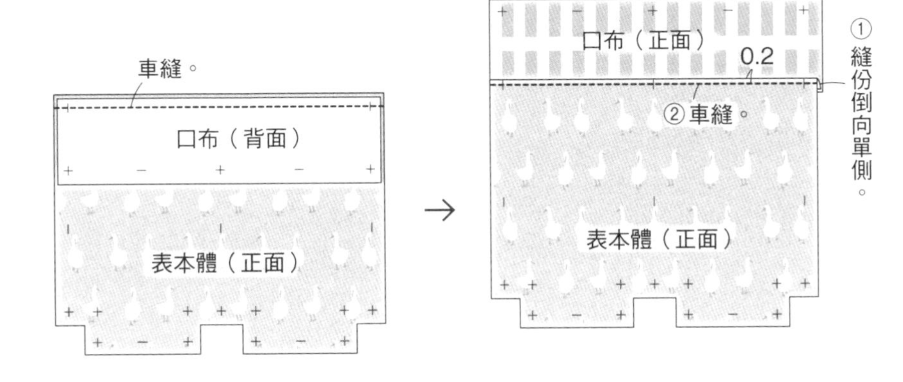

車縫。
口布（背面）
表本體（正面）
→
口布（正面）
0.2
①縫份倒向單側。
②車縫。
表本體（正面）

3 縫合脇線＆底線

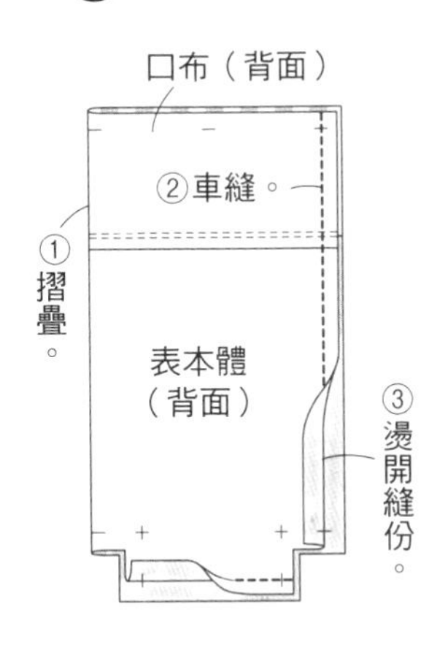

口布（背面）
②車縫。
①摺疊。
表本體（背面）
③燙開縫份。

①摺疊。
②車縫。
裡本體（背面）
③燙開縫份。

4 縫製側身

※裡本體作法亦同。

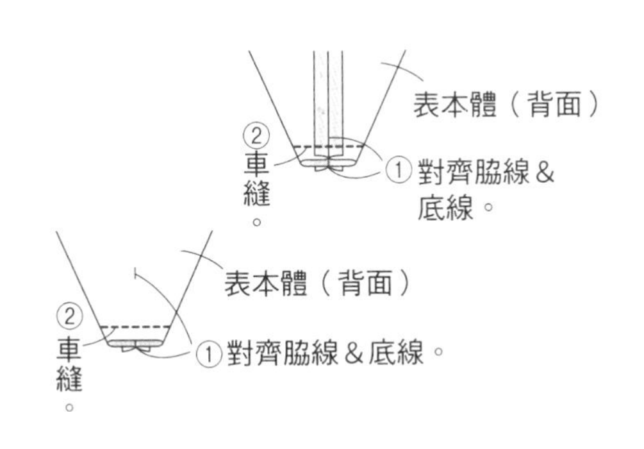

表本體（背面）
②車縫。
①對齊脇線＆底線。
表本體（背面）
②車縫。
①對齊脇線＆底線。

5 暫時固定緞帶

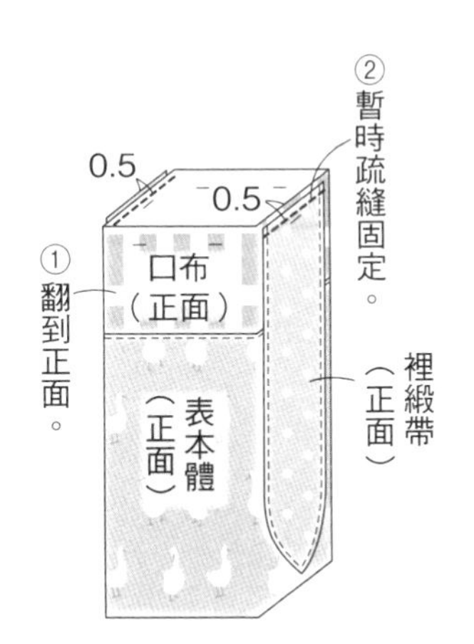

②暫時疏縫固定。
0.5
0.5
①翻到正面。
口布（正面）
表本體（正面）
裡緞帶（正面）

6 縫合表本體＆裡本體

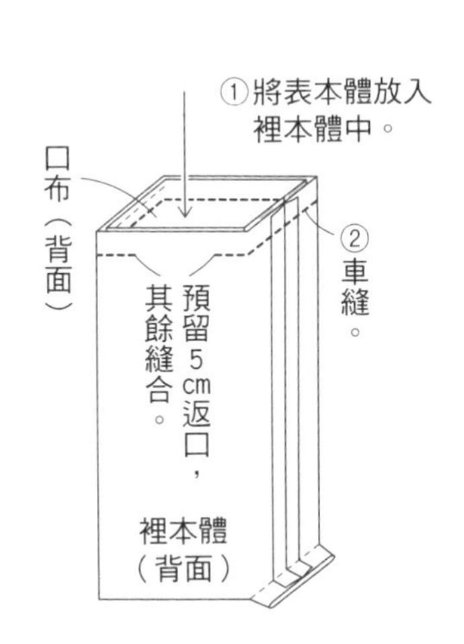

①將表本體放入裡本體中。
口布（背面）
②車縫。
預留5cm返口，其餘縫合。
裡本體（背面）

7 完成

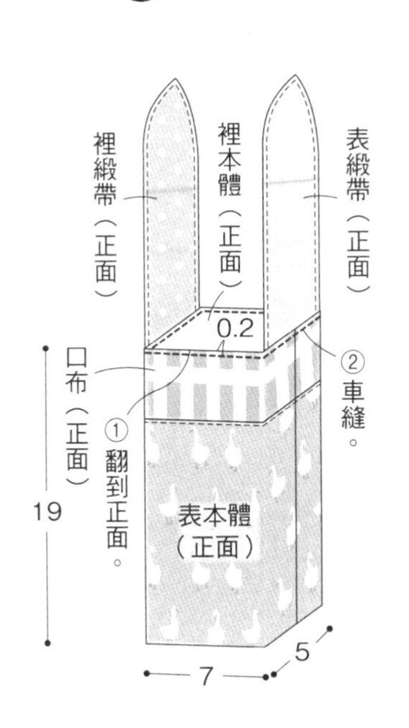

裡緞帶（正面）
裡本體（正面）
表緞帶（正面）
0.2
口布（正面）
②車縫。
①翻到正面。
19
表本體（正面）
7
5

P.21 31

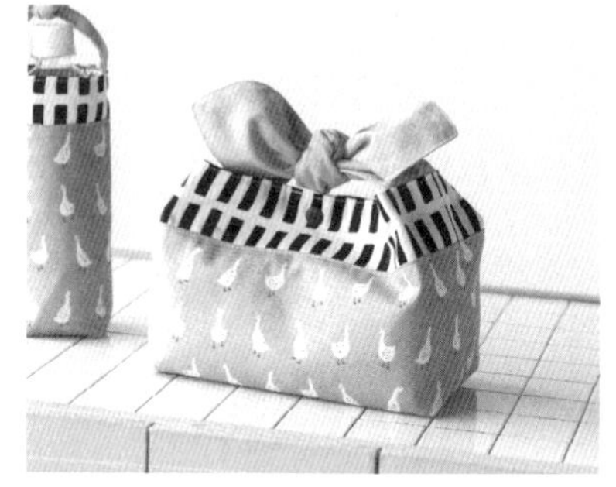

■ 材料

A布（棉布・圖案）…35cm寬 20cm
B布（棉布・圖案）…70cm寬 20cm
C布（棉布・圖案）…35cm寬 45cm
D布（棉布・素色）…30cm寬 35cm
E布（棉布・圖案）…30cm寬 35cm
塑膠四合釦（直徑1cm）…1組

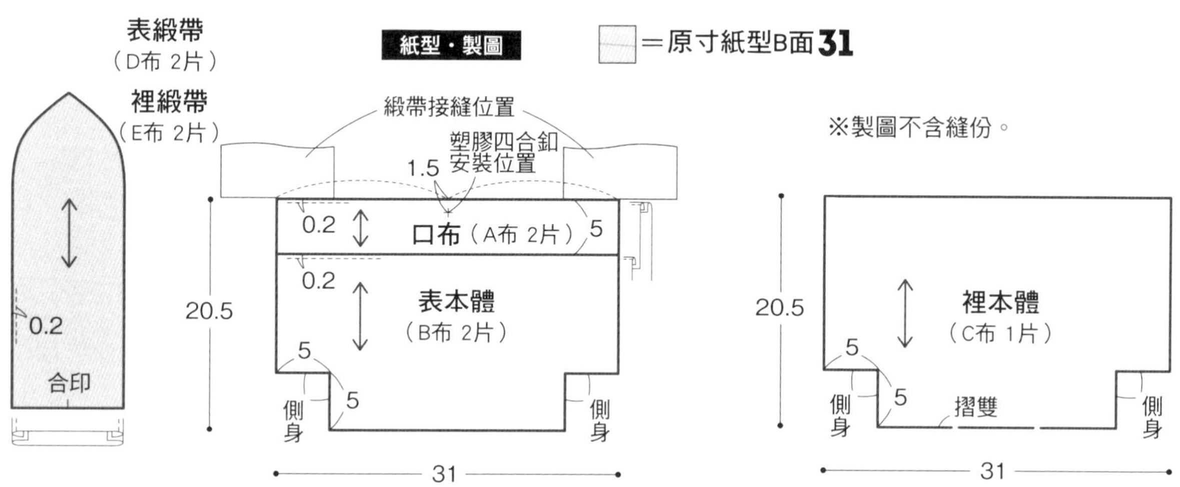

紙型・製圖
＝原寸紙型B面31
表緞帶
（D布 2片）
裡緞帶
（E布 2片）
0.2
合印
緞帶接縫位置
塑膠四合釦
安裝位置
1.5
0.2
口布（A布 2片）
5
0.2
表本體
（B布 2片）
20.5
5
5
側身
側身
31
※製圖不含縫份。
20.5
裡本體
（C布 1片）
5
5
摺雙
側身
側身
31

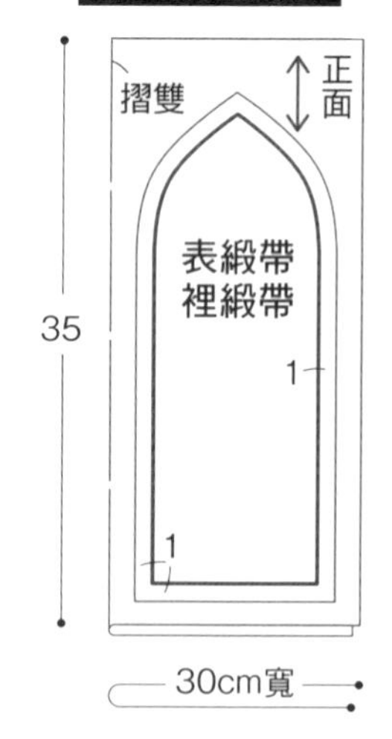

D・E布的裁布圖
摺雙
正面
表緞帶
裡緞帶
35
1
1
30cm寬

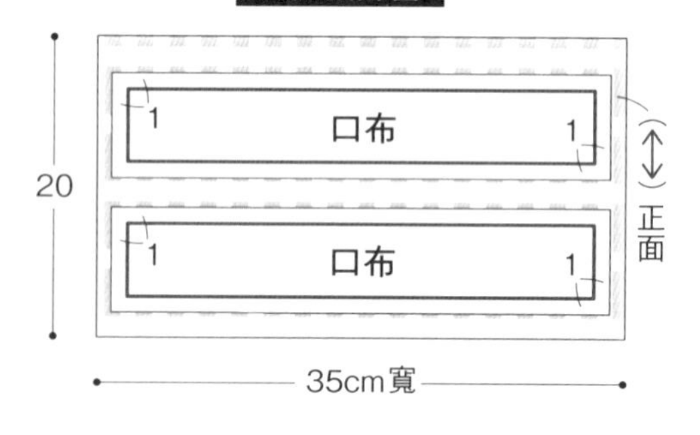

A布的裁布圖
1
口布
1
1
口布
1
20
正面
35cm寬

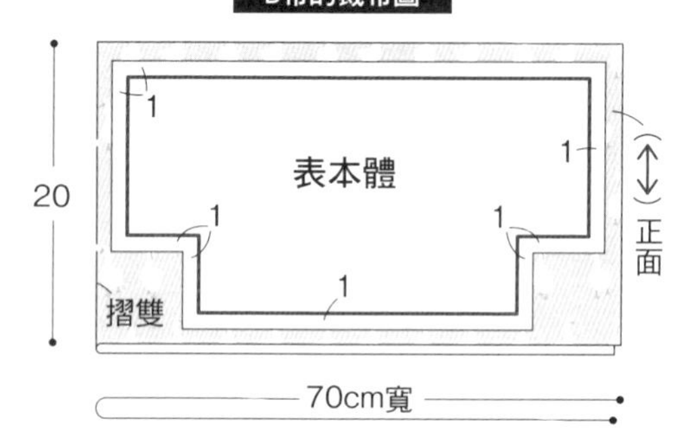

B布的裁布圖
1
表本體
1
20
1
1
1
正面
摺雙
70cm寬

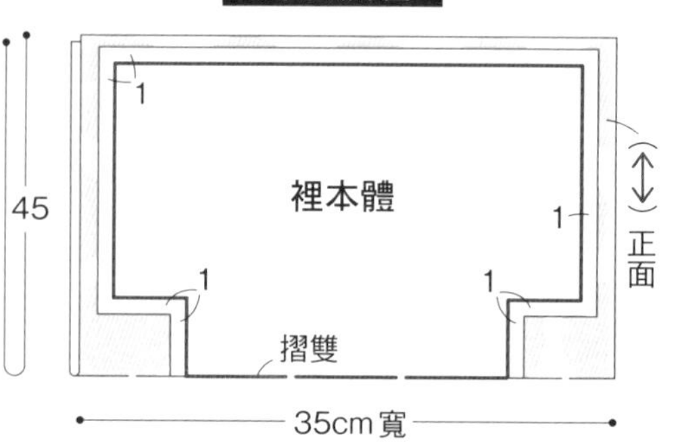

C布的裁布圖
1
裡本體
45
1
1
1
正面
摺雙
35cm寬

作法

① 製作緞帶

②剪下。
③剪牙口。
0.2
0.2
裡緞帶（正面）
表緞帶（背面）
①車縫。
①翻到正面。
表緞帶（正面）
0.2
②車縫。

② 縫合表本體＆口布

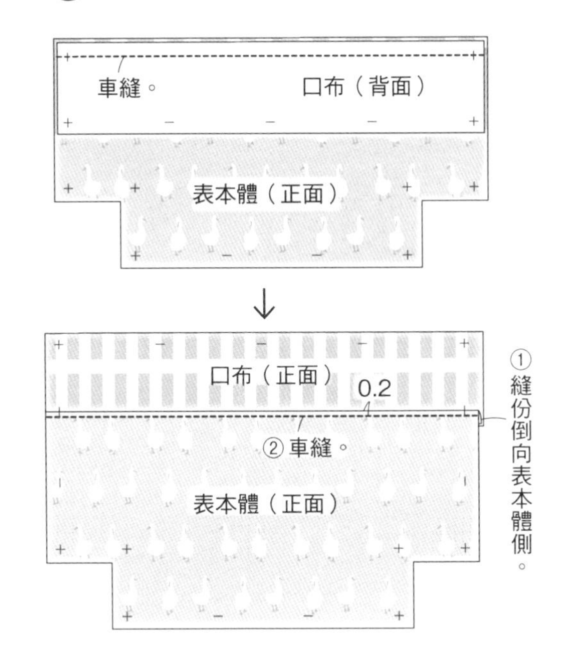

車縫。
口布（背面）
表本體（正面）
口布（正面）
0.2
①縫份倒向表本體側。
②車縫。
表本體（正面）

③ 縫製脇線＆底線

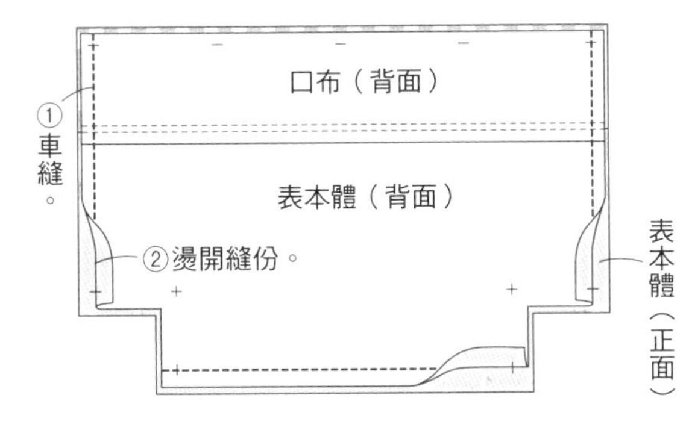

口布（背面）
①車縫。
表本體（背面）
②燙開縫份。
表本體（正面）

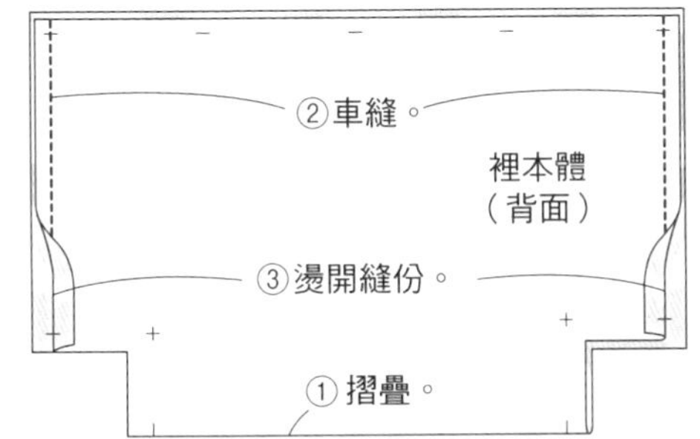

②車縫。
裡本體（背面）
③燙開縫份。
①摺疊。

④ 縫製側身

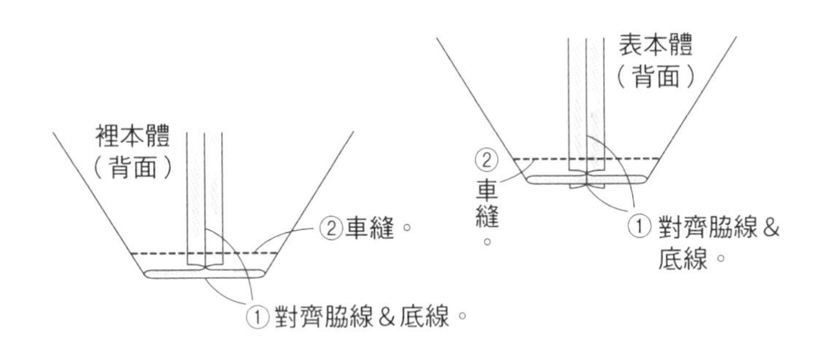

裡本體（背面）
②車縫。
①對齊脇線＆底線。
表本體（背面）
②車縫。
①對齊脇線＆底線。

⑤ 暫時固定緞帶

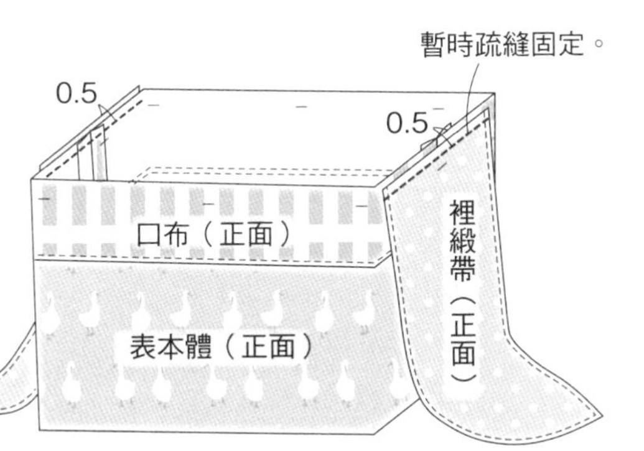

0.5
暫時疏縫固定。
0.5
口布（正面）
裡緞帶（正面）
表本體（正面）

⑥ 縫合表本體＆裡本體

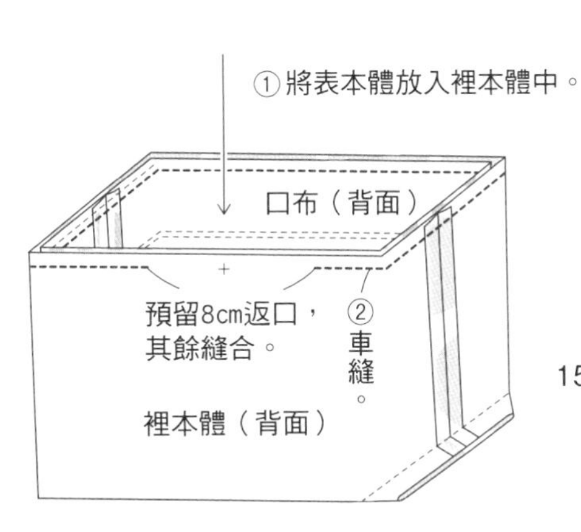

①將表本體放入裡本體中。
口布（背面）
預留8cm返口，其餘縫合。
②車縫。
裡本體（背面）

⑦ 完成

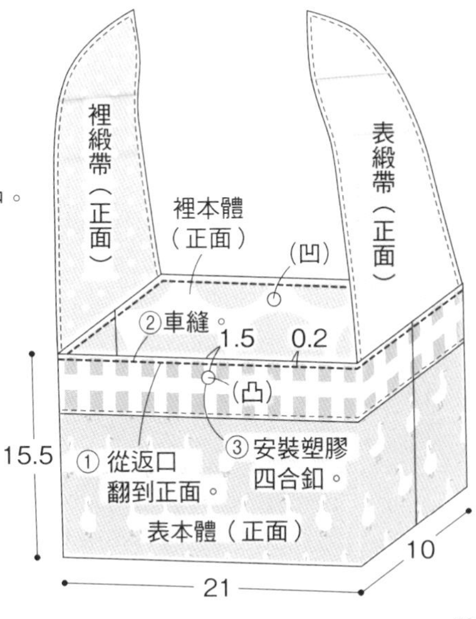

裡緞帶（正面）
表緞帶（正面）
裡本體（正面）
（凹）
②車縫。
1.5
0.2
（凸）
15.5
①從返口翻到正面。
③安裝塑膠四合釦。
表本體（正面）
10
21

P.22 32・33

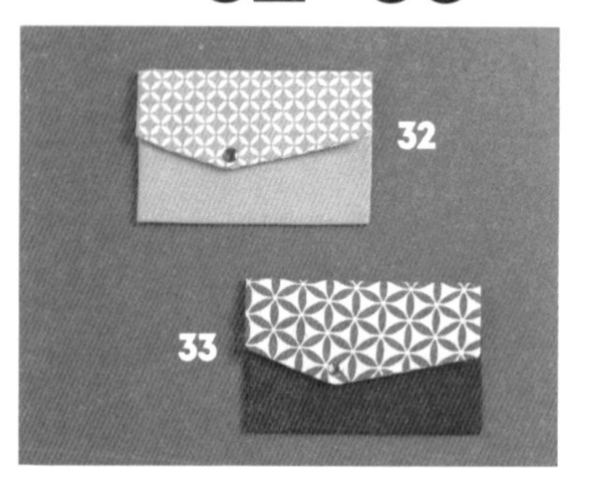

32
33

■ 32・33 材料（1個份）

A布（棉布・圖案）…30cm寬 20cm
B布（棉布・素色）…30cm寬 40cm
C布（棉布・圖案）…30cm寬 30cm
厚單膠布襯…60cm寬 40cm
塑膠四合釦（金屬色・直徑1cm）…1組

＝單膠布襯黏貼位置

A布的裁布圖

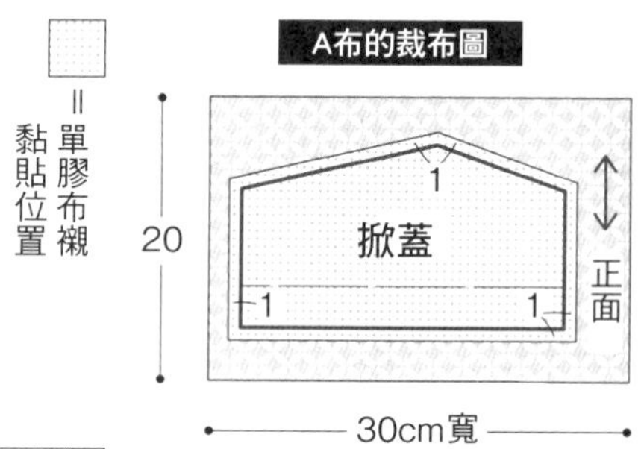

20
1
掀蓋
1
1
正面
30cm寬

紙型・製圖

＝原寸紙型B面 32・33

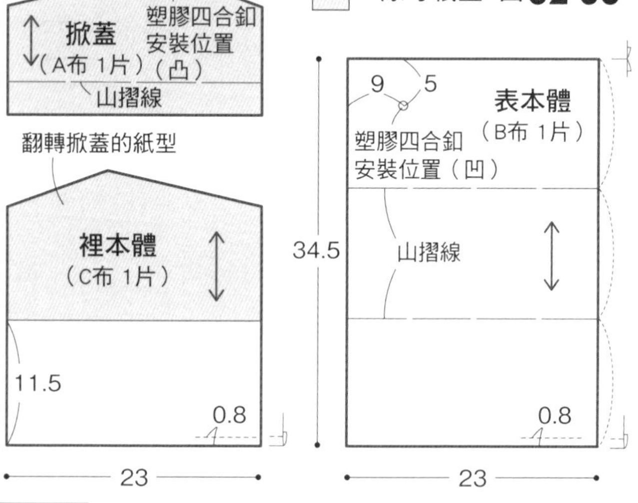

掀蓋
（A布 1片）
塑膠四合釦
安裝位置
（凸）
山摺線
翻轉掀蓋的紙型
裡本體
（C布 1片）
11.5
0.8
23
34.5
9
5
表本體
（B布 1片）
塑膠四合釦
安裝位置（凹）
山摺線
0.8
23
※製圖不含縫份。

B布的裁布圖

C布的裁布圖

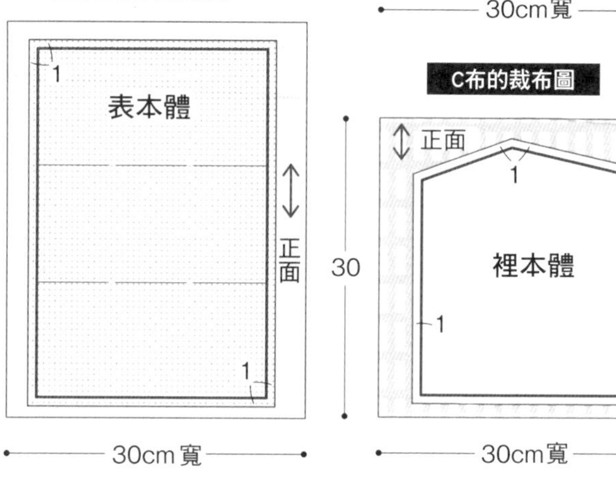

40
1
表本體
正面
1
30cm寬
30
正面
1
裡本體
1
1
30cm寬

作法

※開始縫製前先貼上單膠布襯。

1 製作裡本體

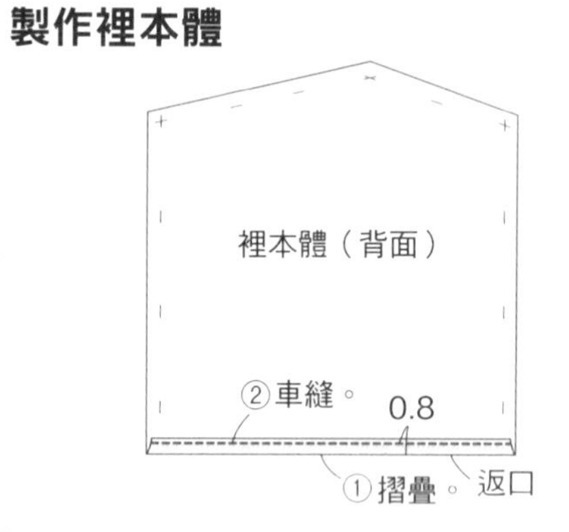

裡本體（背面）
②車縫。
0.8
①摺疊。
返口

2 縫合表本體＆掀蓋

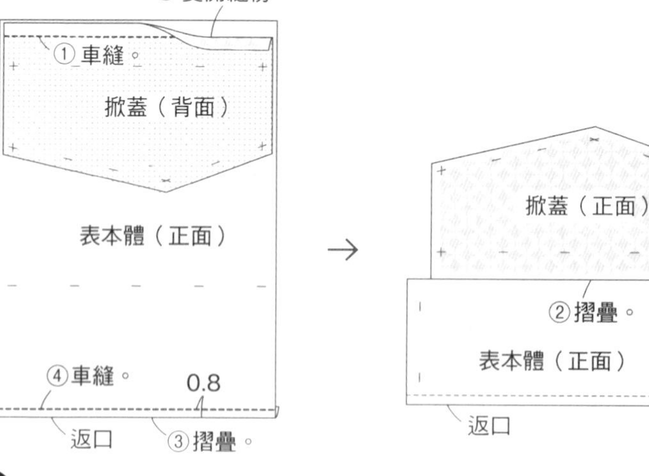

②燙開縫份。
①車縫。
掀蓋（背面）
表本體（正面）
④車縫。
0.8
返口
③摺疊。
掀蓋（正面）
②摺疊。
表本體（正面）
返口
①摺疊。

3 縫合表本體＆裡本體

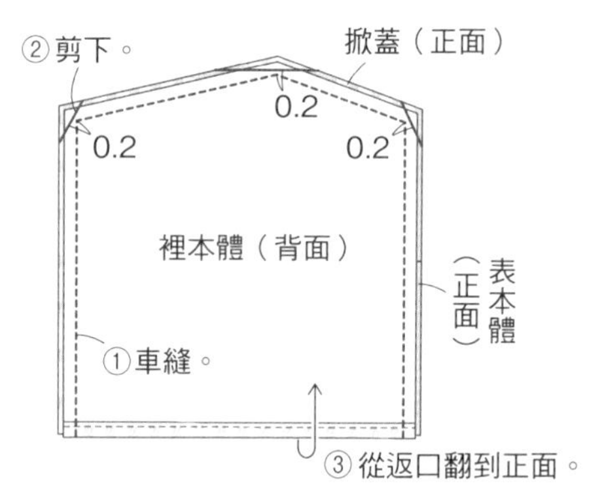

②剪下。
掀蓋（正面）
0.2
0.2
0.2
裡本體（背面）
表本體（正面）
①車縫。
③從返口翻到正面。

4 安裝塑膠四合釦

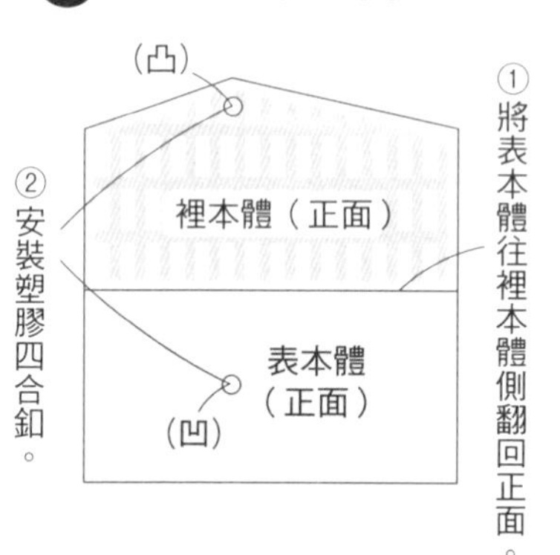

（凸）
①將表本體往裡本體側翻回正面。
②安裝塑膠四合釦。
裡本體（正面）
表本體
（正面）
（凹）

5 完成

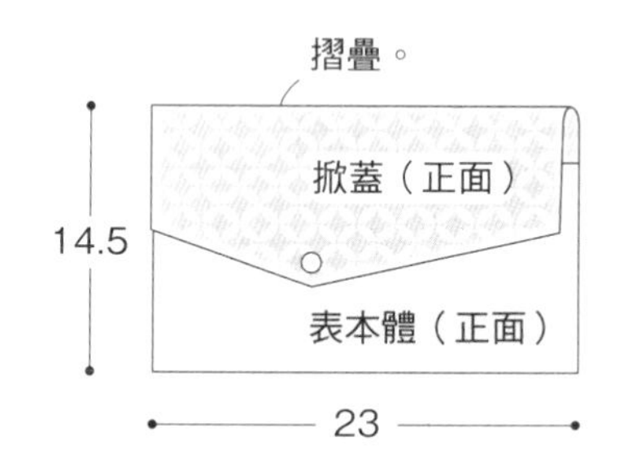

摺疊。
掀蓋（正面）
14.5
表本體（正面）
23

P.23 34・35

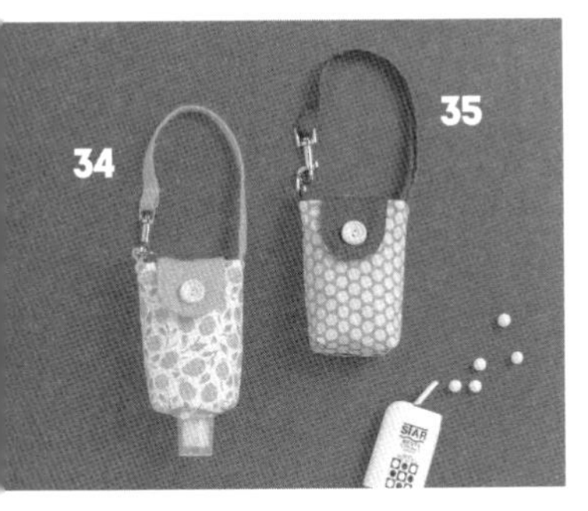
34
35

■ **34・35** 材料（1個份）

表布（棉布・圖案）…25cm寬 15cm
配布（棉布・素色）…25cm寬 30cm
單膠鋪棉…25cm寬 15cm
按釦（直徑1cm）…1組
鈕釦（直徑1.5cm）…1個
D型環（內徑1cm）…1個
問號鉤（內徑1cm）…1個

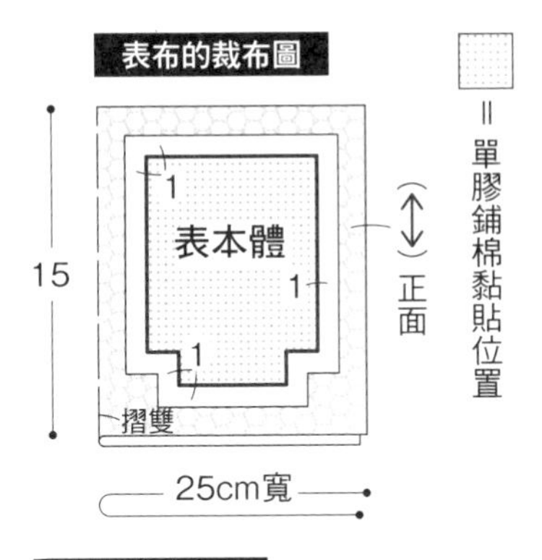
表布的裁布圖
＝單膠鋪棉黏貼位置
表本體
1
正面
15
摺雙
25cm寬

製圖

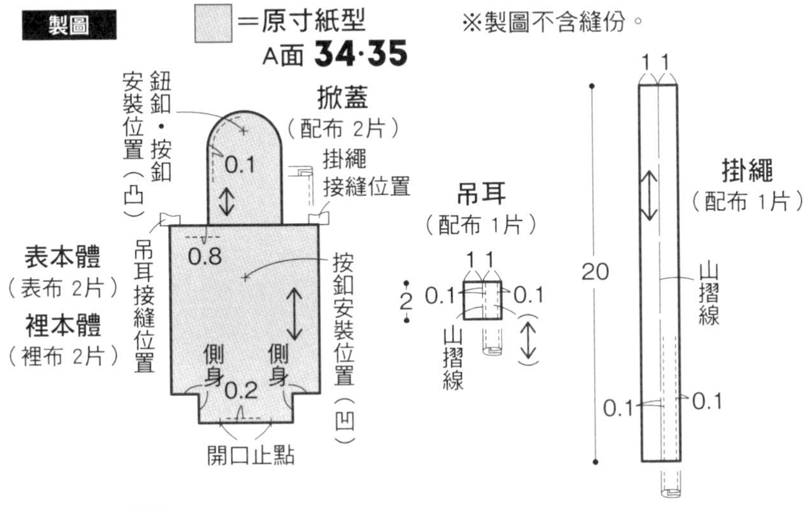
＝原寸紙型
A面 34·35
※製圖不含縫份。
鈕釦・按釦安裝位置（凸）
掀蓋
（配布 2片）
0.1
掛繩接縫位置
表本體
（表布 2片）
裡本體
（裡布 2片）
吊耳接縫位置
0.8
按釦安裝位置（凹）
側身
0.2
開口止點
吊耳
（配布 1片）
2
山摺線
掛繩
（配布 1片）
20
山摺線

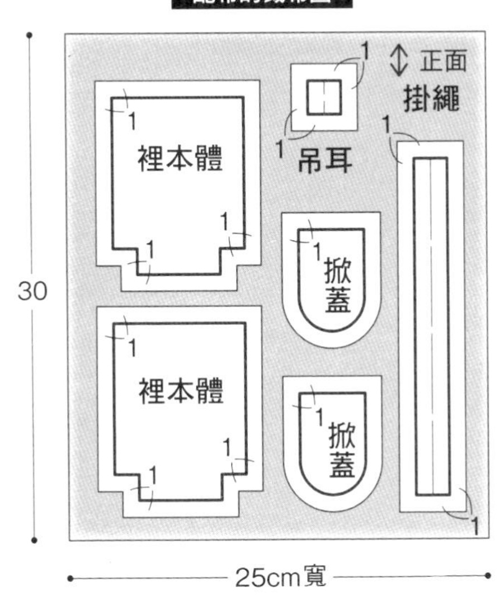
配布的裁布圖
正面
掛繩
裡本體
吊耳
掀蓋
30
25cm寬

作法 ※開始縫製前先貼上單膠布襯。

1 製作掛繩

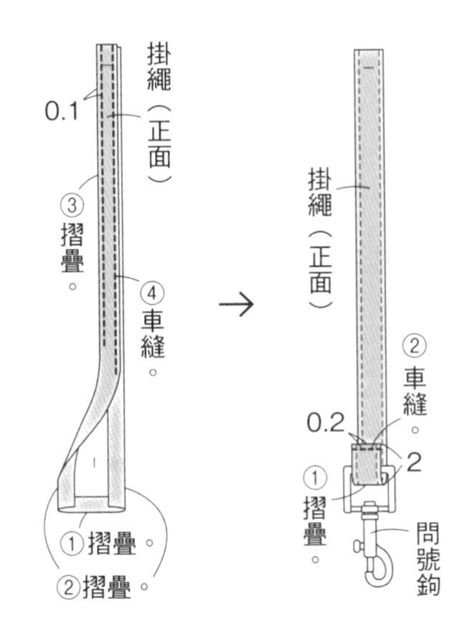
掛繩（正面）
0.1
③摺疊。
④車縫。
①摺疊。
②摺疊。
②車縫。
0.2
2
①摺疊。
問號鉤

2 製作吊耳

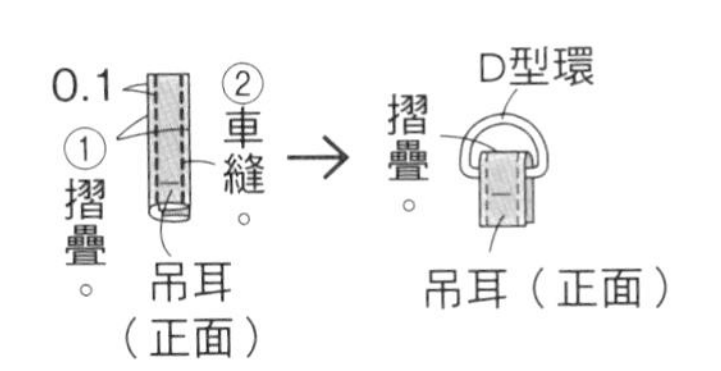
0.1
②車縫。
①摺疊。
吊耳（正面）
D型環
摺疊。
吊耳（正面）

3 製作表本體

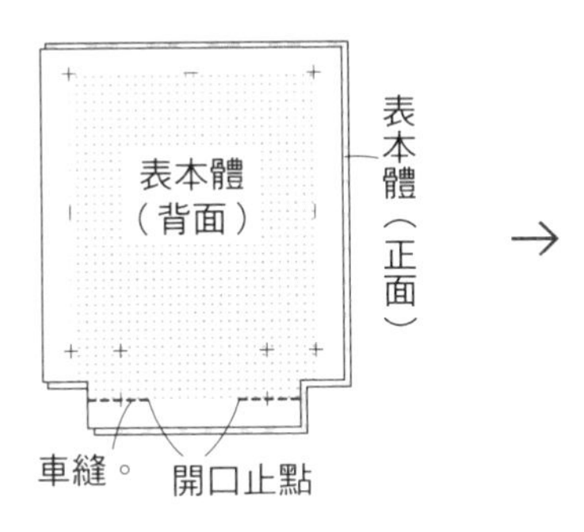
表本體（背面）
表本體（正面）
車縫。
開口止點
表本體（背面）
②車縫。
①燙開縫份。
0.2

4 縫製脇線&底線

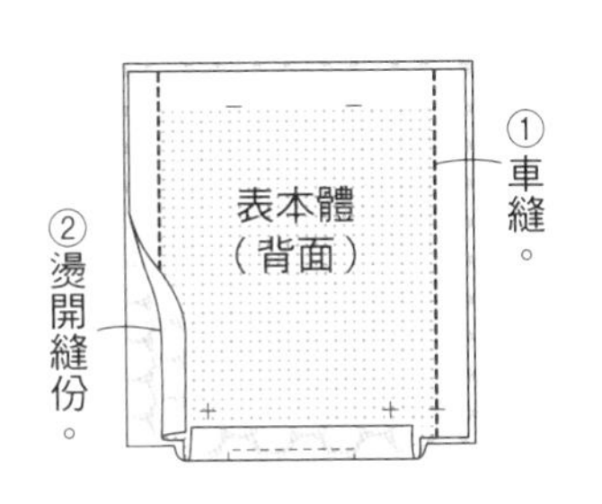
表本體（背面）
①車縫。
②燙開縫份。

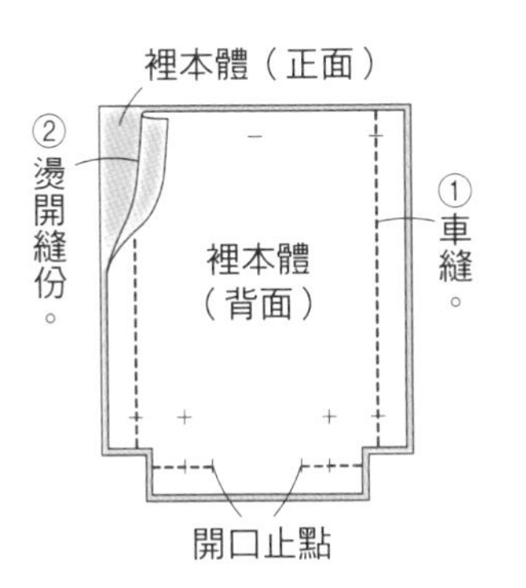
裡本體（正面）
②燙開縫份。
裡本體（背面）
①車縫。
開口止點

5 製作掀蓋

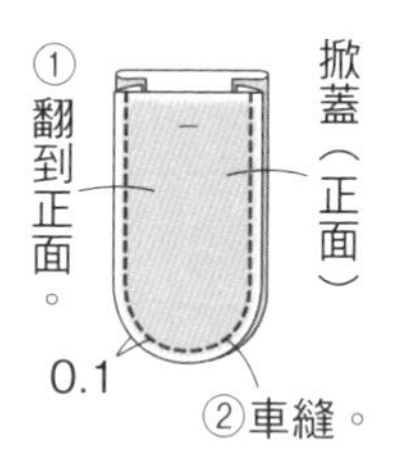

掀蓋（正面）
掀蓋（背面）
①車縫。
0.2
②剪牙口。

6 縫製側身

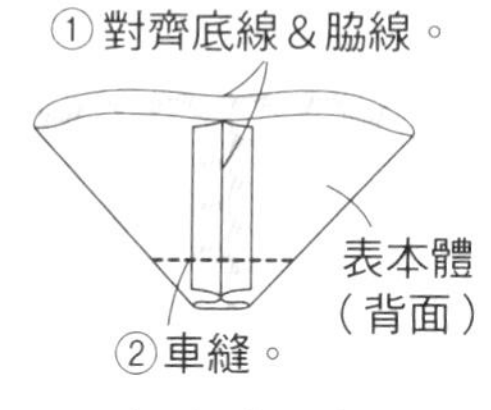

①對齊底線&脇線。
表本體（背面）
②車縫。

※裡本體作法亦同。

7 縫合本體

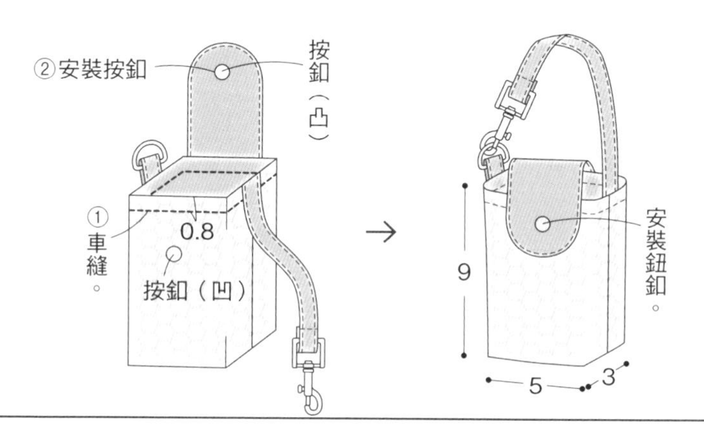

0.5
0.5
0.5
吊耳（正面）
掀蓋（正面）
②暫時疏縫固定。
掛繩（正面）
表本體（正面）
①翻到正面。
①將表本體放入裡本體中。
②車縫。
裡本體（背面）

8 翻到正面，在開口止點沿邊縫合

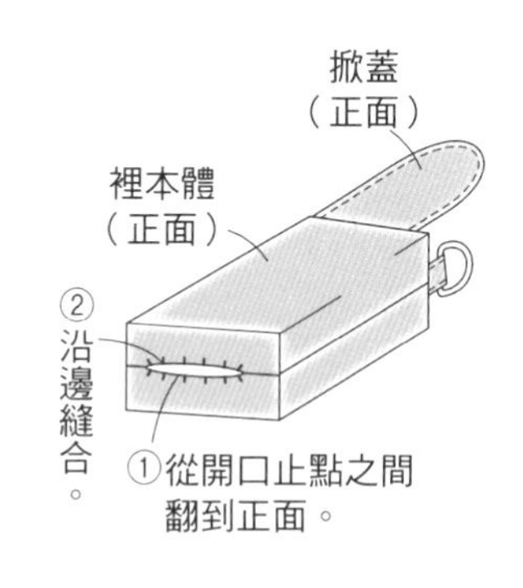

掀蓋（正面）
裡本體（正面）
②沿邊縫合。
①從開口止點之間翻到正面。

9 安裝按釦&鈕釦，完成

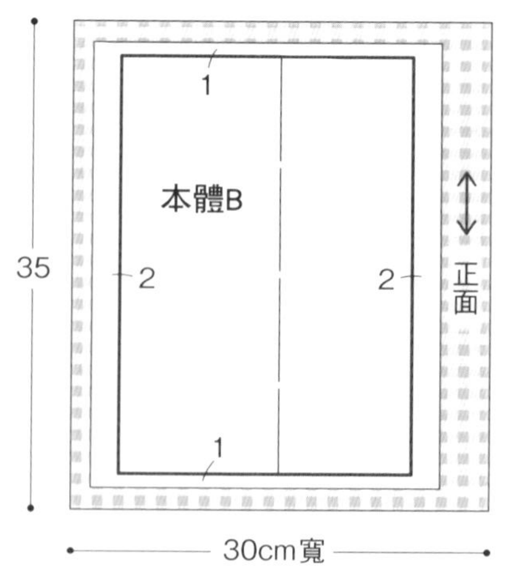

②安裝按釦
按釦（凸）
①車縫。
0.8
按釦（凹）
安裝鈕釦。
9
5
3

P.32 49

■ 材料

A布（棉布・圖案）…20cm寬 35cm
B布（棉布・圖案）…30cm寬 35cm
C布（棉布・圖案）…10cm寬 20cm
D布（棉布・圖案）…10cm寬 20cm
E布（棉布・素色）…10cm寬 15cm

製圖

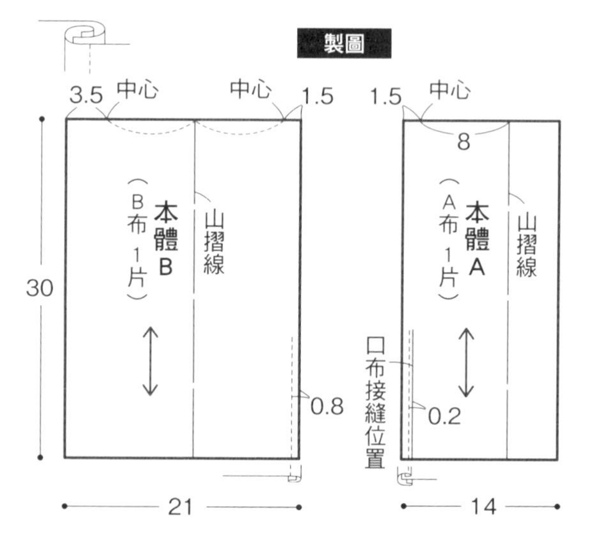

3.5
中心
中心
1.5
本體B（B布 1片）
山摺線
30
0.8
21
1.5
中心
8
本體A（A布 1片）
山摺線
口布接縫位置
0.2
14

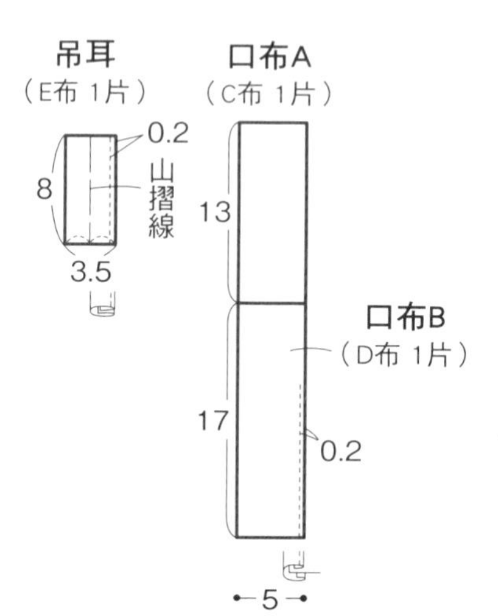

吊耳（E布 1片）
0.2
8
山摺線
3.5
口布A（C布 1片）
13
口布B（D布 1片）
17
0.2
5

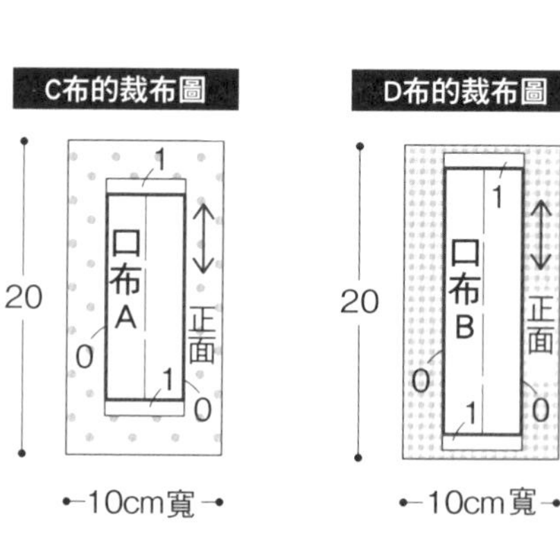

C布的裁布圖
D布的裁布圖
1
口布A
正面
20
0
1
0
10cm寬
1
口布B
正面
20
0
1
0
10cm寬

B布的裁布圖

1
本體B
35
2
2
正面
1
30cm寬

作法

1 製作吊耳

吊耳（背面）
摺疊。
吊耳（正面）
①摺疊。
②車縫。
0.2

2 製作口布

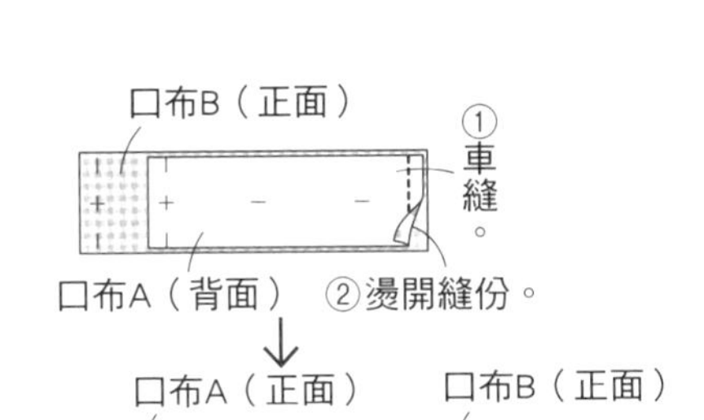

口布B（正面）
①車縫。
口布A（背面）
②燙開縫份。
口布A（正面）
口布B（正面）
1.25
摺成四摺。

3 製作本體A・B

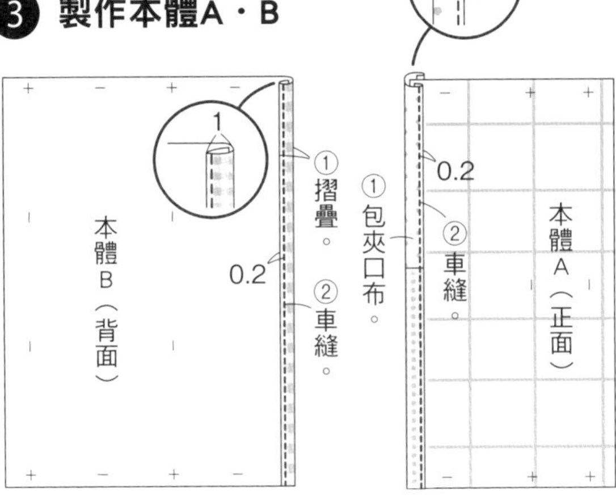

1
本體B（背面）
0.2
①摺疊。
②車縫。
①包夾口布。
0.2
②車縫。
本體A（正面）

4 縫合本體A・B

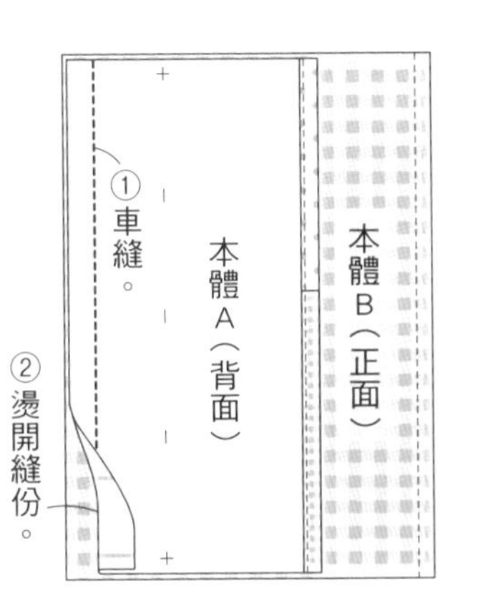

①車縫。
②燙開縫份。
本體A（背面）
本體B（正面）

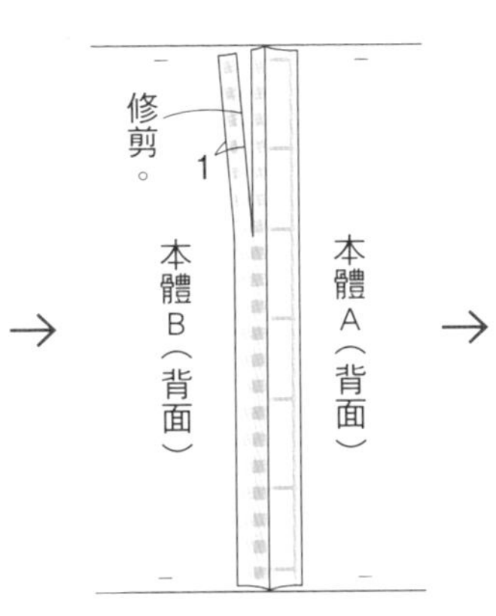

修剪。
1
本體B（背面）
本體A（背面）

1
1
①摺疊。
②車縫。
0.2
本體B（背面）
本體A（背面）

5 暫時固定吊耳

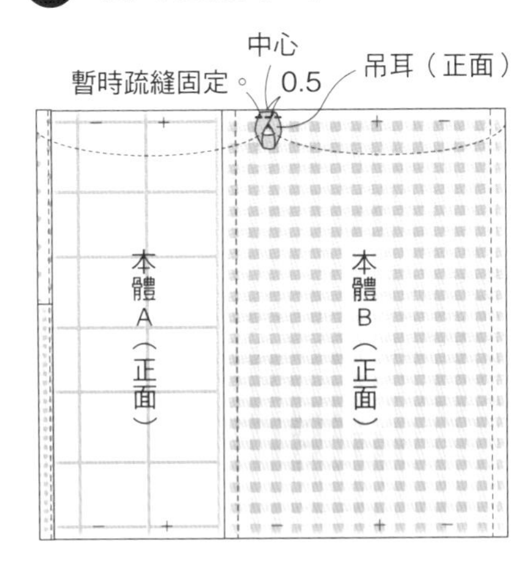

中心
暫時疏縫固定。
0.5
吊耳（正面）
本體A（正面）
本體B（正面）

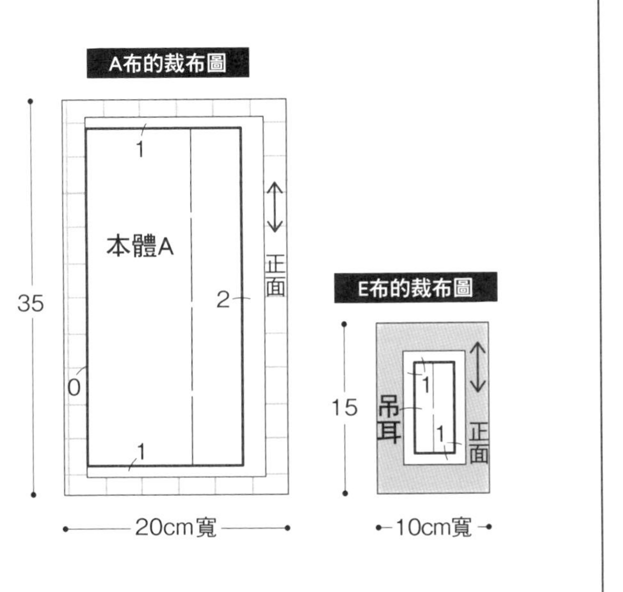

A布的裁布圖
1
本體A
2
0
1
35
正面
20cm寬
E布的裁布圖
15
1
吊耳
1
正面
10cm寬

6 縫製脇線

7 完成

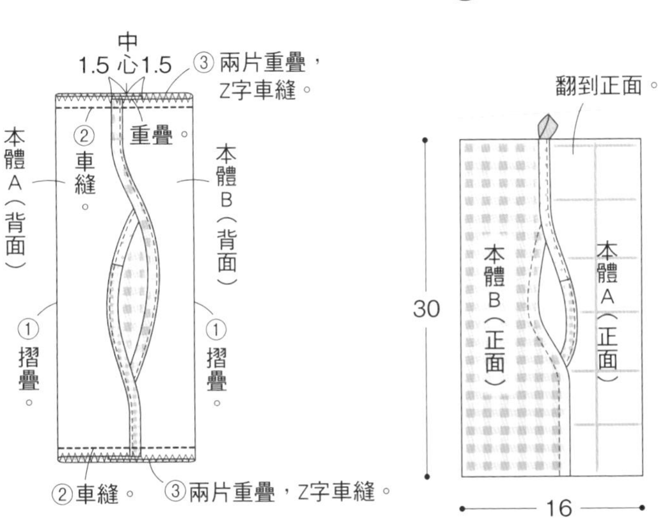

中心
1.5
1.5
③兩片重疊，Z字車縫。
②車縫。
重疊。
本體A（背面）
本體B（背面）
①摺疊。
①摺疊。
②車縫。
③兩片重疊，Z字車縫。
翻到正面。
30
本體B（正面）
本體A（正面）
16

P.24 36

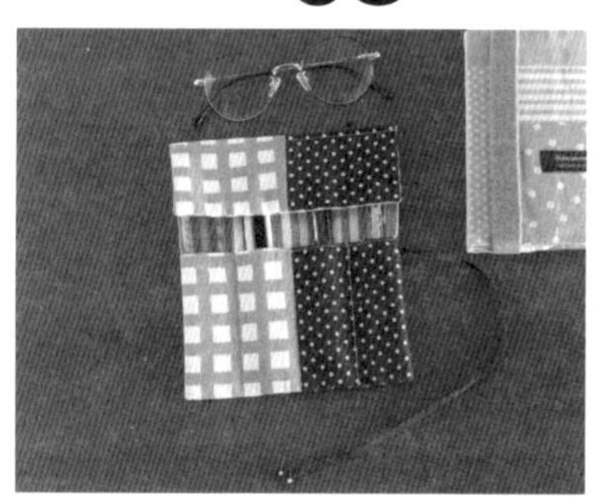

■ 材料

A布（棉布・圖案）…40cm寬 15cm
B布（棉布・圖案）…40cm寬 15cm
裡布（棉布・圖案）…40cm寬 20cm
羅緞緞帶（0.5cm寬）…30cm

製圖

※製圖不含縫份。

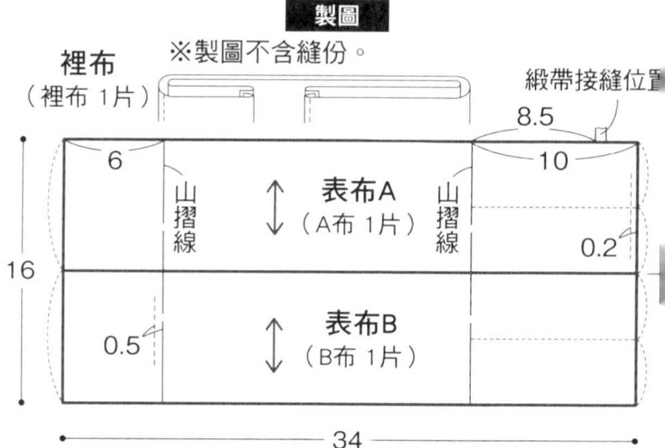

裡布
（裡布 1片）
緞帶接縫位置
8.5
6
10
表布A
（A布 1片）
山摺線
16
0.2
表布B
（B布 1片）
0.5
34

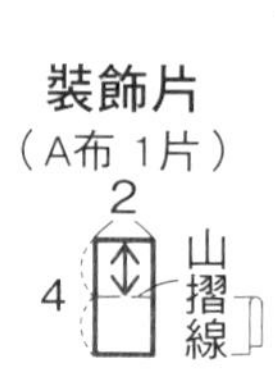

裝飾片
（A布 1片）
2
4
山摺線

A布・B布的裁布圖

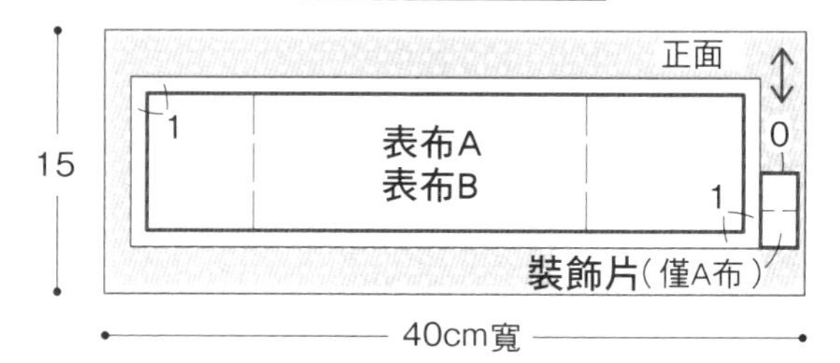

正面
1
表布A
表布B
0
1
15
裝飾片（僅A布）
40cm寬

裡布的裁布圖

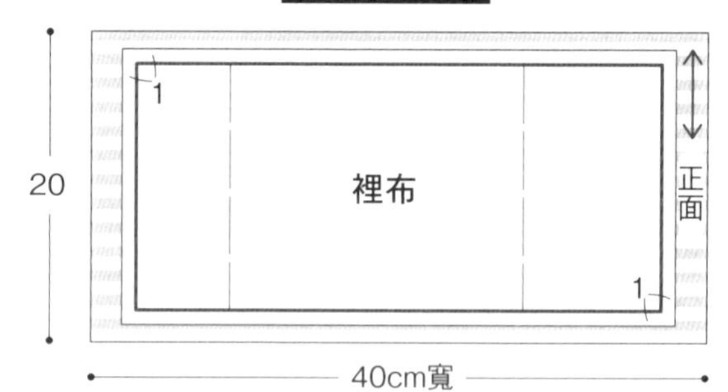

1
20
裡布
正面
1
40cm寬

作法

1 製作裝飾片，並與緞帶接縫

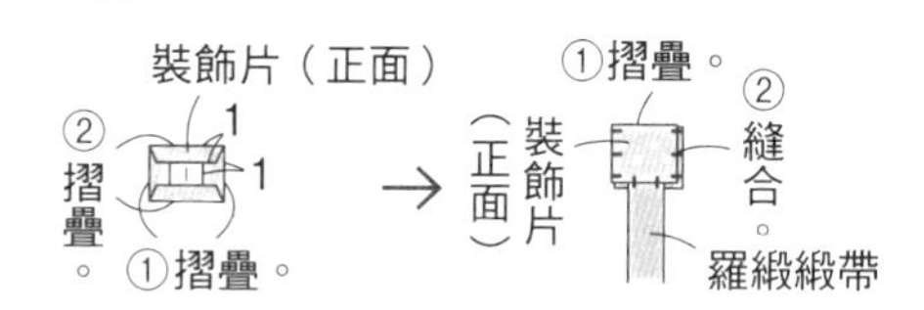

裝飾片（正面）
②摺疊。
1
1
①摺疊。
①摺疊。
裝飾片（正面）
②縫合。
羅緞緞帶

2 製作表布

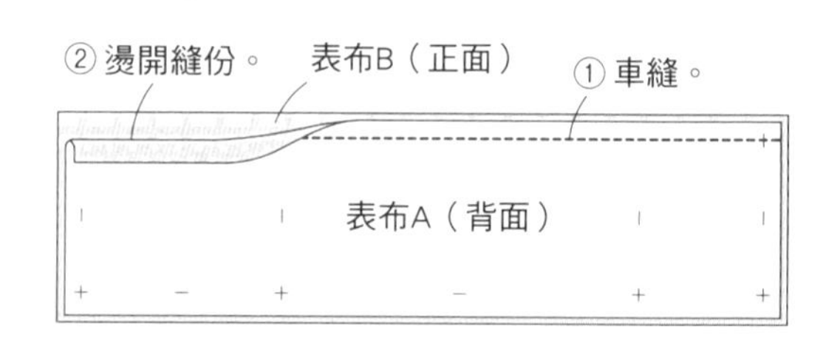

②燙開縫份。
表布B（正面）
①車縫。
表布A（背面）

3 縫製袋口

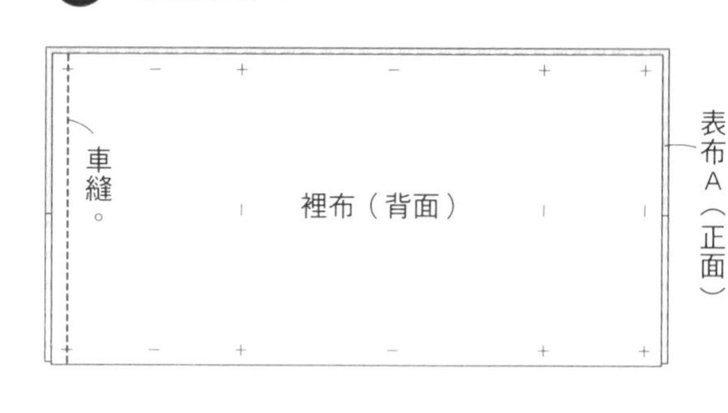

車縫。
裡布（背面）
表布A（正面）

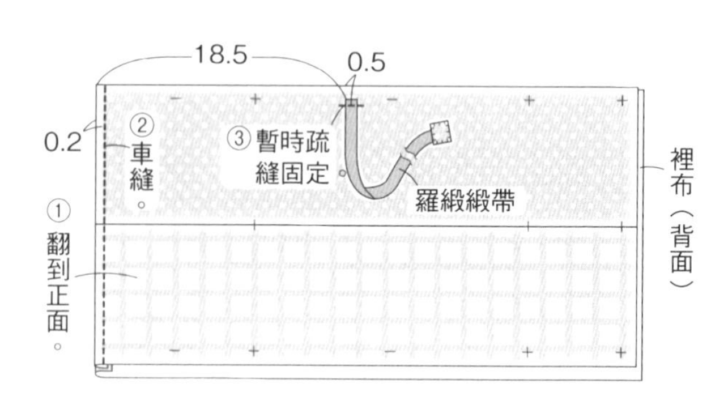

18.5
0.5
0.2
②車縫。
③暫時疏縫固定。
羅緞緞帶
裡布（背面）
①翻到正面。

4 縫合周圍

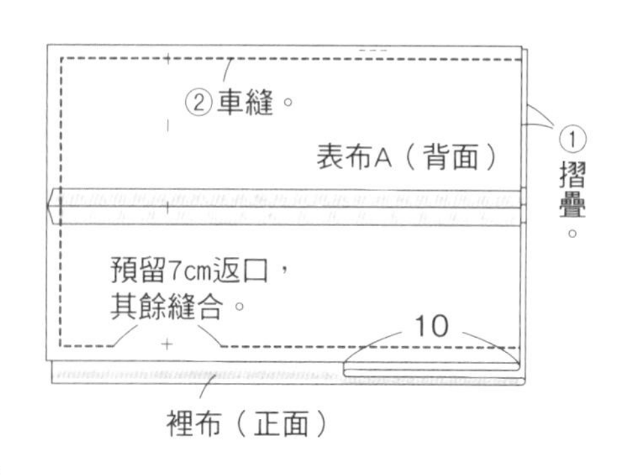

②車縫。
表布A（背面）
①摺疊。
預留7cm返口，
其餘縫合。
10
裡布（正面）

5 翻到正面，車縫分隔線

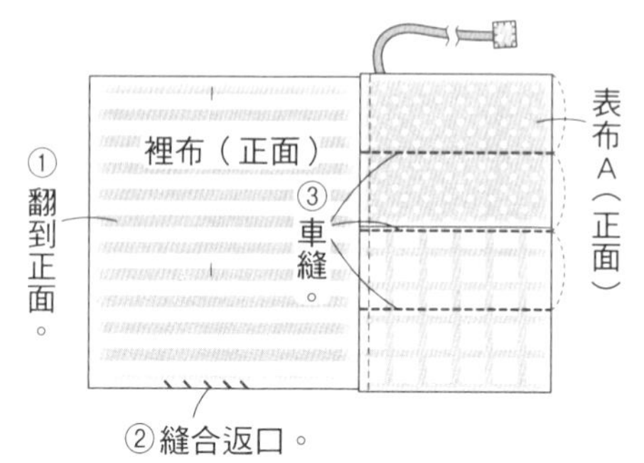

裡布（正面）
①翻到正面。
③車縫。
表布A（正面）
②縫合返口。

6 完成

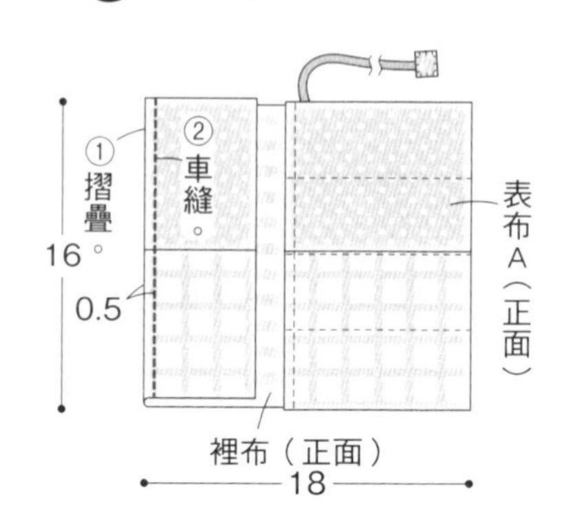

①摺疊。
②車縫。
16
0.5
表布A（正面）
裡布（正面）
18

P.26 **38・39**

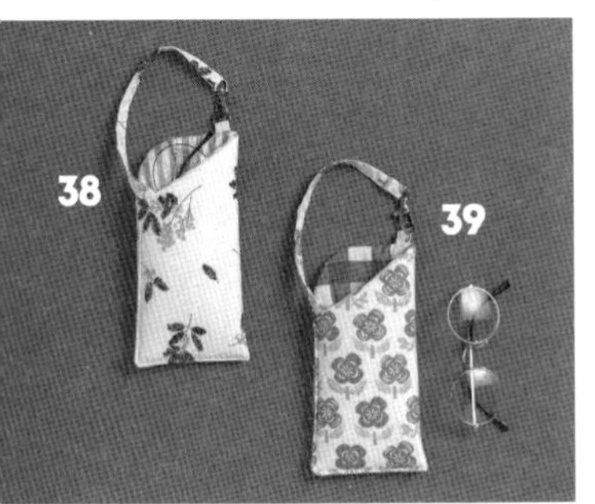
38
39

■ **38・39** 材料（1個份）

表布（棉布・圖案）…30cm寬 30cm
裡布（棉布・圖案）…25cm寬 25cm
單膠鋪棉…25cm寬 25cm
D型環（內徑1cm）…1個
問號鉤（內徑1cm）…1個

紙型 ＝原寸紙型 A面 38·39

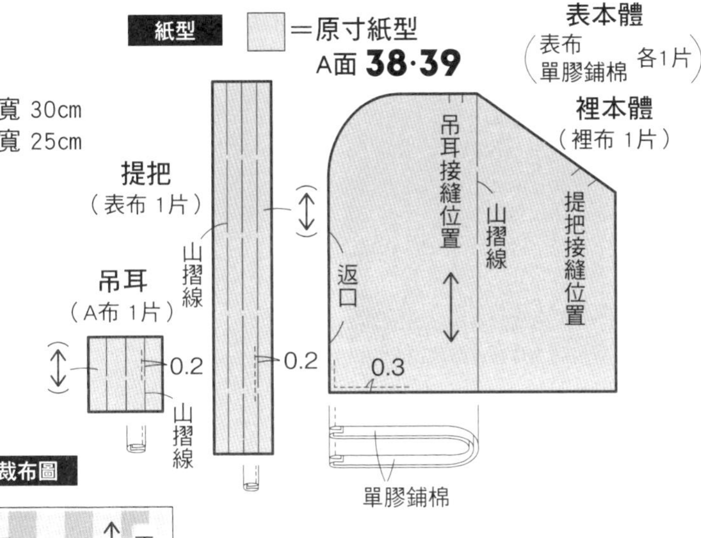
表本體
（表布 單膠鋪棉 各1片）
裡本體
（裡布 1片）
提把
（表布 1片）
吊耳
（A布 1片）
山摺線
0.2
0.3
吊耳接縫位置
山摺線
提把接縫位置
返口
單膠鋪棉

表布的裁布圖

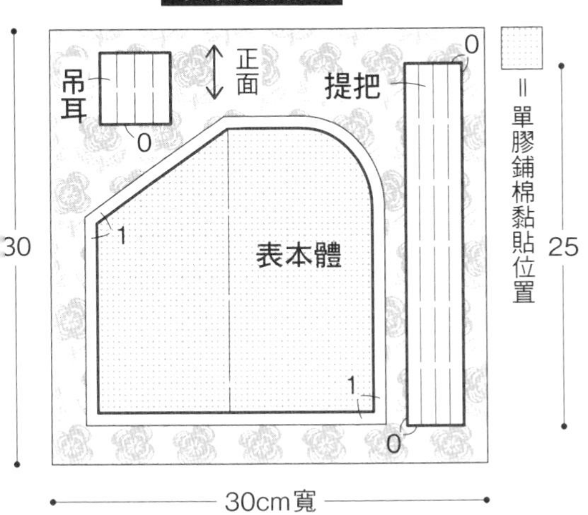
吊耳
正面
提把
0
1
表本體
30
30cm寬
＝單膠鋪棉黏貼位置

裡布的裁布圖

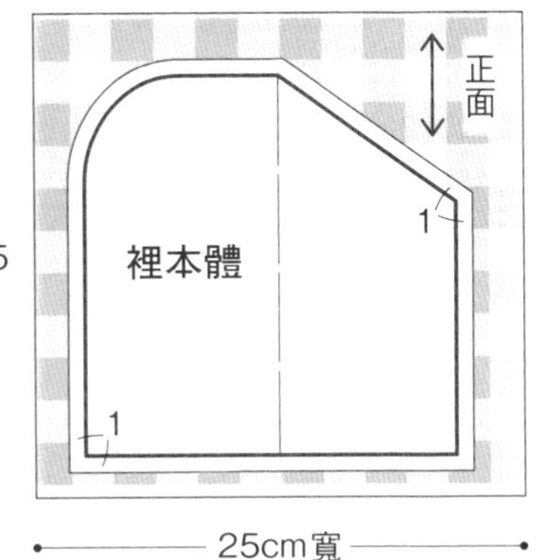
正面
裡本體
1
25
25cm寬

作法

※開始縫製前先貼上單膠鋪棉。

1 製作吊耳

吊耳（正面）
②摺疊。
0.2
①摺疊。
③車縫。
D型環
摺疊。
吊耳（正面）

2 製作提把

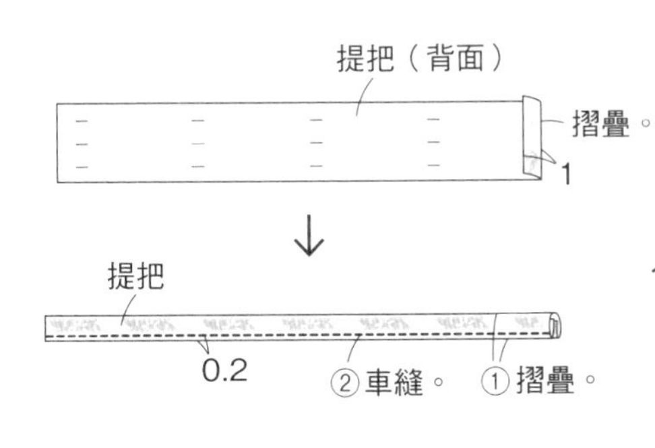
提把（背面）
摺疊。
1
提把
0.2
②車縫。
①摺疊。

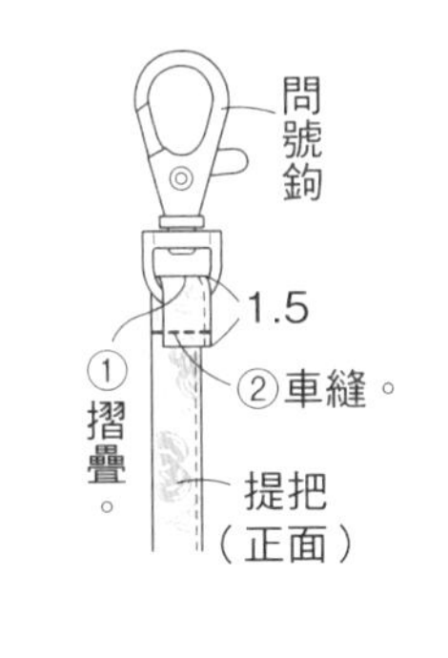
問號鉤
1.5
①摺疊。
②車縫。
提把（正面）

3 暫時固定吊耳＆提把

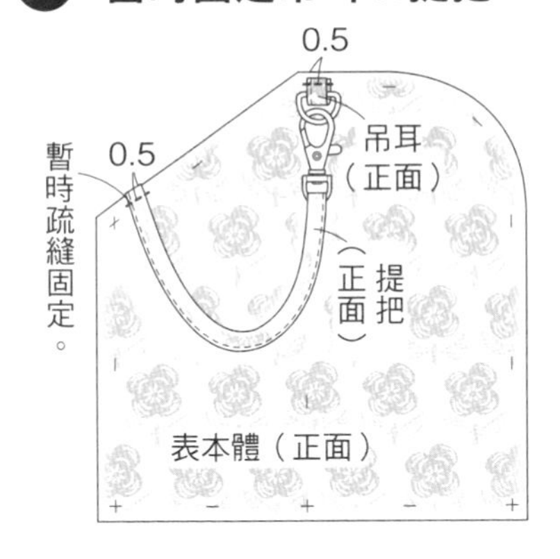
0.5
0.5
暫時疏縫固定。
吊耳（正面）
提把（正面）
表本體（正面）

4 縫合表本體＆裡本體

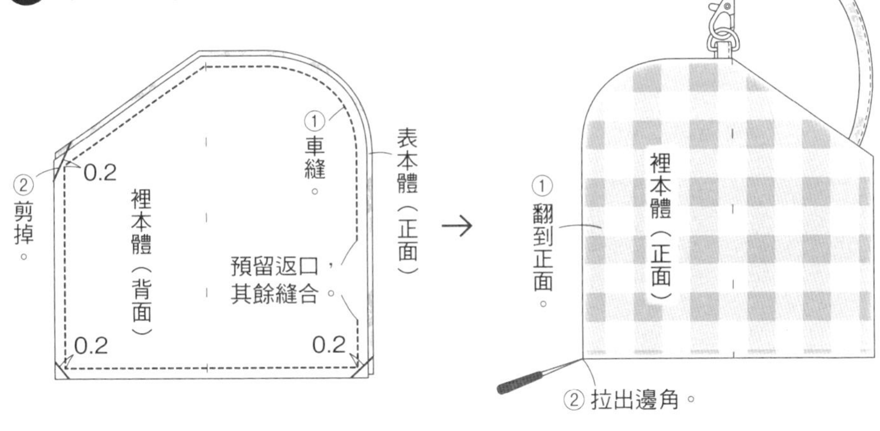
0.2
②剪掉。
裡本體（背面）
①車縫。
表本體（正面）
預留返口，其餘縫合。
0.2
0.2
①翻到正面。
裡本體（正面）
②拉出邊角。

5 完成

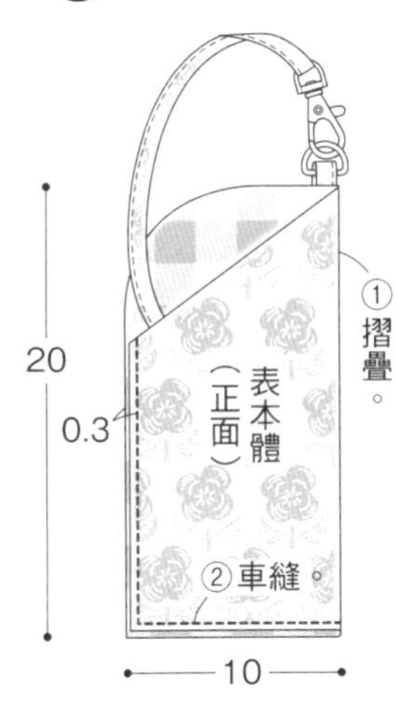
20
0.3
表本體（正面）
①摺疊。
②車縫。
10

P.24 37

■ 材料

A布（棉布・素色）…30cm寬 10cm
B布（棉布・圖案）…55cm寬 20cm
C布（棉布・圖案）…10cm寬 20cm
D布（棉布・圖案）…20cm寬 15cm
E布（棉布・素色）…20cm寬 20cm
姓名布標（1.5cm寬 6.5cm）…1片
鬆緊帶（2.5cm 寬）…21cm
斜紋織帶（0.8cm 寬）…20cm

製圖 ※製圖不含縫份。

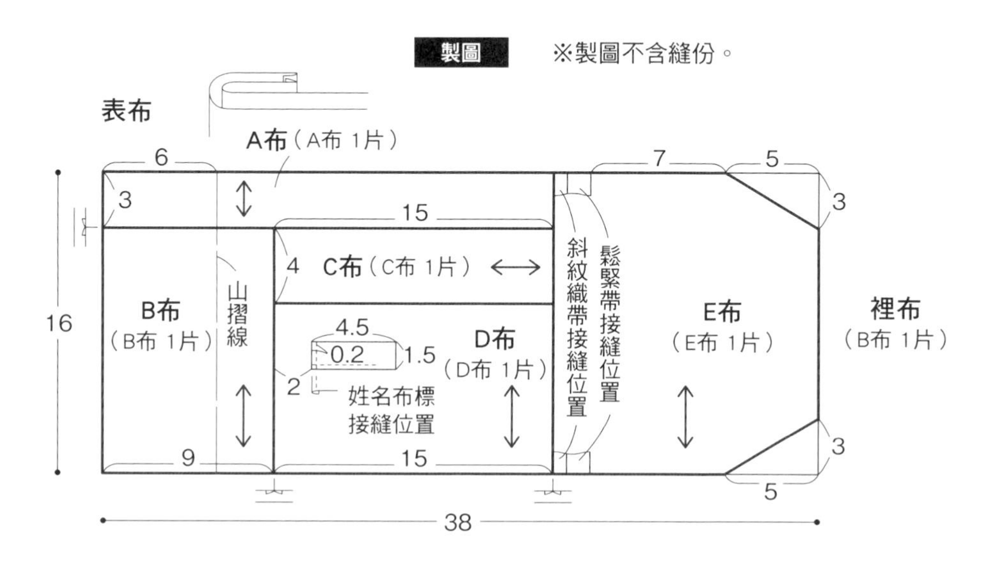

表布
A布（A布 1片）
6
7
5
3
15
B布
（B布 1片）
山摺線
4
C布（C布 1片）
4.5
0.2
1.5
2
姓名布標
接縫位置
D布
（D布 1片）
斜紋織帶接縫位置
鬆緊帶接縫位置
E布
（E布 1片）
裡布
（B布 1片）
16
9
38

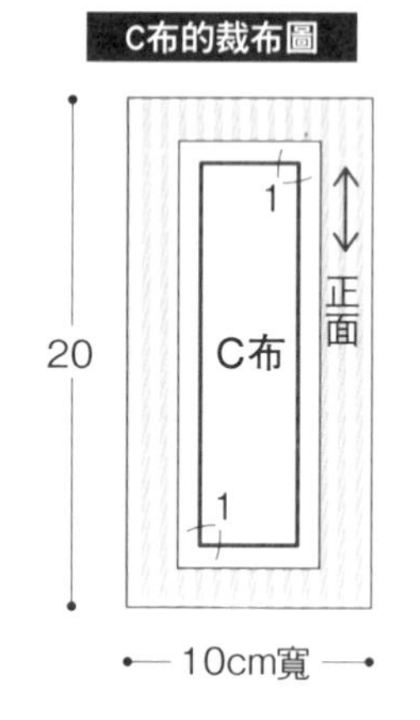

C布的裁布圖
20
C布
正面
1
10cm寬

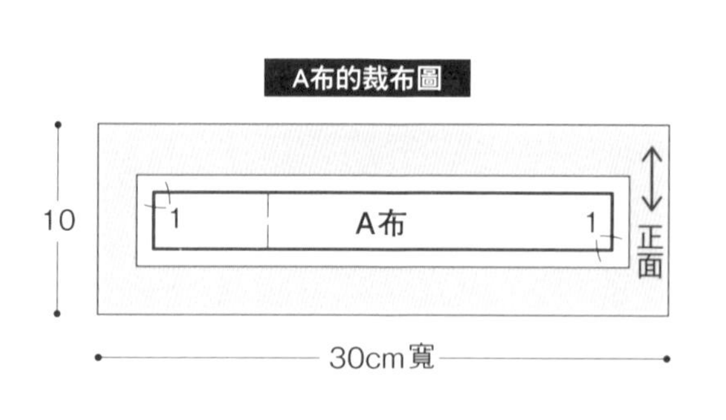

A布的裁布圖
10
A布
1
正面
30cm寬

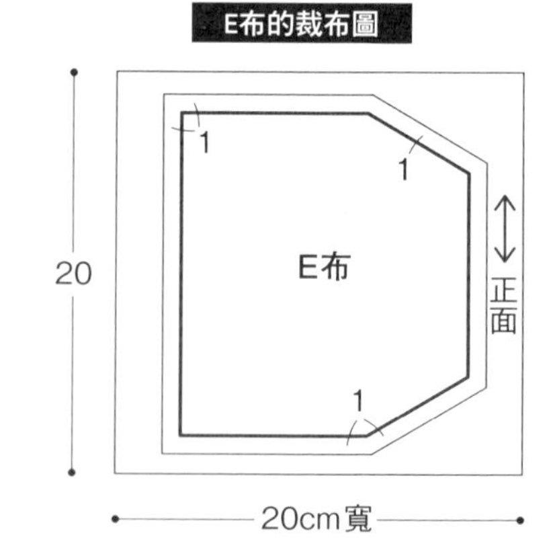

E布的裁布圖
20
E布
1
正面
20cm寬

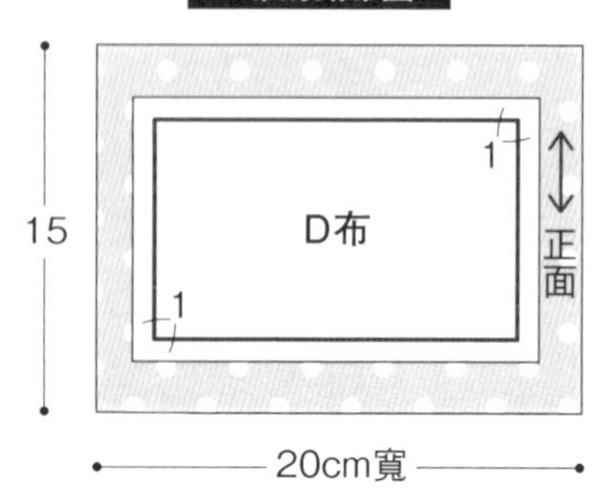

D布的裁布圖
15
D布
1
正面
20cm寬

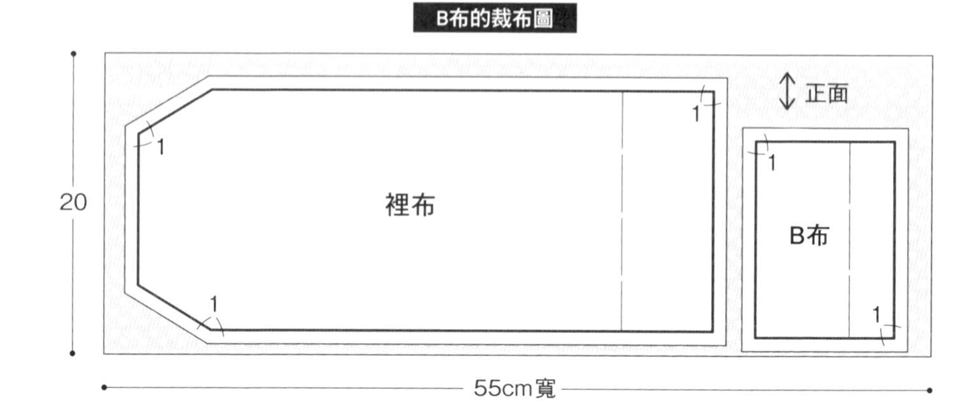

B布的裁布圖
正面
20
裡布
B布
1
55cm寬

作法

❶ 製作表布

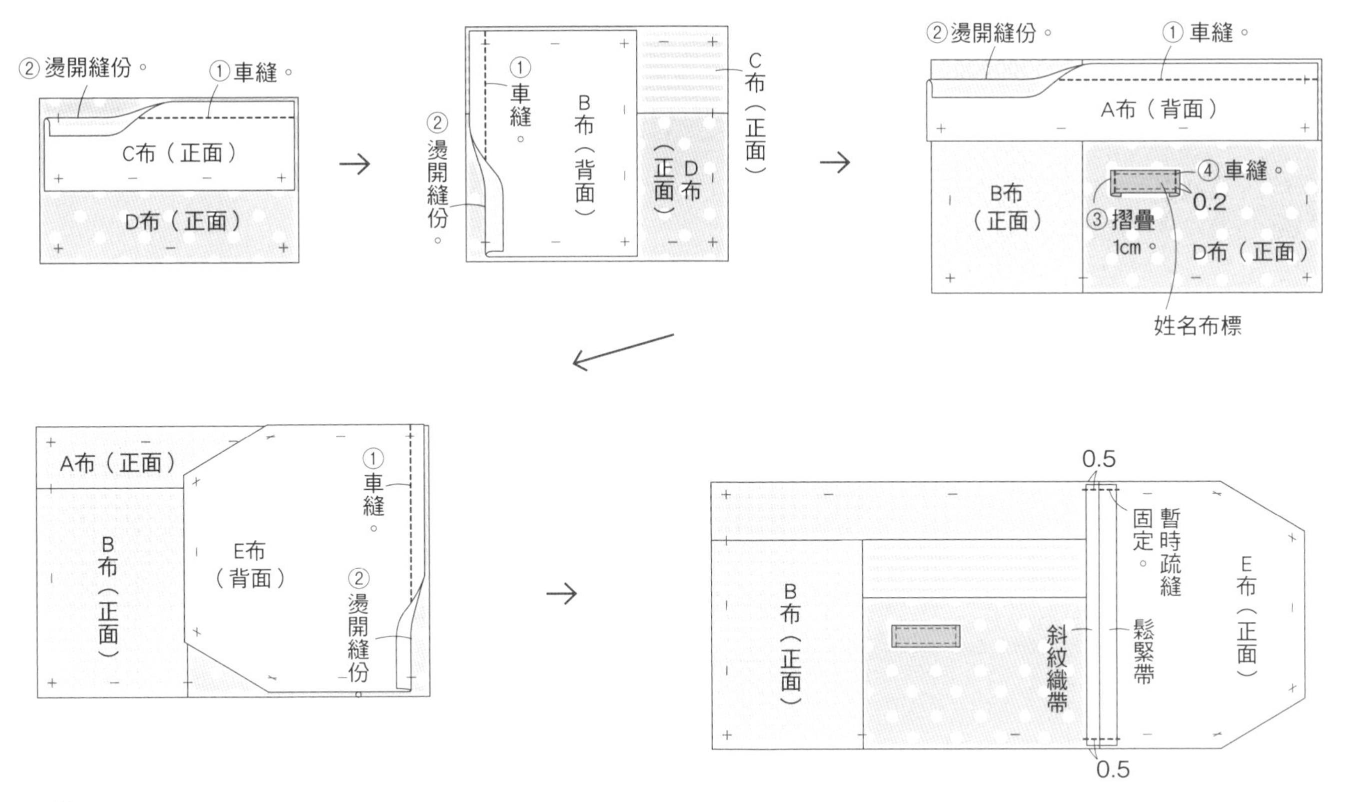
②燙開縫份。
①車縫。
C布（正面）
D布（正面）
①車縫。
②燙開縫份
B布（背面）
C布（正面）
D布（正面）
②燙開縫份。
①車縫。
A布（背面）
B布（正面）
④車縫。
0.2
③摺疊1cm。
D布（正面）
姓名布標
A布（正面）
B布（正面）
E布（背面）
①車縫。
②燙開縫份
0.5
暫時疏縫固定。
B布（正面）
斜紋織帶
鬆緊帶
E布（正面）
0.5

❷ 縫合表布＆裡布

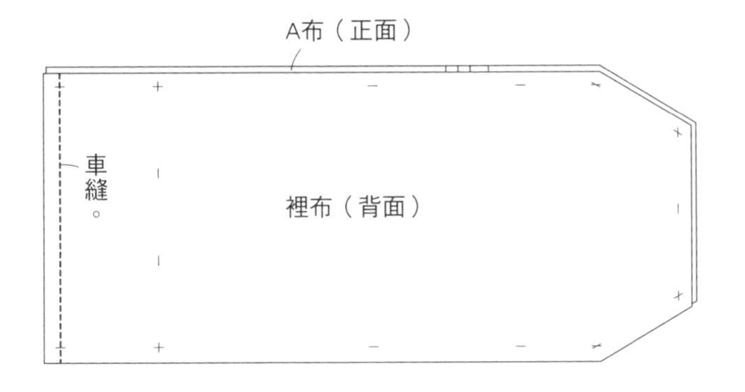
A布（正面）
車縫。
裡布（背面）

❸ 縫合周圍

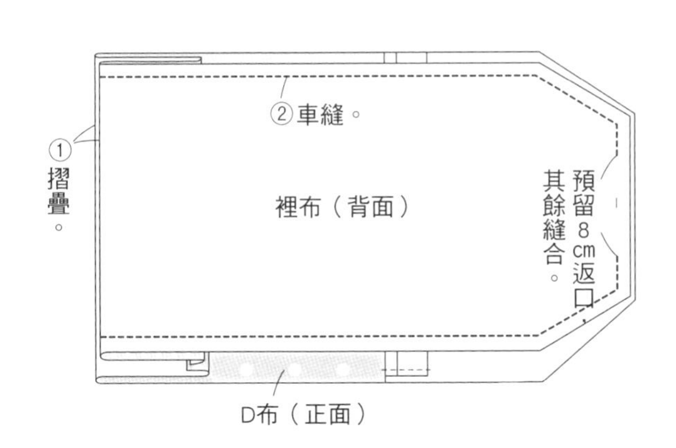
②車縫。
①摺疊。
裡布（背面）
預留8cm返口其餘縫合。
D布（正面）

❹ 翻到正面，完成

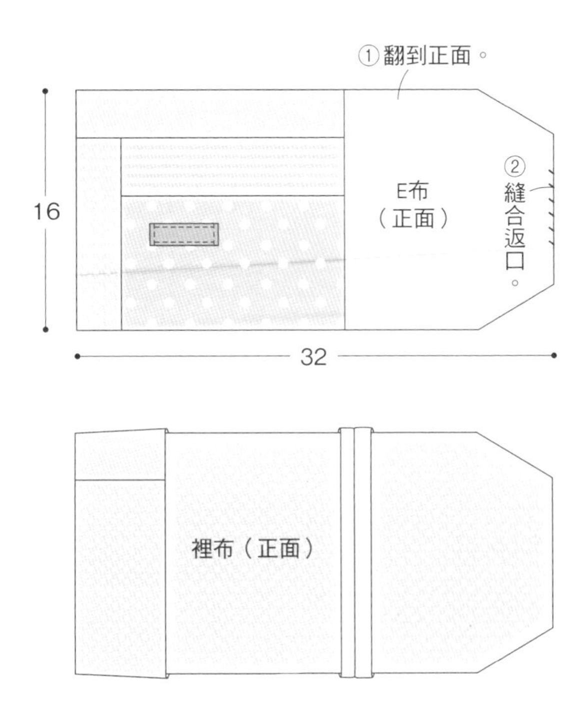
①翻到正面。
16
E布（正面）
②縫合返口。
32
裡布（正面）

P.27 40至42

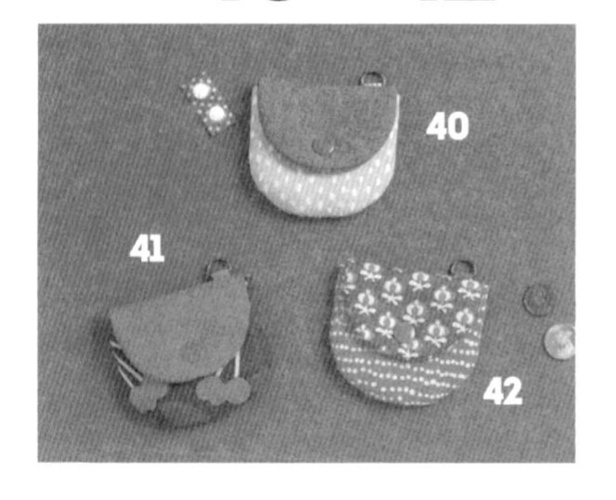
40
41
42

■ 40至42 材料（1個份）

表布（棉布・圖案）…25cm寬 15cm
A布（棉布・素色）…25cm寬 10cm
B布（棉布・素色）…5cm寬 5cm
裡布（棉布・圖案）…25cm寬 15cm
單膠鋪棉…25cm寬 15cm
塑膠四合釦（直徑1.2cm）…1組
D型環（內徑1cm）…1個

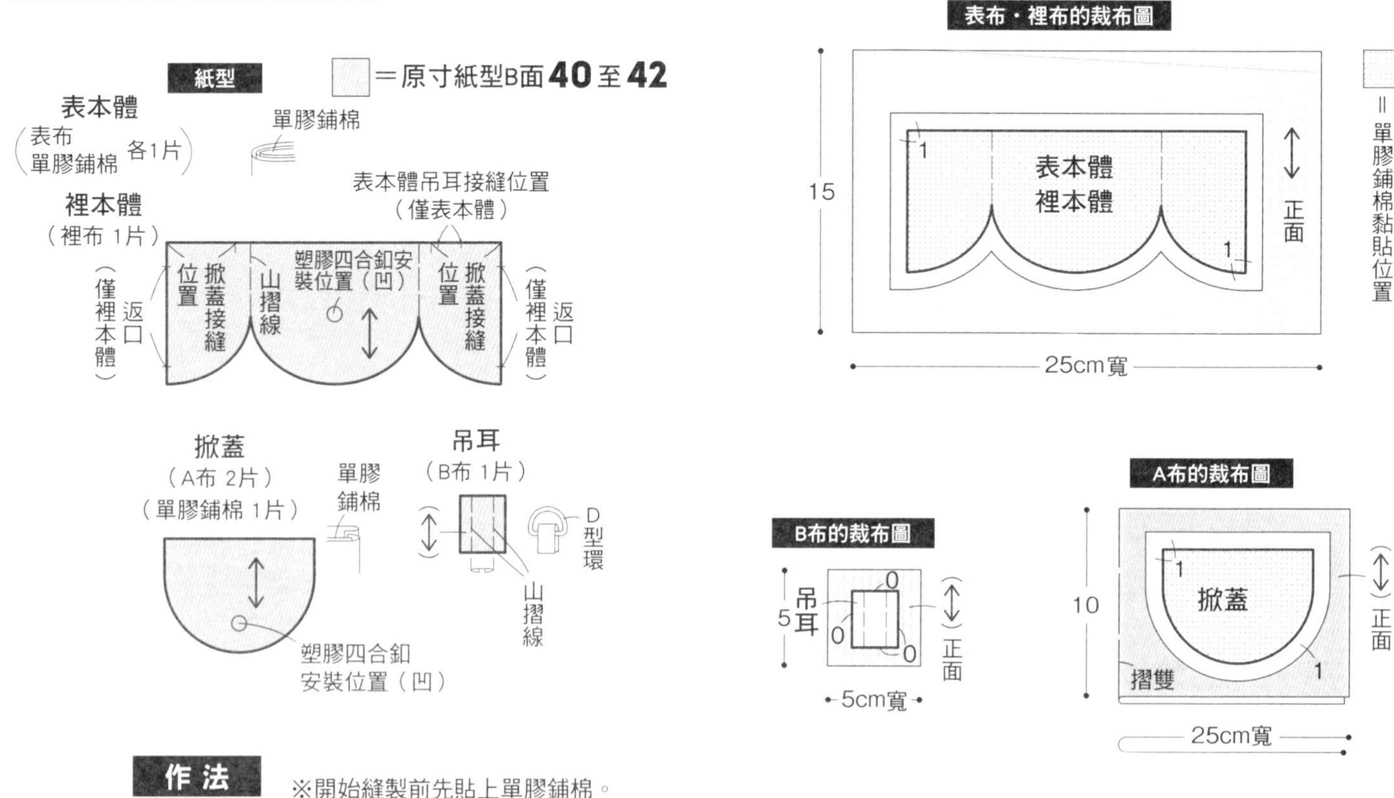
紙型
=原寸紙型B面40至42
表本體
（表布 單膠鋪棉 各1片）
單膠鋪棉
裡本體
（裡布 1片）
表本體吊耳接縫位置
（僅表本體）
返口（僅裡本體）
掀蓋接縫位置
山摺線
塑膠四合釦安裝位置（凹）
掀蓋
（A布 2片）
（單膠鋪棉 1片）
單膠鋪棉
塑膠四合釦安裝位置（凹）
吊耳
（B布 1片）
D型環
山摺線
表布・裡布的裁布圖
15
表本體
裡本體
正面
25cm寬
=單膠鋪棉黏貼位置
B布的裁布圖
吊耳
5
5cm寬
正面
A布的裁布圖
10
掀蓋
摺雙
正面
25cm寬

作法

※開始縫製前先貼上單膠鋪棉。

① 製作&接縫吊耳

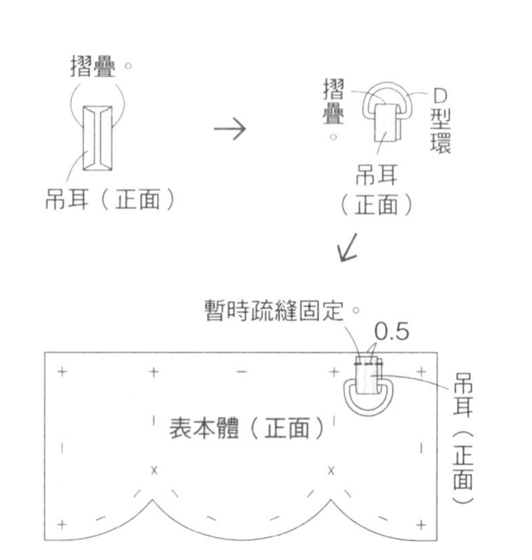
摺疊。
吊耳（正面）
摺疊。
D型環
吊耳（正面）
暫時疏縫固定。
0.5
吊耳（正面）
表本體（正面）

② 製作本體

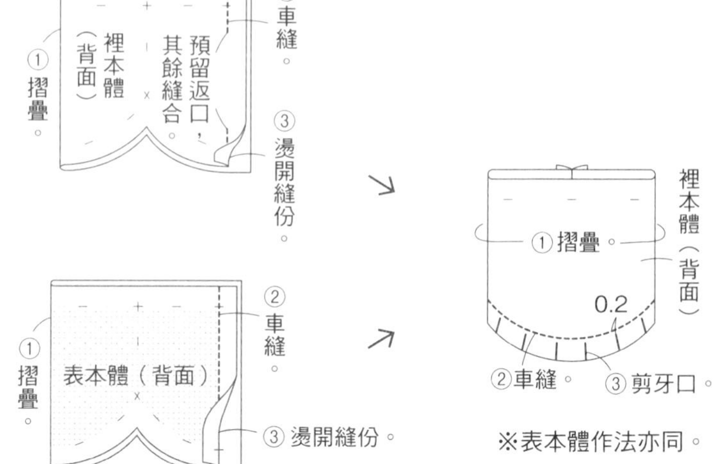
①摺疊。
裡本體（背面）
預留返口，其餘縫合。
②車縫。
③燙開縫份。
①摺疊。
表本體（背面）
②車縫。
③燙開縫份。
裡本體（背面）
①摺疊。
0.2
②車縫。
③剪牙口。
※表本體作法亦同。

❸ 製作掀蓋

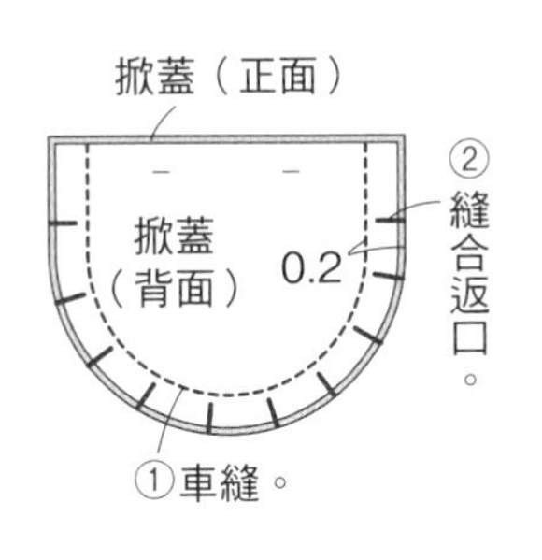
掀蓋（正面）
②縫合返口。
掀蓋（背面）
0.2
①車縫。

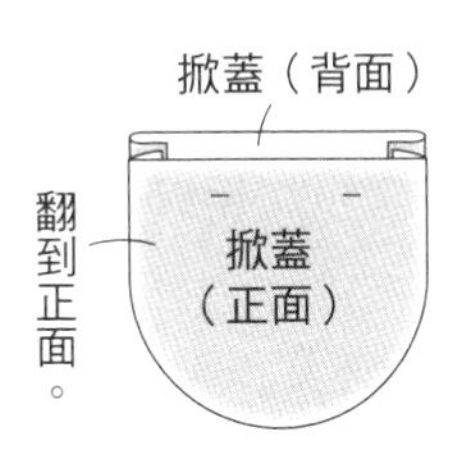
掀蓋（背面）
翻到正面。
掀蓋（正面）

❹ 暫時固定掀蓋，縫合表本體＆裡本體

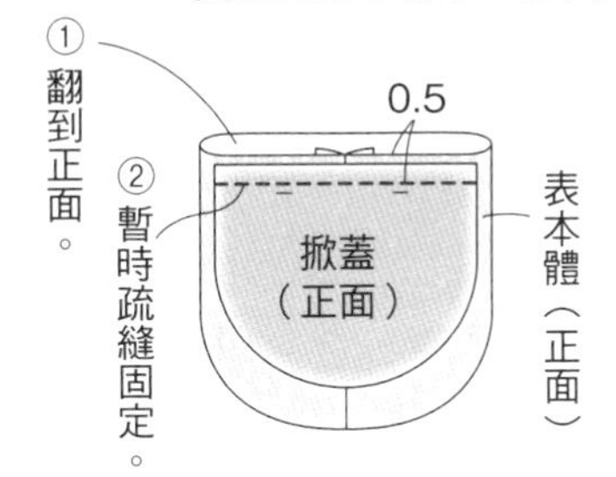
①翻到正面。
0.5
②暫時疏縫固定。
掀蓋（正面）
表本體（正面）

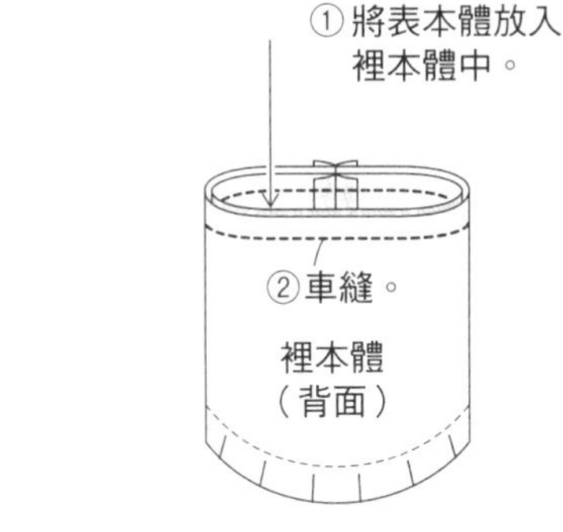
①將表本體放入裡本體中。
②車縫。
裡本體（背面）

❺ 翻到正面，安裝塑膠四合釦

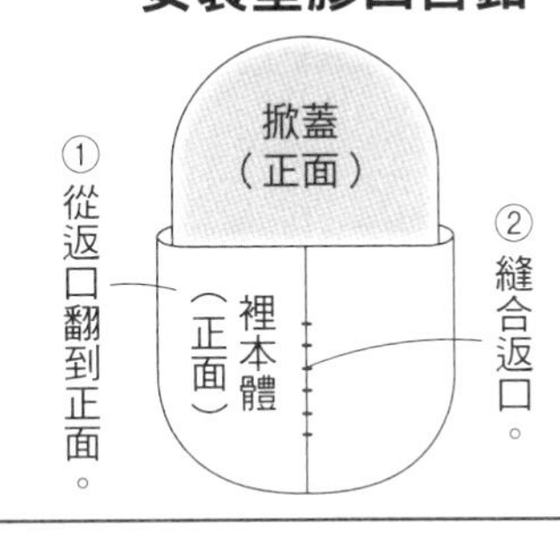
掀蓋（正面）
①從返口翻到正面。
裡本體（正面）
②縫合返口。

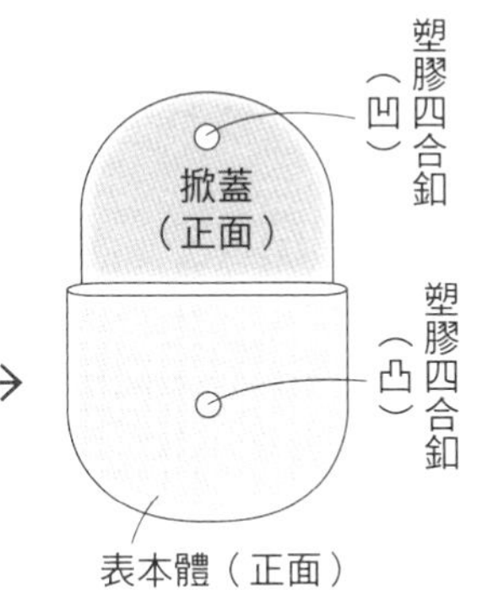
塑膠四合釦（凹）
掀蓋（正面）
塑膠四合釦（凸）
表本體（正面）

❻ 完成

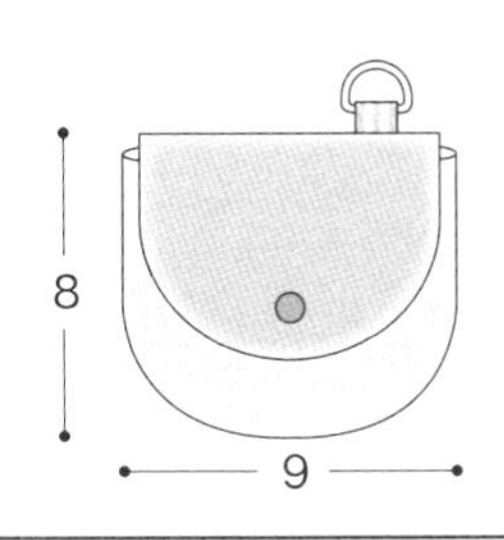
8
9

P.34 51

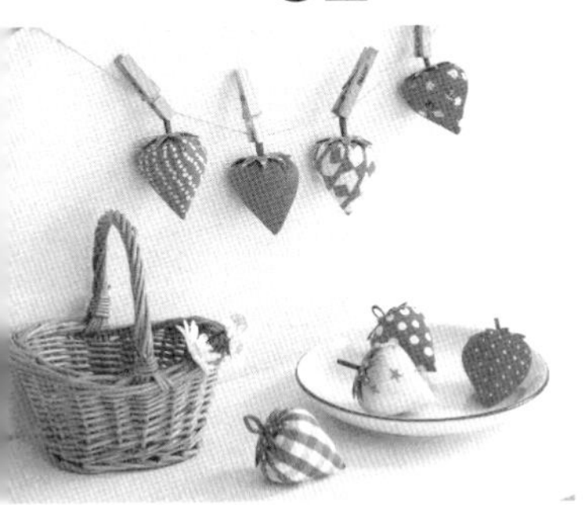

■材料（1個份）

表布（棉布・圖案）…10cm寬 15cm
配布（棉布・圖案）…5cm寬 5cm
不織布…5cm寬 5cm
皮革帶（0.3cm寬 5cm）…1條
手工藝棉花…適量

紙型

本體（表布 1片）

＝原寸紙型 B面51

蒂頭
配布
不織布
各1片
中心

不織布・配布的裁布圖

※裁剪前，先以接著劑將配布貼在不織布上。

蒂頭
5
0
5cm寬

表布的裁布圖

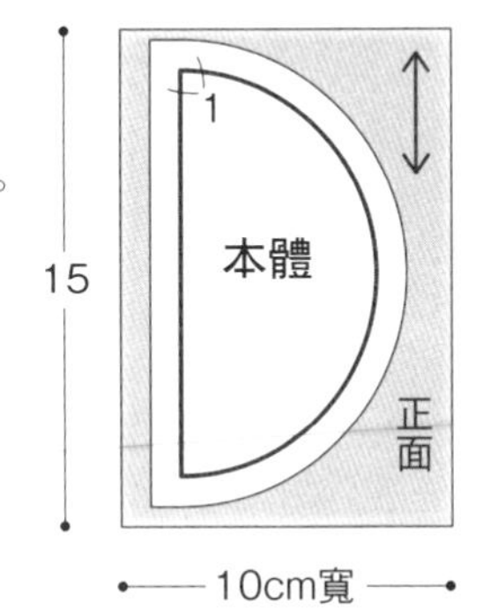
1
本體
15
正面
10cm寬

作法

❶ 製作本體

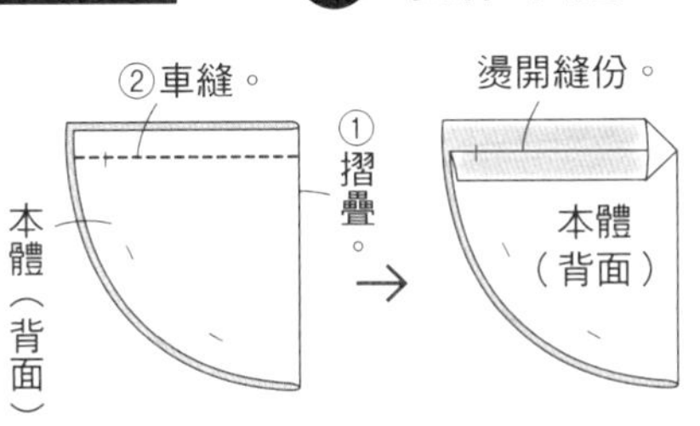
②車縫。
①摺疊。
本體（背面）
燙開縫份。
本體（背面）

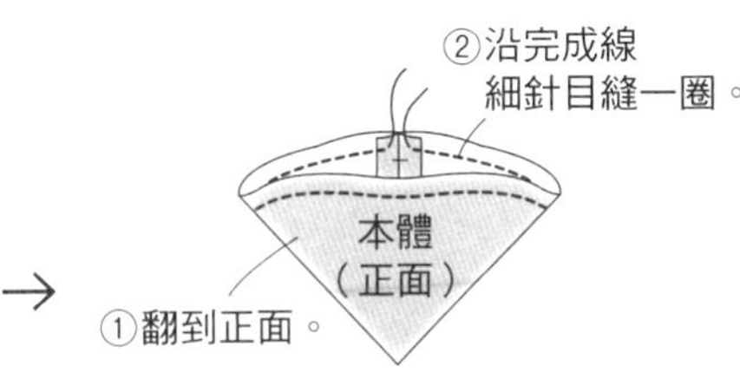
②沿完成線細針目縫一圈。
本體（正面）
①翻到正面。

❷ 製作蒂頭＆掛環

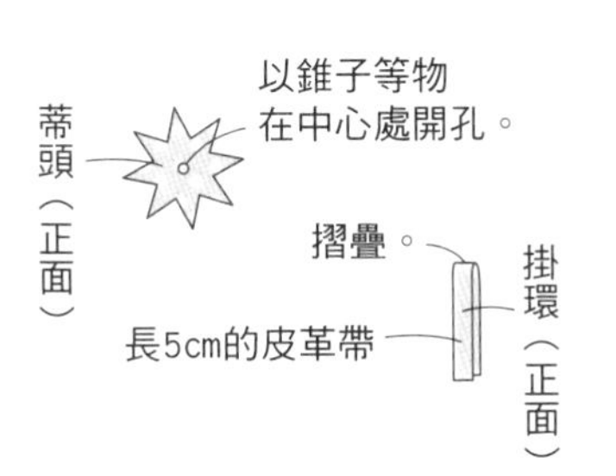
以錐子等物在中心處開孔。
蒂頭（正面）
摺疊。
長5cm的皮革帶
掛環（正面）

❸ 填入手工藝棉花，裝上蒂頭＆掛環

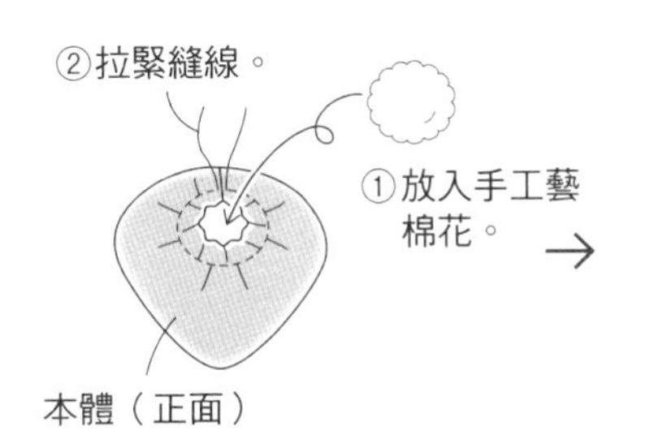
②拉緊縫線。
①放入手工藝棉花。
本體（正面）

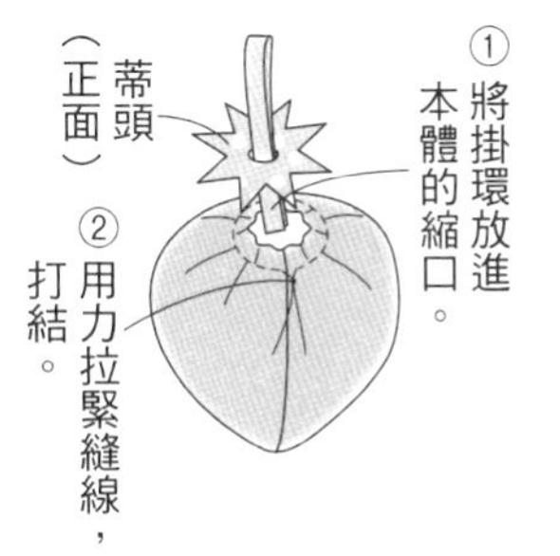
蒂頭（正面）
①將掛環放進本體的縮口。
②用力拉緊縫線，打結。

❹ 完成

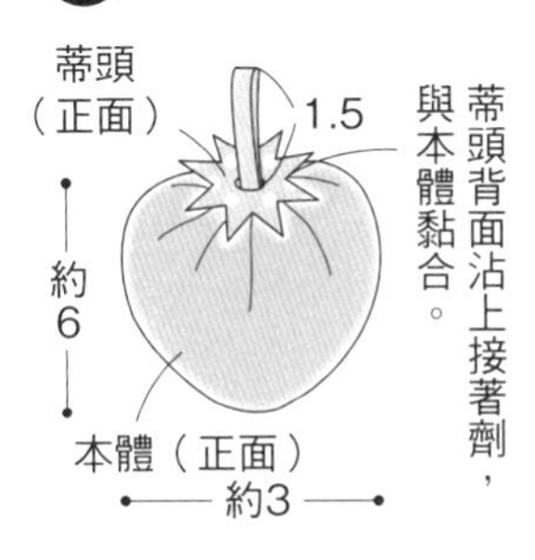
蒂頭（正面）
1.5
蒂頭背面沾上接著劑，與本體黏合。
約6
本體（正面）
約3

P.28 43・44

43
44

■ 43 材料

A布（棉布・圖案）…15cm寬 10cm
B布（棉布・素色）…15cm寬 10cm
C布（棉布・圖案）…5cm寬 5cm
裡布（棉布・素色）…15cm寬 15cm
單膠鋪棉…15cm寬 15cm
緞帶（1cm 寬）…35cm
雙圈（內徑1.8cm）…1個

■ 44 材料

A布（棉布・圖案）…15cm寬 10cm
B布（棉布・素色）…15cm寬 10cm
C布（棉布・圖案）…5cm寬 5cm
裡布（棉布・素色）…15cm寬 15cm
單膠鋪棉…15cm寬 15cm
蕾絲（3cm 寬）…2.5cm
25號繡線（白色）
緞帶（1cm 寬）…35cm
雙圈（內徑1.8cm）…1個

紙型

□＝原寸紙型A面 **43・44**

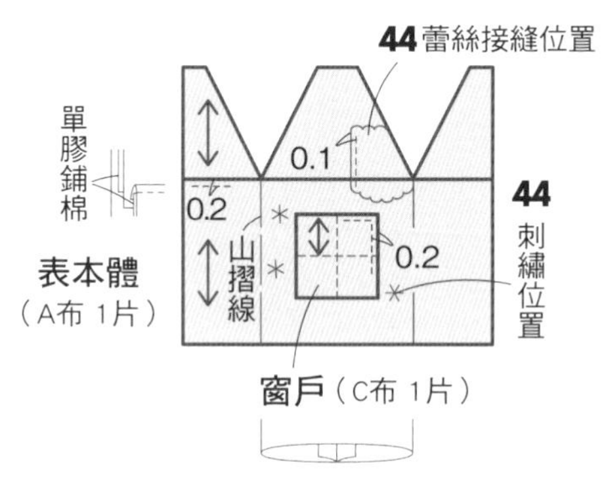

屋頂（B布 1片）
44蕾絲接縫位置
單膠鋪棉
0.1
0.2
44
刺繡位置
表本體
（A布 1片）
山摺線
0.2
窗戶（C布 1片）

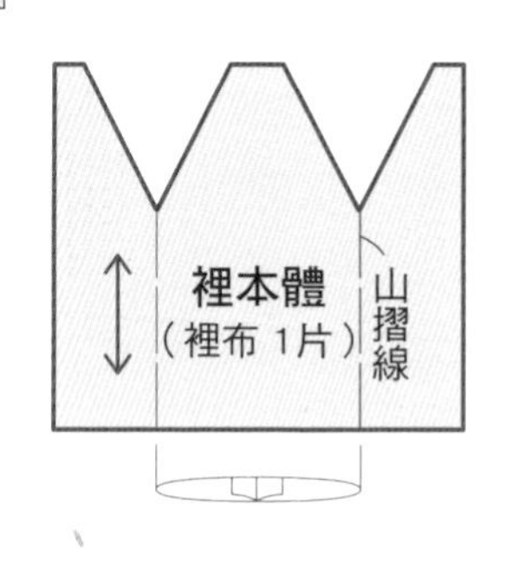

裡本體
（裡布 1片）
山摺線

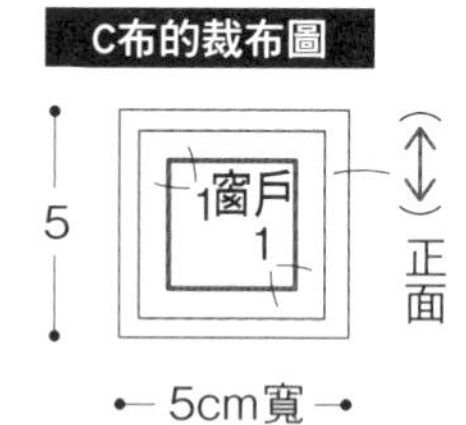

C布的裁布圖
窗戶
1
1
5
正面
5cm寬

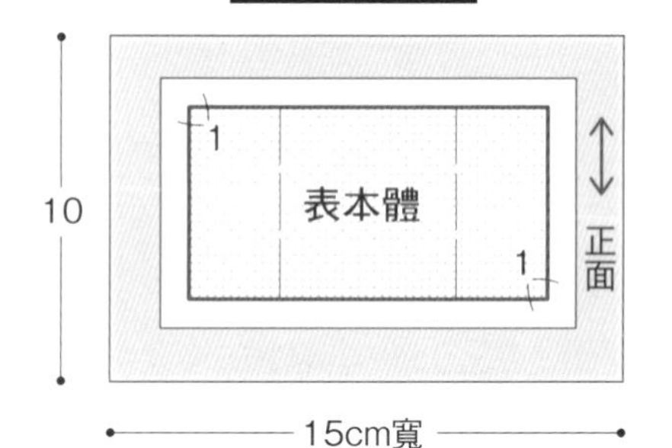

A布的裁布圖
1
表本體
1
10
正面
15cm寬

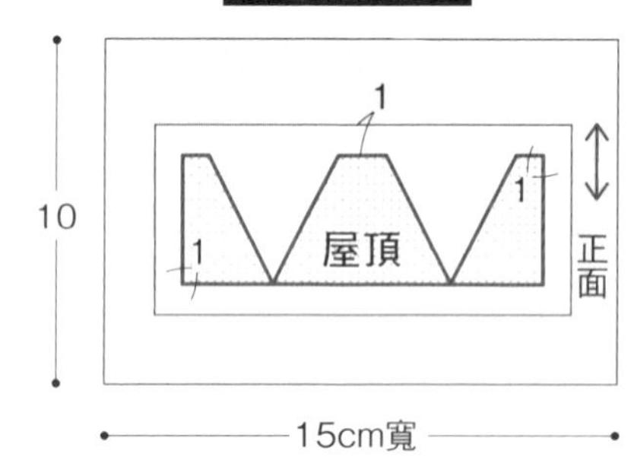

B布的裁布圖
1
1
1
屋頂
10
正面
15cm寬

□＝單膠鋪棉黏貼位置

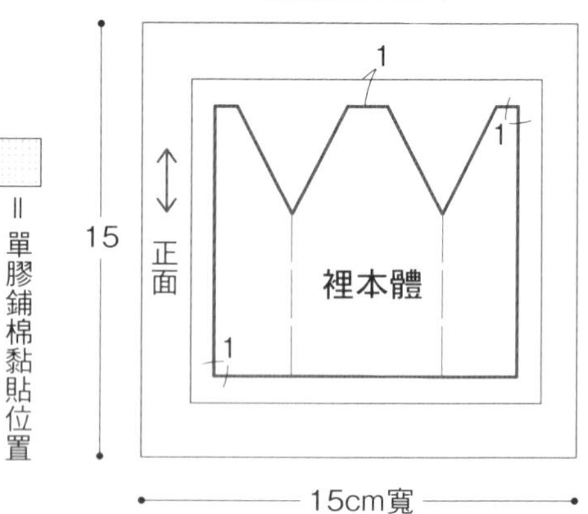

裡布的裁布圖
1
1
15
正面
裡本體
1
15cm寬

作法

※開始縫製前先貼上單膠鋪棉。

① 縫合表本體＆屋頂

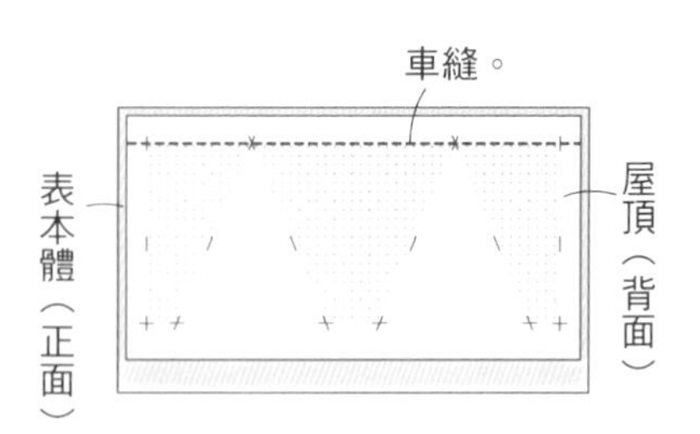

車縫。
表本體（正面）
屋頂（背面）

② 縫上窗戶

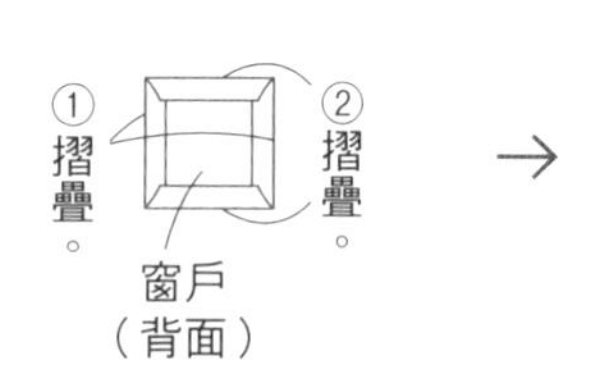

①摺疊。
②摺疊。
窗戶（背面）

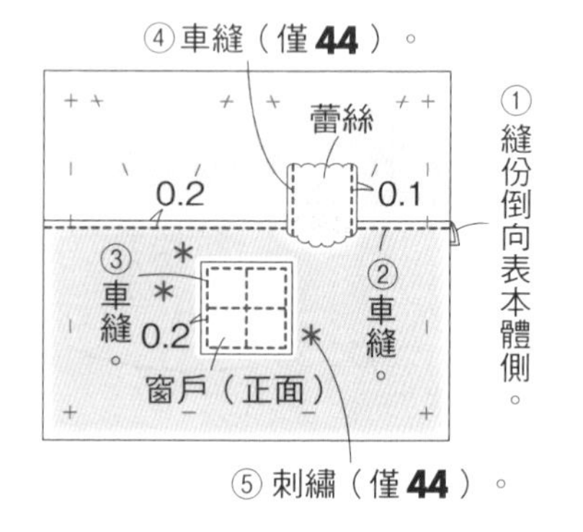

④車縫（僅44）。
蕾絲
①縫份倒向表本體側。
0.2
0.1
③車縫。
②車縫。
0.2
窗戶（正面）
⑤刺繡（僅44）。

3 縫製表本體

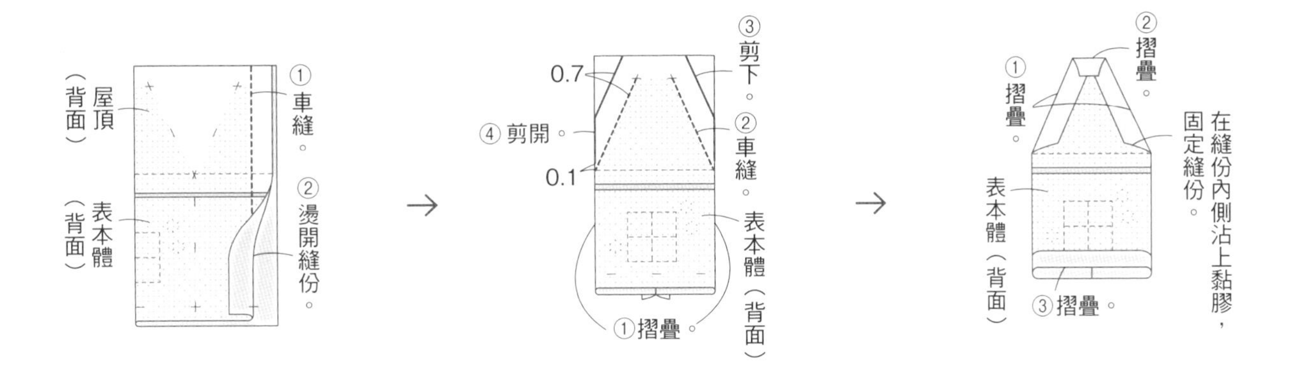
屋頂（背面）
①車縫。
②燙開縫份。
表本體（背面）
0.7
③剪下。
④剪開。
②車縫。
0.1
表本體（背面）
①摺疊。
②摺疊。
①摺疊。
在縫份內側沾上黏膠，固定縫份。
表本體（背面）
③摺疊。

4 縫製裡本體

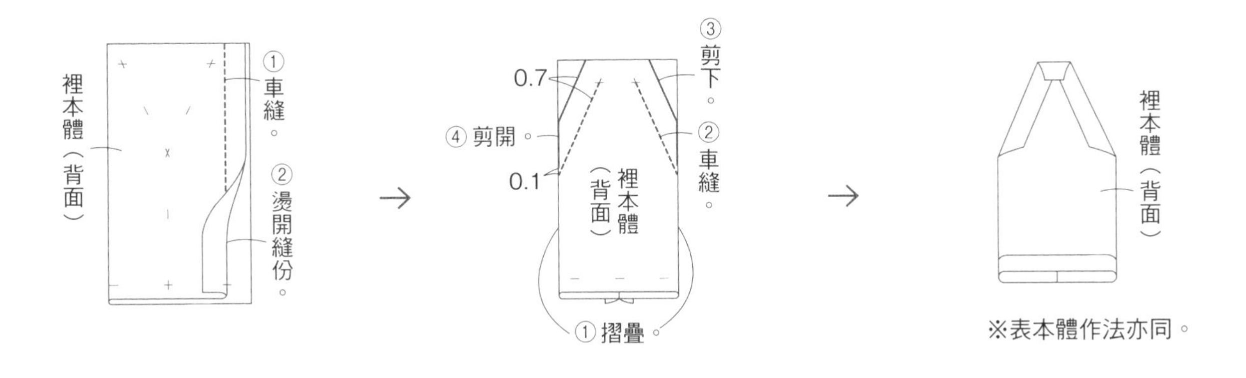
裡本體（背面）
①車縫。
②燙開縫份。
0.7
③剪下。
④剪開。
②車縫。
0.1
裡本體（背面）
①摺疊。
裡本體（背面）
※表本體作法亦同。

5 縫合表本體＆裡本體

6 穿入緞帶，完成

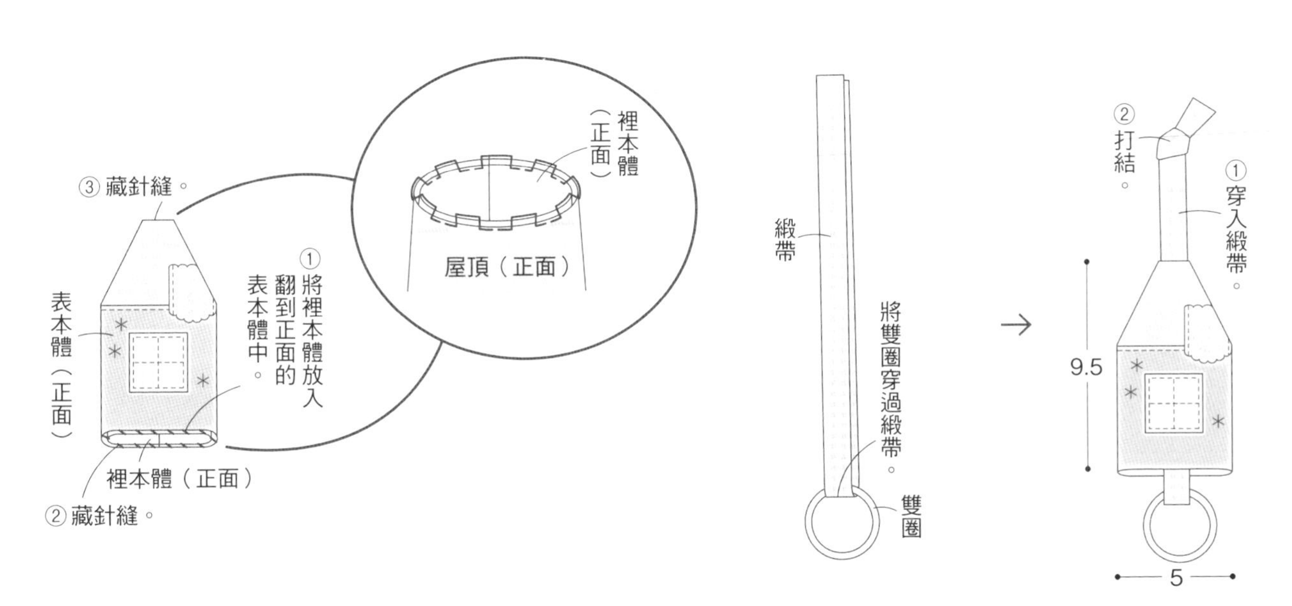
③藏針縫。
裡本體（正面）
屋頂（正面）
表本體（正面）
①將裡本體放入翻到正面的表本體中。
裡本體（正面）
②藏針縫。
緞帶
將雙圈穿過緞帶。
雙圈
②打結。
①穿入緞帶。
9.5
5

P.30 **45**

■ 材料

表布（棉布・素色）…35cm寬 25cm
A布（棉布・圖案）…20cm寬 35cm
B布（棉布・圖案）…45cm寬 10cm
裡布（棉布・素色）…45cm寬 35cm

紙型 ▢＝原寸紙型A面**45**

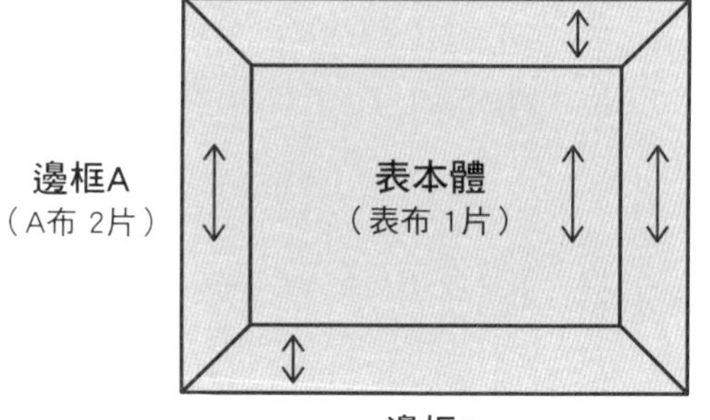

裡本體
（裡布 1片）
邊框A
（A布 2片）
表本體
（表布 1片）
邊框B
（B布 2片）

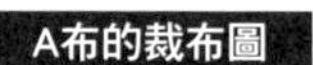

A布的裁布圖

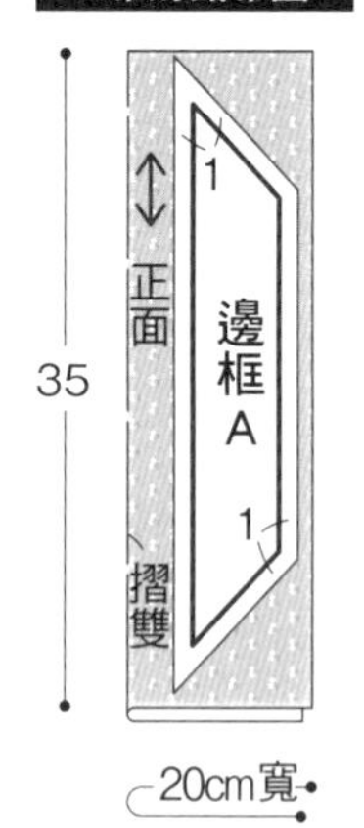

35
正面
邊框A
1
摺雙
20cm寬

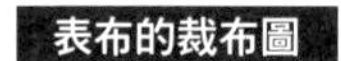

表布的裁布圖

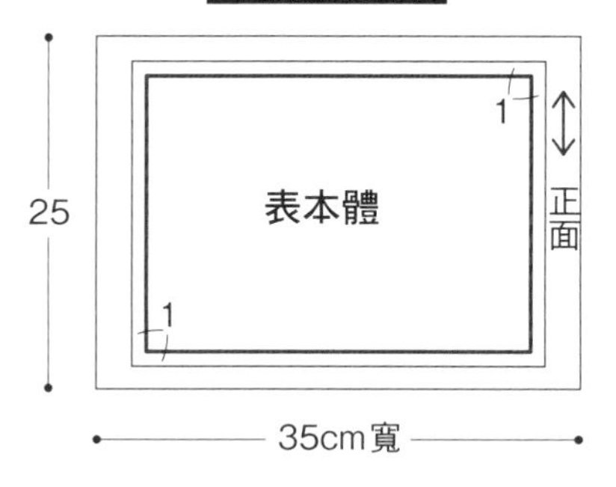

25
表本體
1
正面
35cm寬

B布的裁布圖

10
邊框B
1
正面
摺雙
45cm寬

裡布的裁布圖

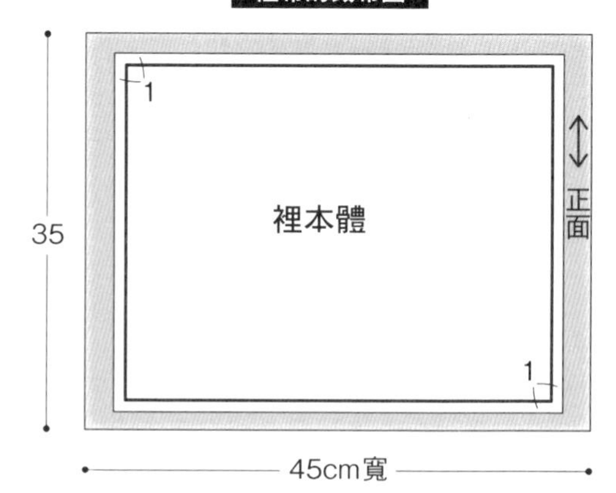

35
裡本體
1
正面
45cm寬

作法

1 縫合邊框A・B

車縫至合印處。
邊框A（背面）
邊框B（正面）

※另一片作法亦同。

2 縫製邊框

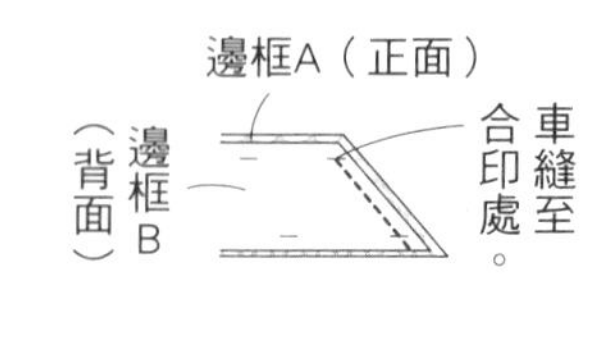

②車縫至合印處。
邊框A（背面）
邊框B（背面）
①燙開縫份。
邊框A（正面）
邊框A（正面）
邊框B（背面）
車縫至合印處。

3 縫合邊框＆表本體

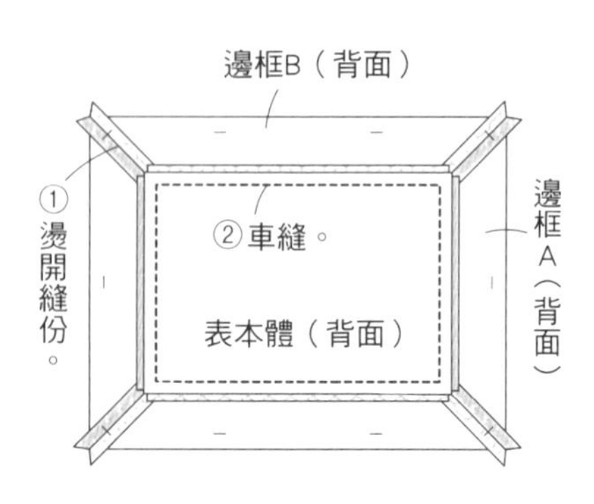

邊框B（背面）
①燙開縫份。
②車縫。
表本體（背面）
邊框A（背面）

4 縫合表本體＆裡本體

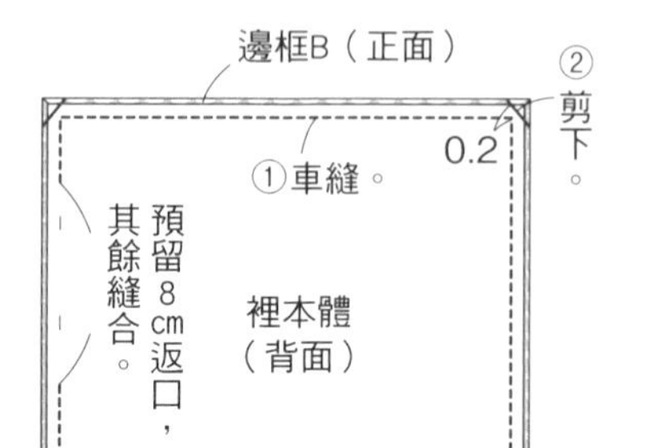

邊框B（正面）
②剪下。
0.2
①車縫。
預留8cm返口，其餘縫合。
裡本體（背面）

5 完成

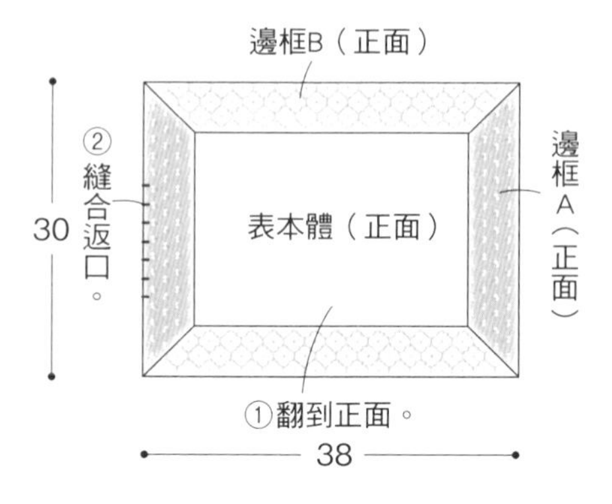

邊框B（正面）
②縫合返口。
30
表本體（正面）
邊框A（正面）
①翻到正面。
38

P.30 46・47

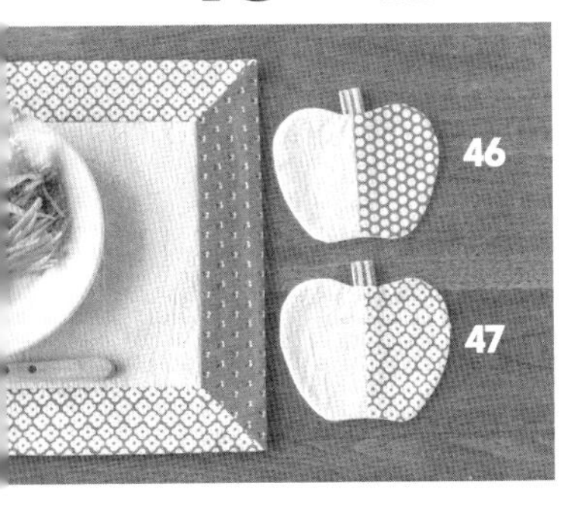

46
47

■ **46・47** 材料（1個份）

A布（棉布・素色）…10cm寬 15cm
B布（棉布・圖案）…10cm寬 15cm
配布（棉布・圖案）…10cm寬 10cm
裡布（棉布・素色）…25cm寬 15cm

紙型・製圖

□＝原寸紙型
A面 **46・47**
※製圖不含縫份。

裡本體
（裡布 1片）
布環接縫位置

表本體A
（A布 1片）

表本體B
（B布 1片）

布環
（配布 1片）
4
山摺線
0.2
3

裡布的裁布圖

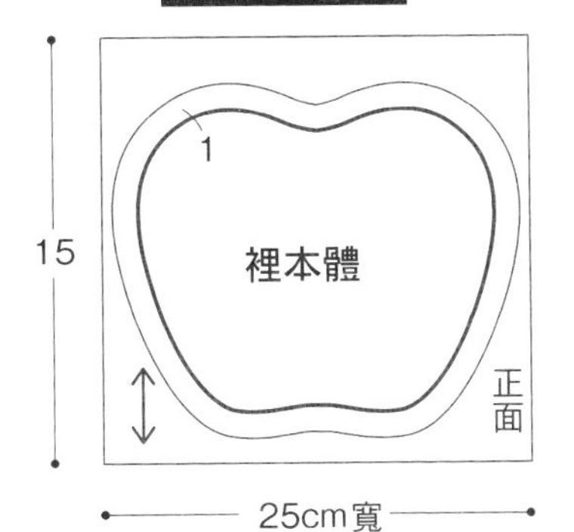

15
1
裡本體
正面
25cm寬

A布的裁布圖

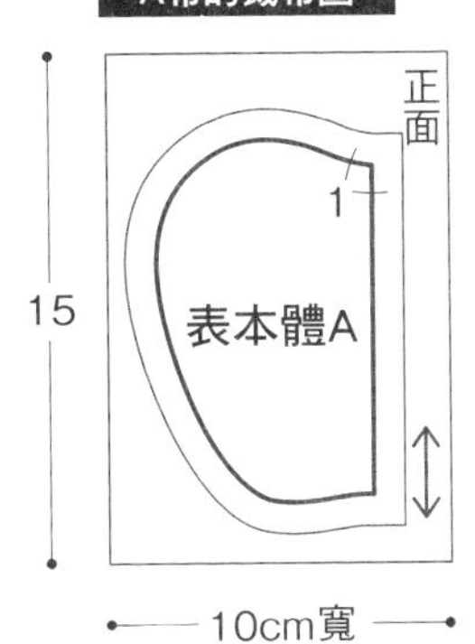

15
正面
1
表本體A
10cm寬

B布的裁布圖

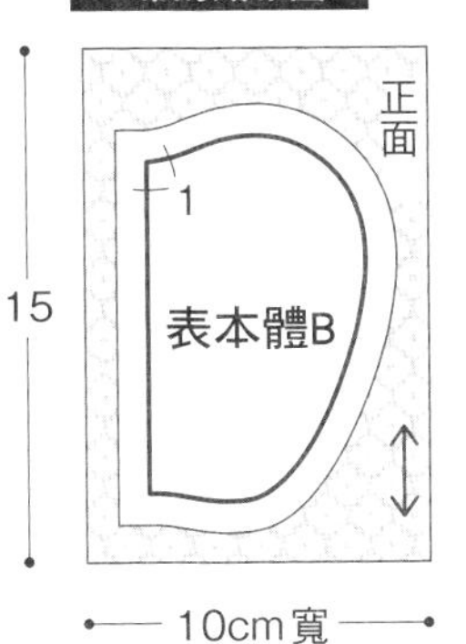

15
正面
1
表本體B
10cm寬

配布的裁布圖

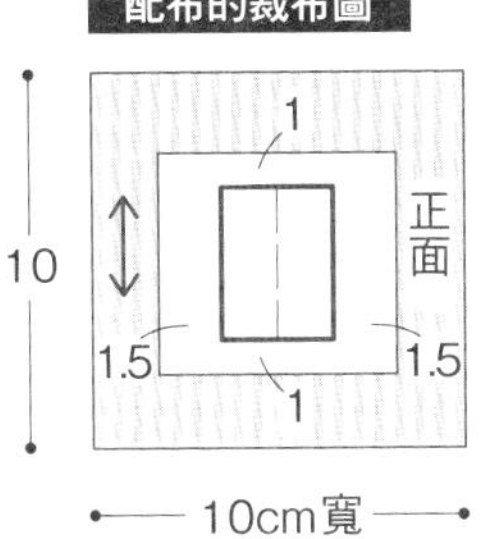

1
10
正面
1.5
1.5
1
10cm寬

作法

1 製作布環

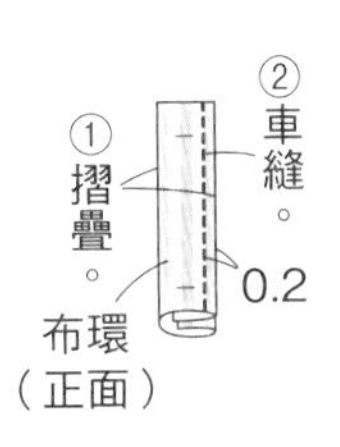

①摺疊。
②車縫。
0.2
布環
（正面）

2 縫合表本體A・B

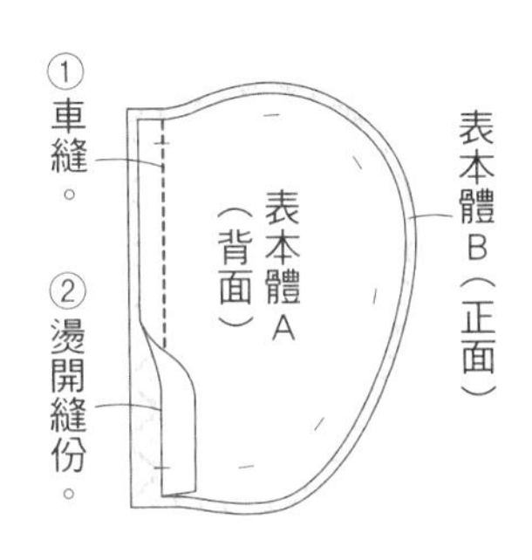

①車縫。
②燙開縫份。
表本體A
（背面）
表本體B
（正面）

→

②暫時疏縫固定。
0.5
布環（正面）
表本體A
（正面）
①摺疊。
表本體B
（正面）

3 縫合表本體＆裡本體

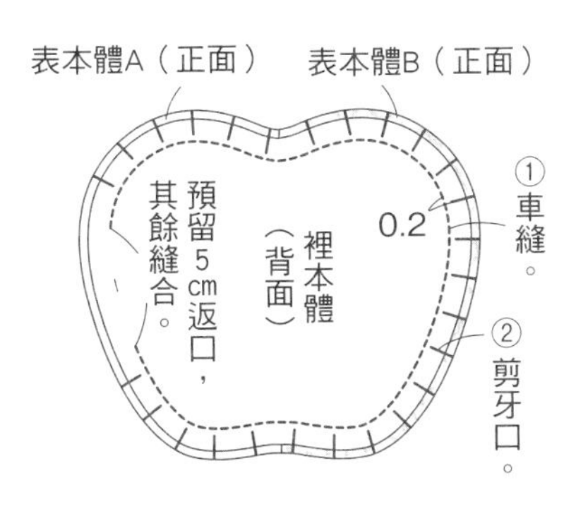

表本體A（正面）
表本體B（正面）
預留5cm返口，其餘縫合。
裡本體
（背面）
0.2
①車縫。
②剪牙口。

4 完成

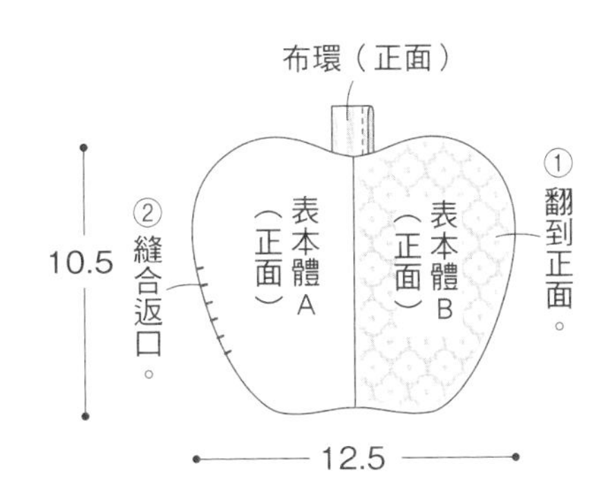

布環（正面）
10.5
②縫合返口。
表本體A
（正面）
表本體B
（正面）
①翻到正面。
12.5

P.31 48

■ 材料

A布（棉布・圖案）…25cm寬 35cm
B布（棉布・素色）…30cm寬 20cm
C布（棉布・圖案）…30cm寬 20cm
單膠鋪棉…25cm寬 35cm

紙型 ▢＝原寸紙型B面**48**

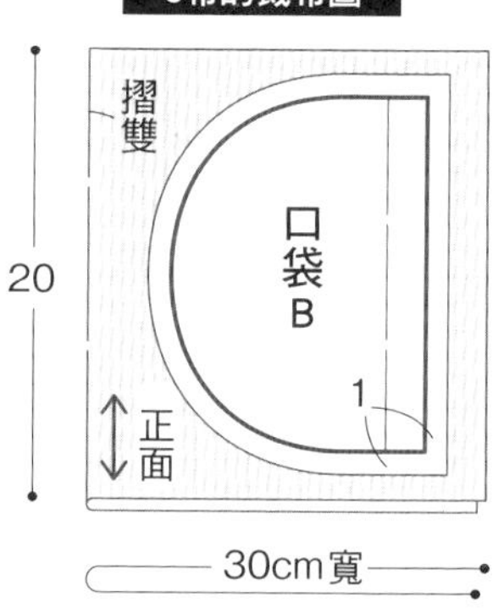

本體
A布
單膠鋪棉 各2片
吊耳接縫位置
袋口摺雙
口袋A
（B布 2片）
0.2
0.2
0.2
0.2
口袋B（C布 2片）
單膠鋪棉

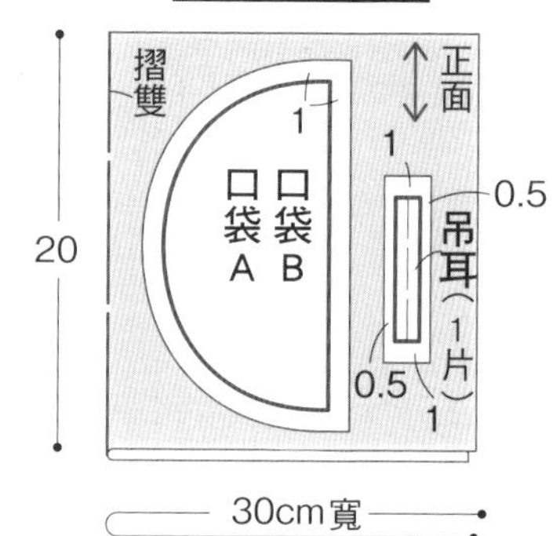

吊耳
（B布 1片）
0.1

A布的裁布圖

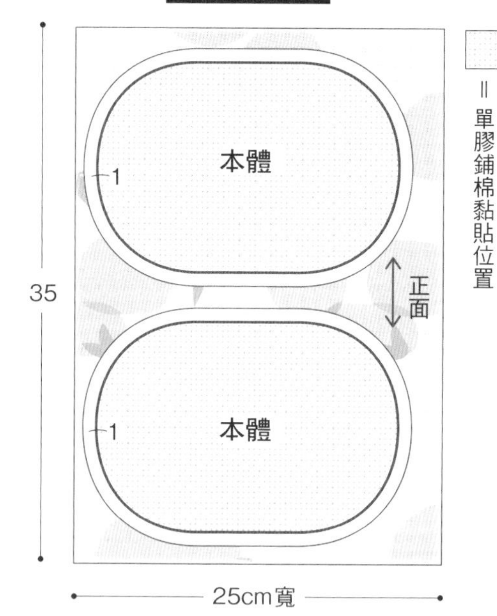

本體
本體
1
1
35
25cm寬
正面
＝單膠鋪棉黏貼位置

B布的裁布圖

摺雙
正面
1
1
口袋A
口袋B
吊耳（1片）
0.5
0.5
1
20
30cm寬

C布的裁布圖

摺雙
口袋B
1
正面
20
30cm寬

作法

※開始縫製前先貼上單膠鋪棉。

❶ 製作吊耳

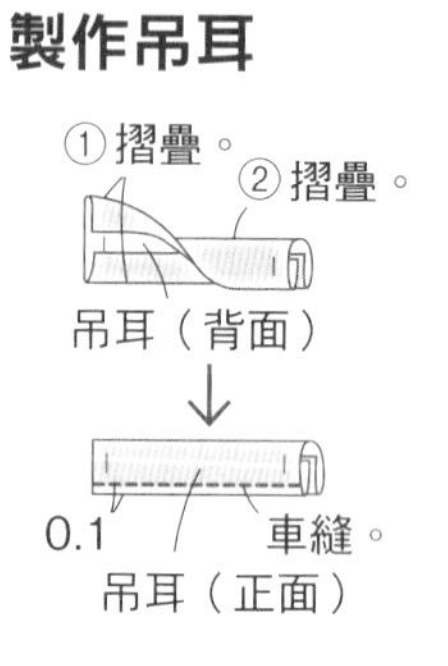

①摺疊。
②摺疊。
吊耳（背面）
0.1
車縫。
吊耳（正面）

❷ 製作口袋

※另1片作法亦同。

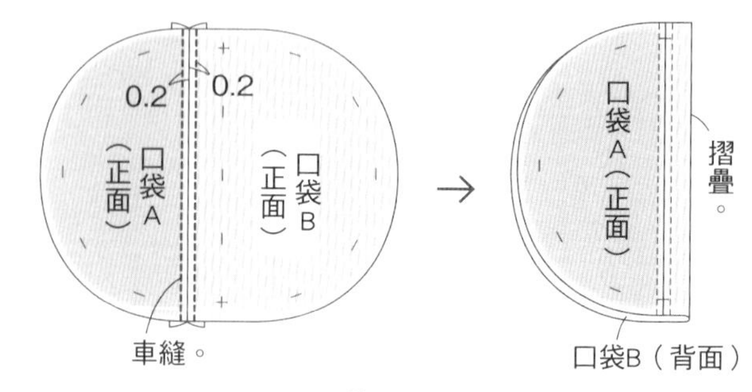

②燙開縫份。
①車縫。
口袋A（背面）
口袋B（正面）
0.2
0.2
口袋A（正面）
口袋B（正面）
車縫。
摺疊。
口袋A（正面）
口袋B（背面）

❸ 暫時固定吊耳＆口袋

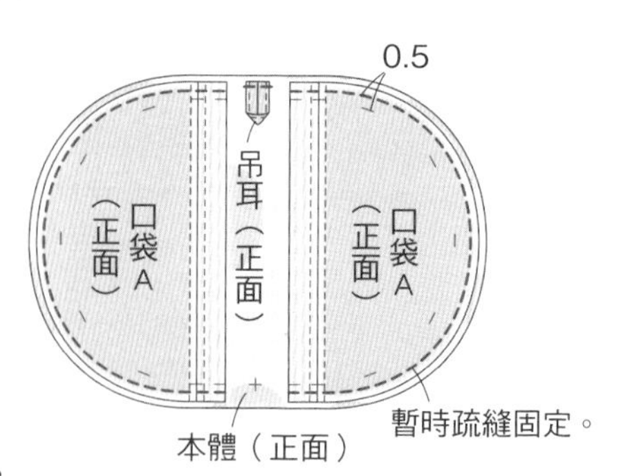

0.5
吊耳（正面）
口袋A（正面）
口袋A（正面）
本體（正面）
暫時疏縫固定。

❹ 縫合所有本體

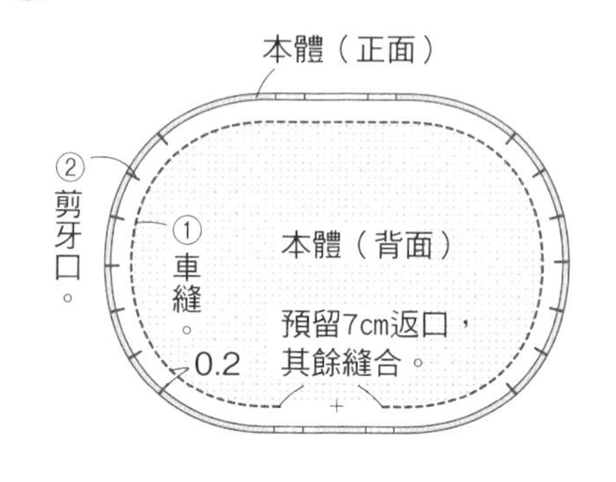

本體（正面）
②剪牙口。
①車縫。
本體（背面）
預留7cm返口，其餘縫合。
0.2

❺ 完成

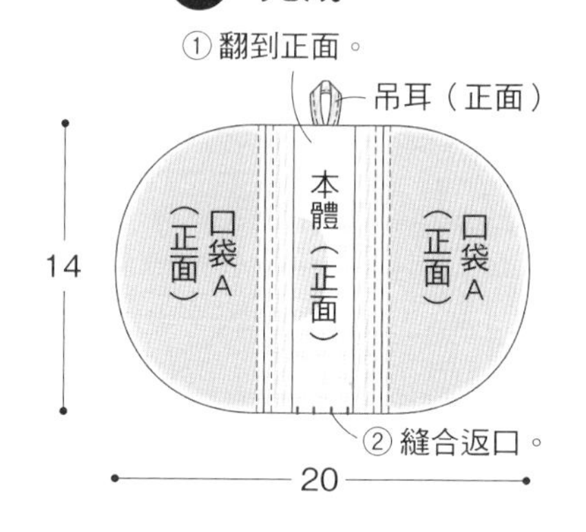

①翻到正面。
吊耳（正面）
本體（正面）
口袋A（正面）
口袋A（正面）
14
20
②縫合返口。

P.36 55・56

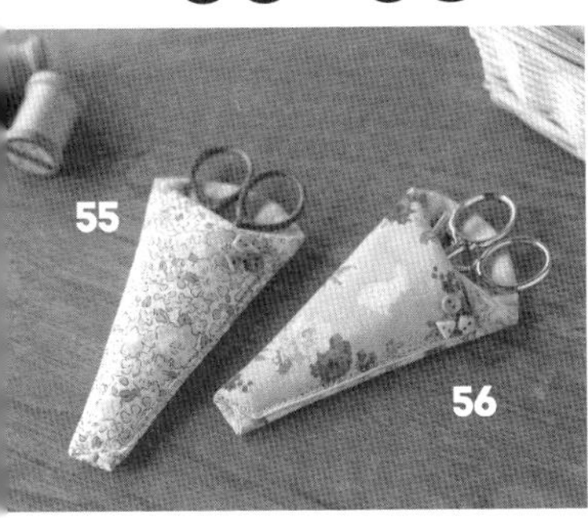
55
56

■55・56 材料（1個份）

表布（棉布・圖案）…20cm寬 15cm
裡布（棉布・圖案）…20cm寬 15cm
單膠鋪棉…20cm寬 15cm
鈕釦（直徑0.5cm）…3個

表布・裡布的裁布圖

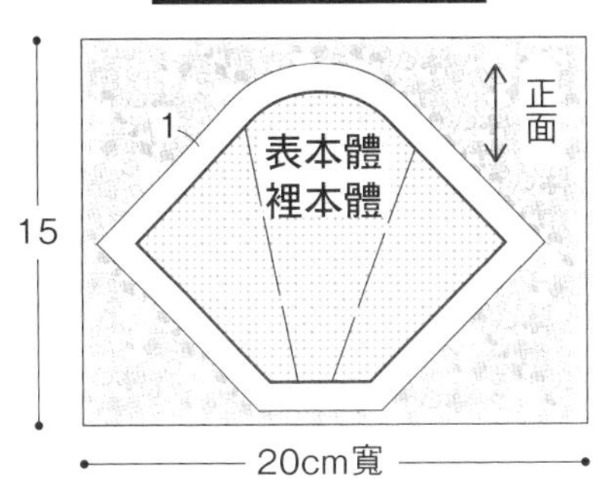
表本體
裡本體
正面
1
15
20cm寬
＝單膠鋪棉黏貼位置

作法 ※開始縫製前先貼上單膠鋪棉。

1 縫製表本體&裡本體

2 製作&縫合本體

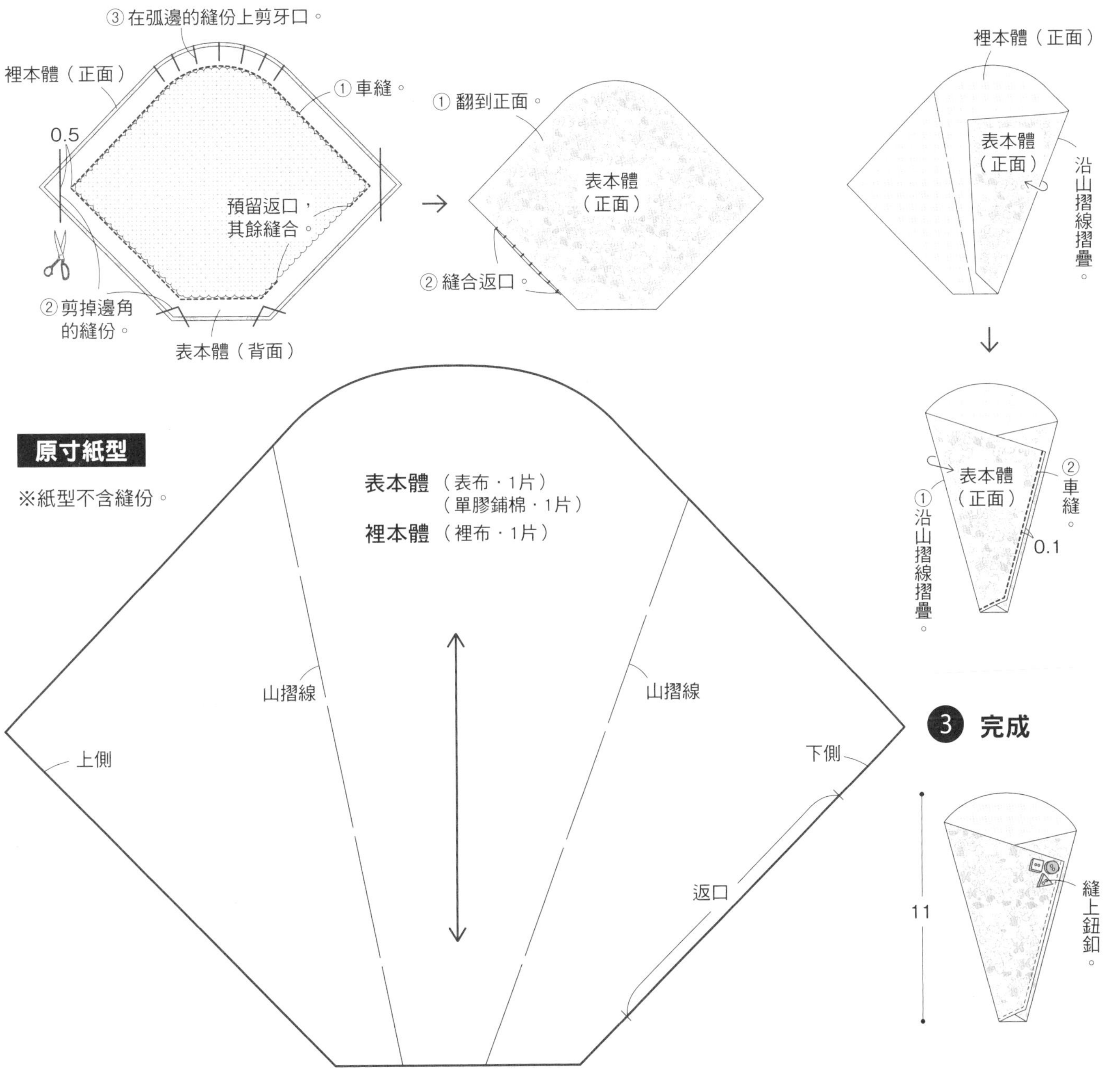
③在弧邊的縫份上剪牙口。
裡本體（正面）
①車縫。
0.5
預留返口，其餘縫合。
②剪掉邊角的縫份。
表本體（背面）
①翻到正面。
表本體（正面）
②縫合返口。
裡本體（正面）
表本體（正面）
沿山摺線摺疊。
表本體（正面）
①沿山摺線摺疊。
②車縫。
0.1
原寸紙型
※紙型不含縫份。
表本體（表布・1片）（單膠鋪棉・1片）
裡本體（裡布・1片）
山摺線
山摺線
上側
下側
返口

3 完成

11
縫上鈕釦。

P.33 50

■ 材料

A布…35cm寬 15cm
B布…70cm寬 15cm
C布…45cm寬 15cm
D布…55cm寬 15cm
E布…45cm寬 15cm
F布…55cm寬 15cm
G布…45cm寬 15cm
H布…35cm寬 15cm
I布…25cm寬 15cm
裡布（棉布・素色）…80cm寬 110cm

※A至I布使用棉或麻的布料。

製圖

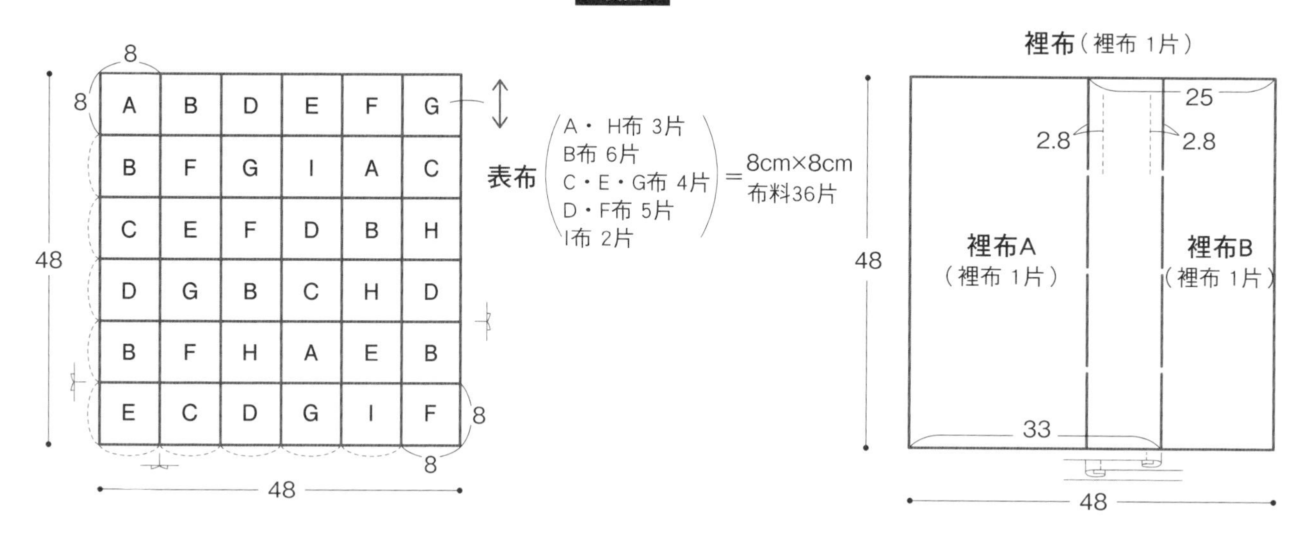

8
48
表布
A・H布 3片
B布 6片
C・E・G布 4片
D・F布 5片
I布 2片
=8cm×8cm 布料36片
裡布（裡布 1片）
25
2.8
裡布A（裡布 1片）
裡布B（裡布 1片）
33

A・H的裁布圖

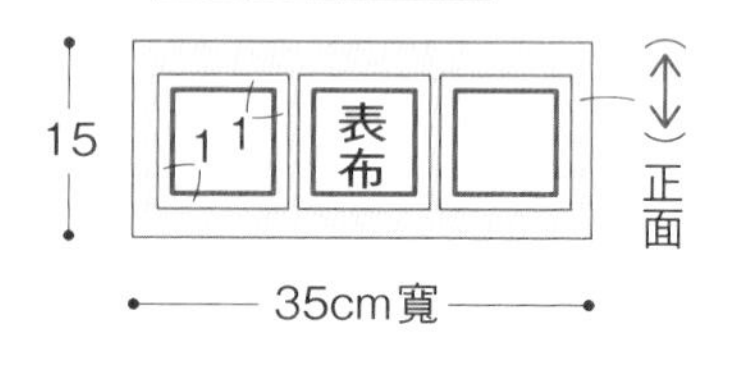

15
表布
正面
35cm寬

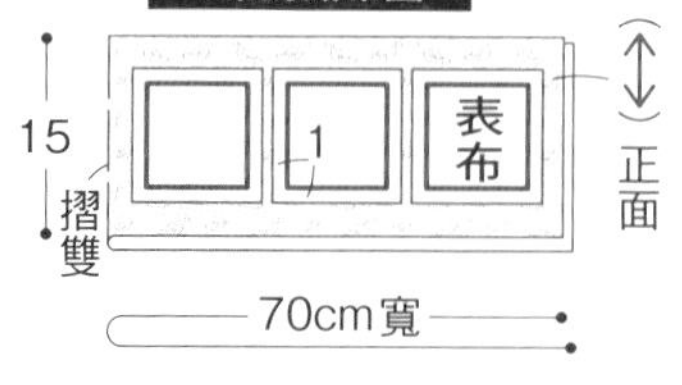

B布的裁布圖
15
摺雙
表布
正面
70cm寬

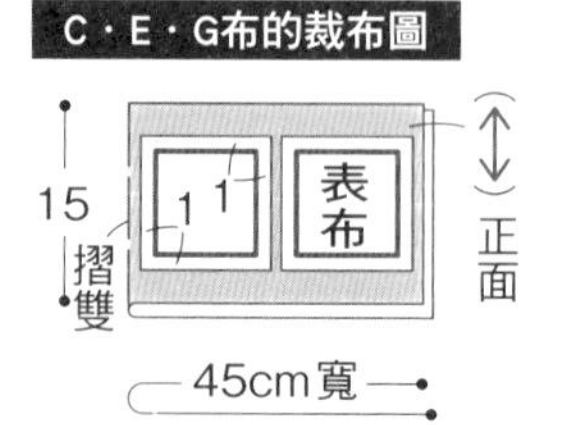

C・E・G布的裁布圖
15
摺雙
表布
正面
45cm寬

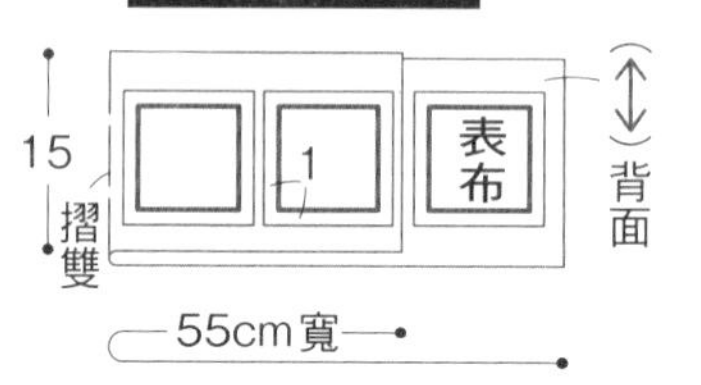

D・F布的裁布圖
15
摺雙
表布
背面
55cm寬

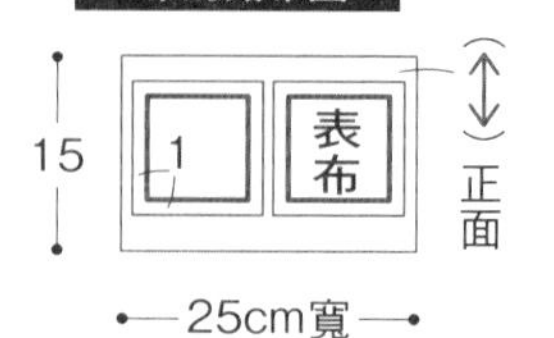

I布的裁布圖
15
表布
正面
25cm寬

裡布的裁布圖

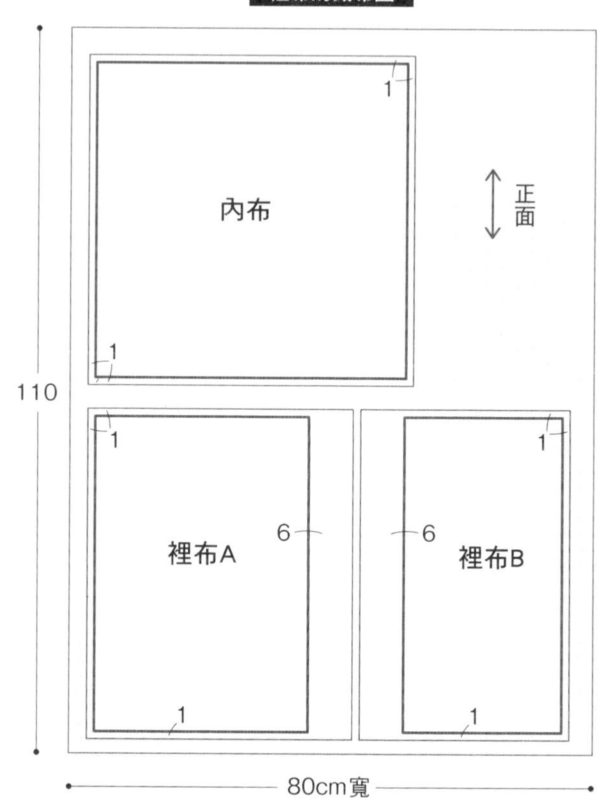

內布
正面
110
裡布A
裡布B
6
80cm寬

作法

1 縱向縫合

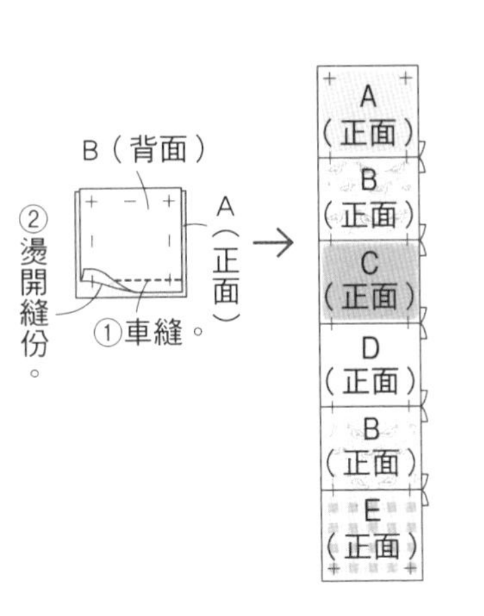

B（背面）
A（正面）
②燙開縫份。
①車縫。
A（正面）
B（正面）
C（正面）
D（正面）
B（正面）
E（正面）

2 橫向縫合，製作表布

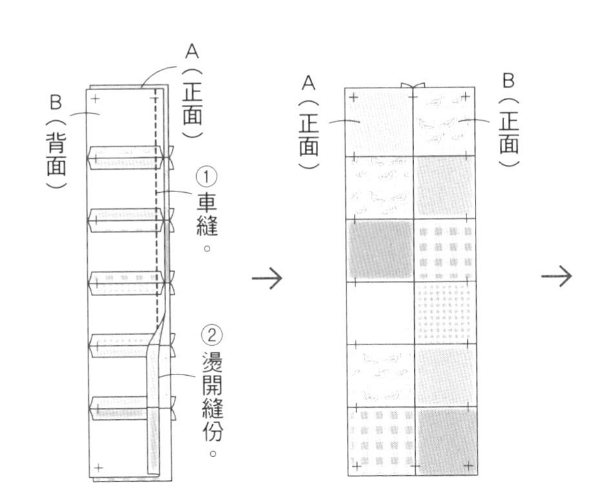

A（正面）
B（背面）
①車縫。
②燙開縫份。
A（正面）
B（正面）

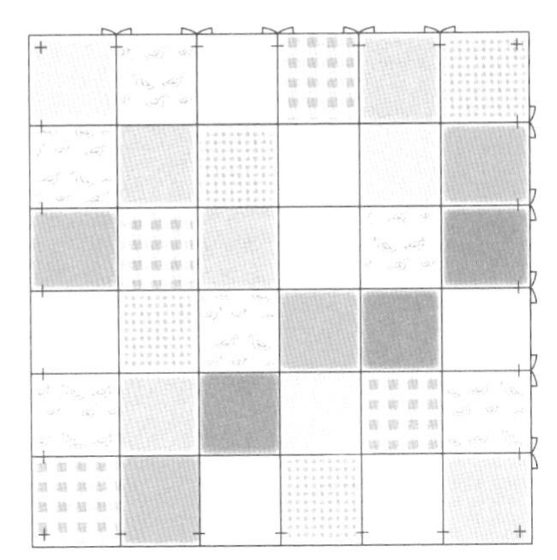

3 製作裡布

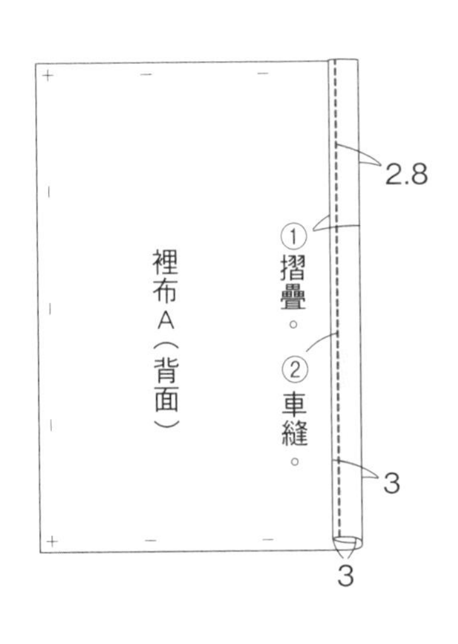

2.8
①摺疊。
②車縫。
3
3
裡布A（背面）

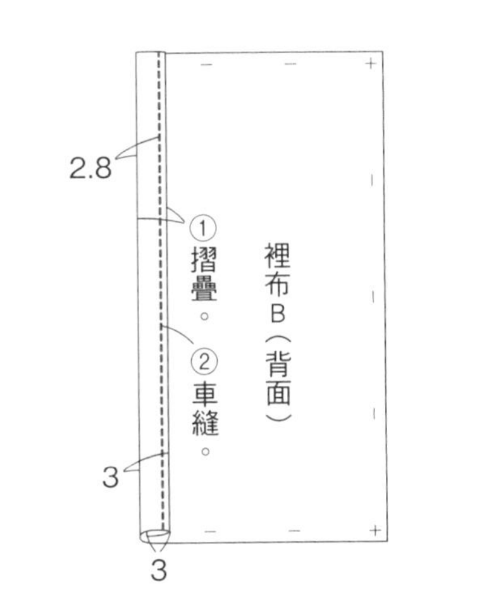

2.8
①摺疊。
②車縫。
3
3
裡布B（背面）

①重疊10cm。
0.5
②暫時疏縫固定。
裡布A（正面）
裡布B（正面）

4 縫合周圍

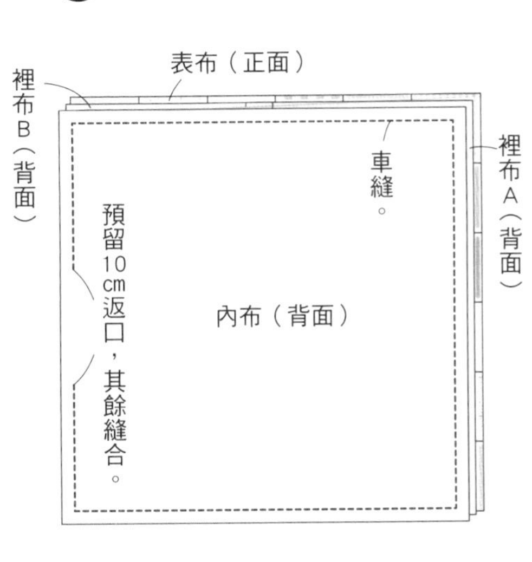

表布（正面）
裡布B（背面）
車縫。
裡布A（背面）
預留10cm返口，其餘縫合。
內布（背面）

5 完成

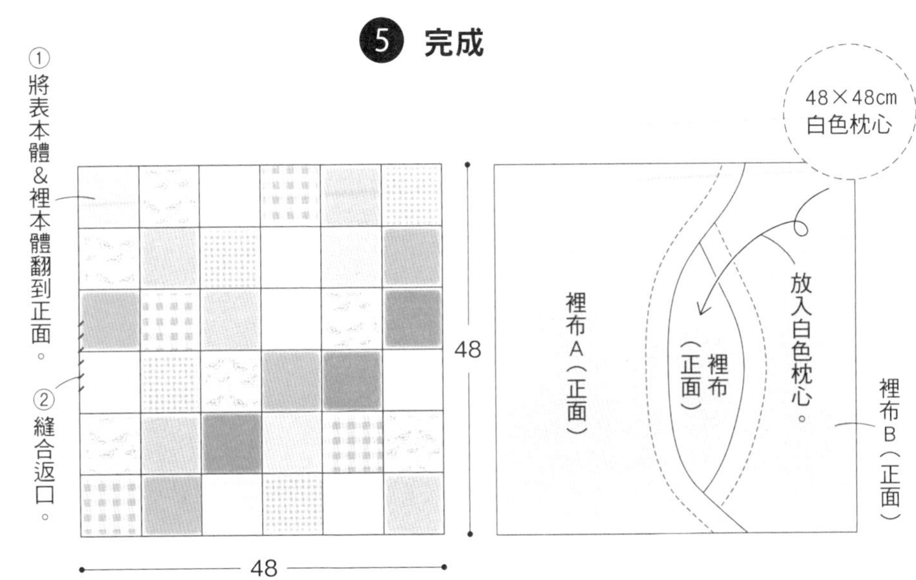

①將表本體&裡本體翻到正面。
②縫合返口。
48
48
48×48cm 白色枕心
放入白色枕心。
裡布A（正面）
裡布（正面）
裡布B（正面）

P.35 52・53

52
53

■ **52・53** 材料（1個份）

表布（珊瑚絨・素色）⋯40cm寬 20cm
A布（棉布・圖案）⋯30cm寬 10cm
B布（棉布・素色）⋯30cm寬 10cm
C布（棉布・圖案）⋯10cm寬 10cm
鈕釦A（直徑1.2cm）⋯2個
鈕釦B（直徑0.8cm）⋯2個
手工藝棉花⋯適量
25號繡線（粉紅色、與表布同色）

表布的裁布圖

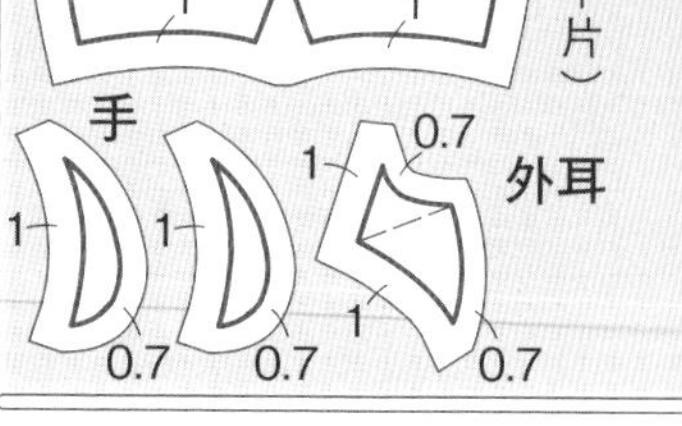
摺雙
20
1
1
臉
1
1
正面
眼皮（1片）
0
0
手
1
1
0.7
1
外耳
1
0.7
0.7
0.7
40cm寬

C布的裁布圖

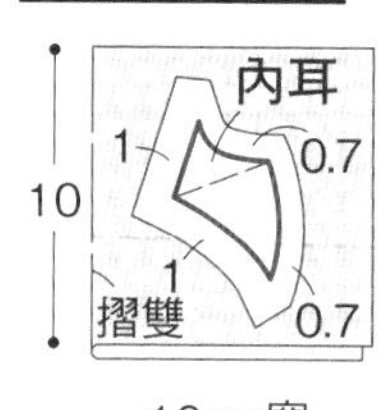
內耳
1
0.7
10
1
摺雙
0.7
10cm寬

製圖

□ = 原寸紙型B面 **52·53**

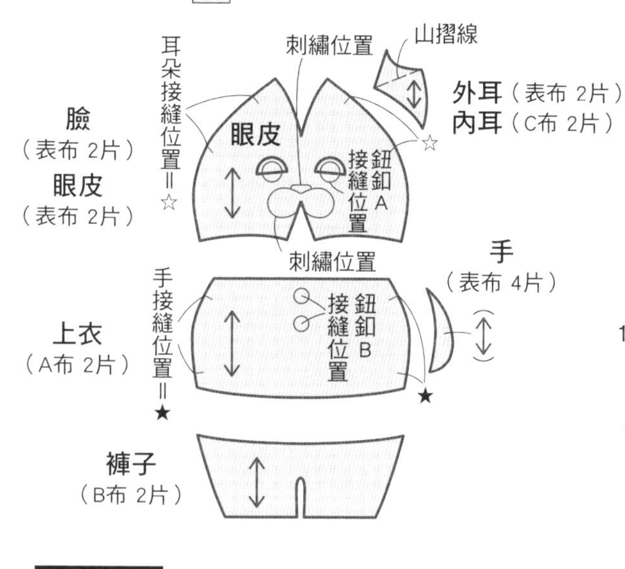
耳朵接縫位置=☆
刺繡位置
山摺線
外耳（表布 2片）
內耳（C布 2片）
臉（表布 2片）
眼皮（表布 2片）
眼皮
鈕釦接縫位置A
☆
刺繡位置
手接縫位置=★
手（表布 4片）
上衣（A布 2片）
鈕釦接縫位置B
★
褲子（B布 2片）

B布的裁布圖

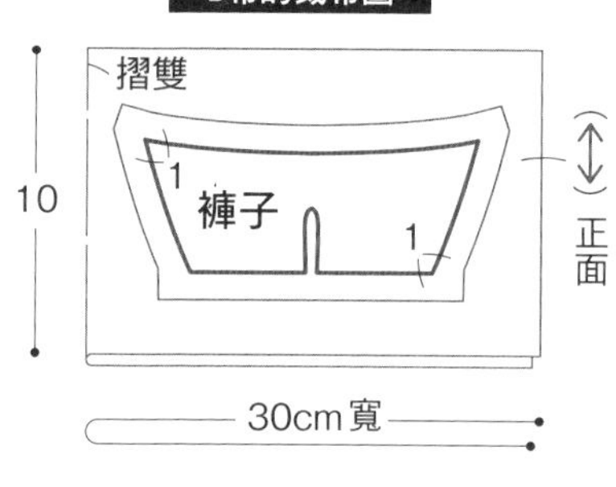
摺雙
1
褲子
1
10
正面
30cm寬

A布的裁布圖

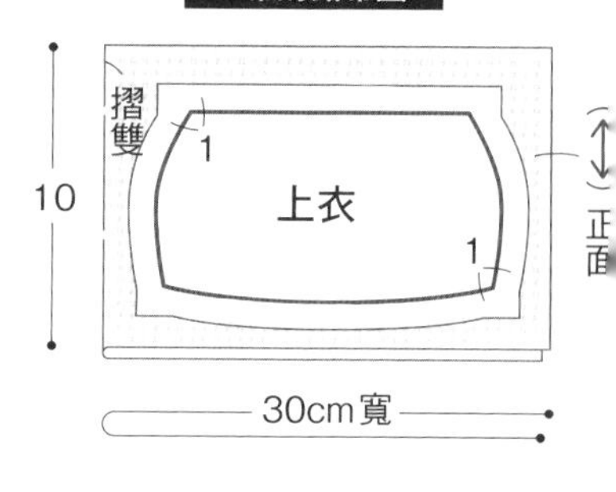
摺雙
1
上衣
1
10
正面
30cm寬

作法

1 製作臉

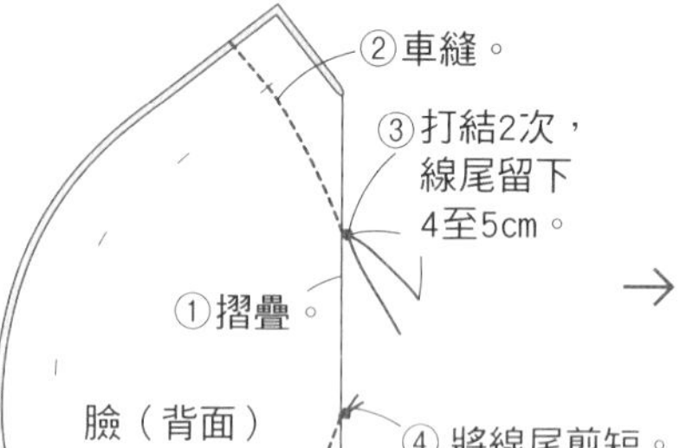
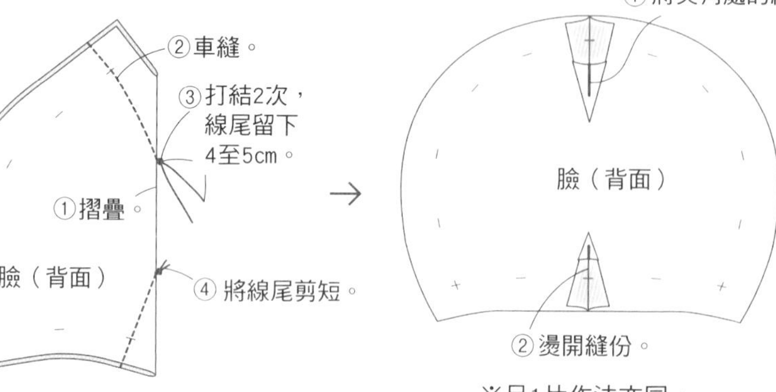
②車縫。
③打結2次，線尾留下4至5cm。
①摺疊。
臉（背面）
④將線尾剪短。
①將尖角處的縫份稍微剪開。
臉（背面）
②燙開縫份。

※另1片作法亦同。

2 在臉上刺繡

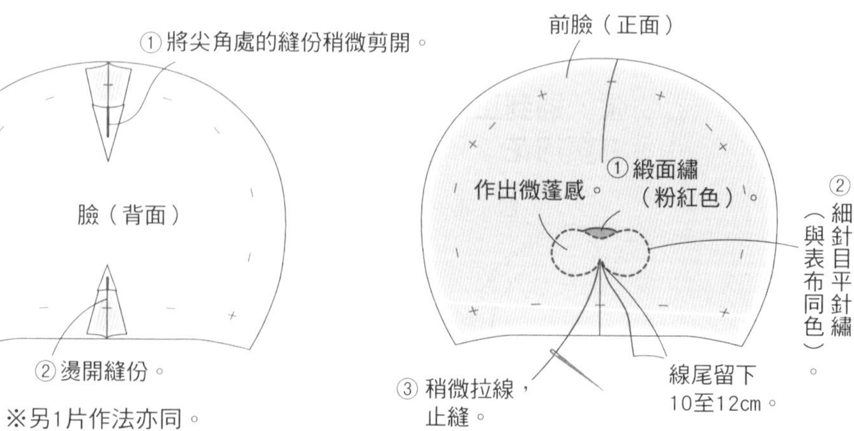
前臉（正面）
作出微蓬感。
①緞面繡（粉紅色）。
②細針目平針繡（與表布同色）。
③稍微拉線，止縫。
線尾留下10至12cm。

3 製作耳朵

※另1組作法亦同。

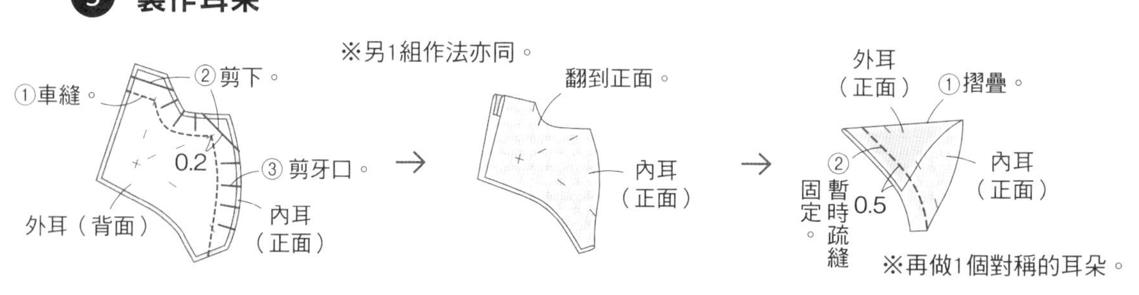
①車縫。
②剪下。
0.2
③剪牙口。
外耳（背面）
內耳（正面）
翻到正面。
內耳（正面）
外耳（正面）
①摺疊。
②暫時疏縫固定。
0.5
內耳（正面）

※再做1個對稱的耳朵。

4 將耳朵＆眼睛縫在臉上

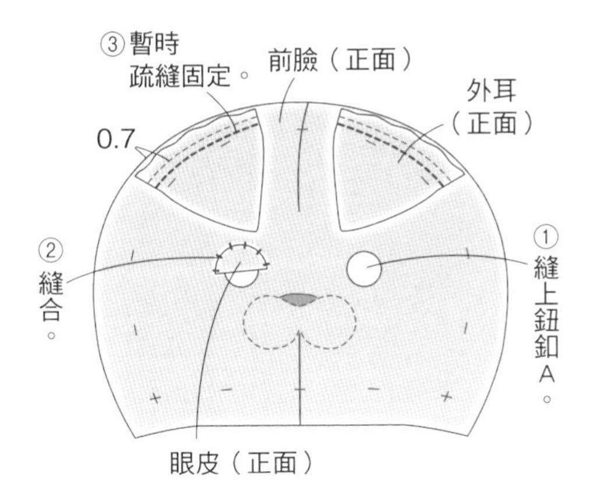
③暫時
疏縫固定。
前臉（正面）
外耳
（正面）
0.7
②
縫合。
①
縫上鈕釦A。
眼皮（正面）

5 製作＆縫上手

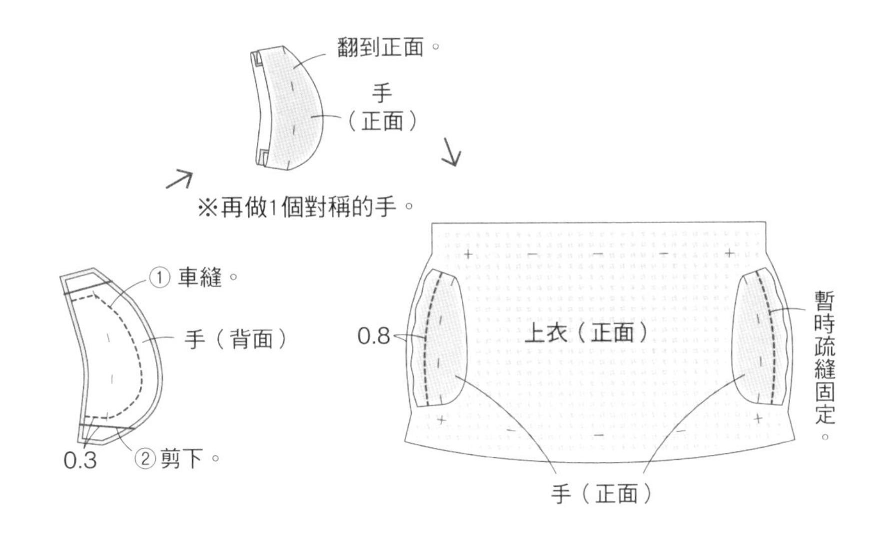
翻到正面。
手
（正面）
※再做1個對稱的手。
①車縫。
手（背面）
0.3
②剪下。
0.8
上衣（正面）
暫時疏縫固定。
手（正面）

6 接縫上衣＆褲子

※另1組作法亦同。

上衣（正面）
褲子
（背面）
0.2
①車縫。
②剪牙口。

7 接縫上衣＆臉

※另1組作法亦同。

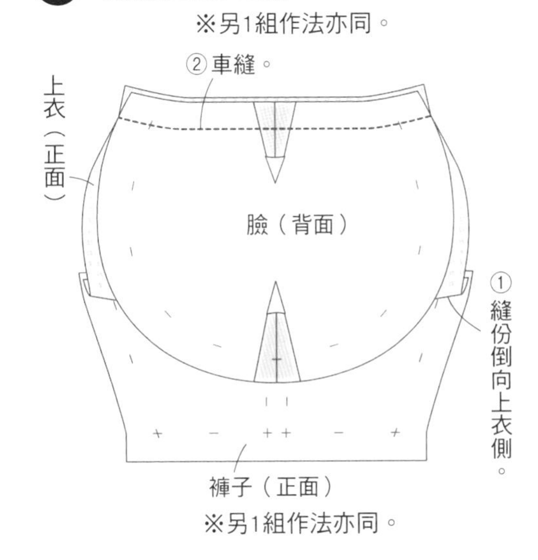
②車縫。
上衣（正面）
臉（背面）
①
縫份倒向上衣側。
褲子（正面）

※另1組作法亦同。

8 縫合周圍，翻到正面 填入手工藝棉花

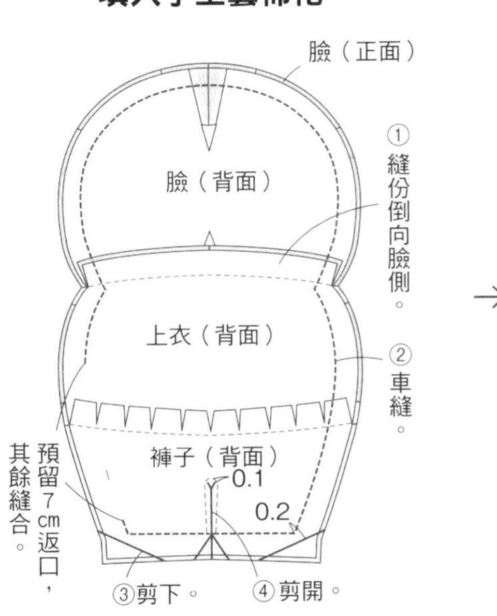
臉（正面）
臉（背面）
①
縫份倒向臉側。
上衣（背面）
②
車縫。
褲子（背面）
預留7cm返口，其餘縫合。
0.1
0.2
③剪下。
④剪開。

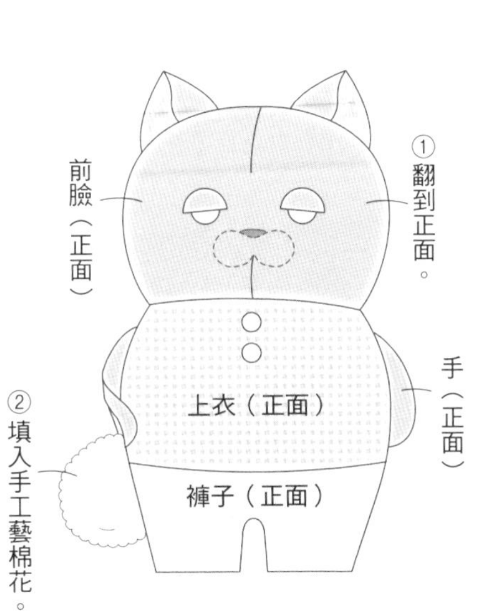
前臉（正面）
①
翻到正面。
手（正面）
上衣（正面）
②
填入手工藝棉花。
褲子（正面）

9 完成

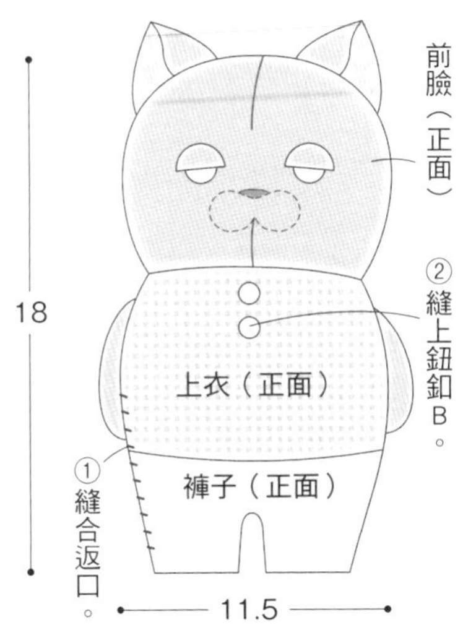
前臉（正面）
18
②
縫上鈕釦B。
上衣（正面）
①
縫合返口。
褲子（正面）
11.5

開始製作之前

車縫要點

＊邊角的縫法

邊角少縫一針，翻到正面時就能呈現漂亮的邊角。

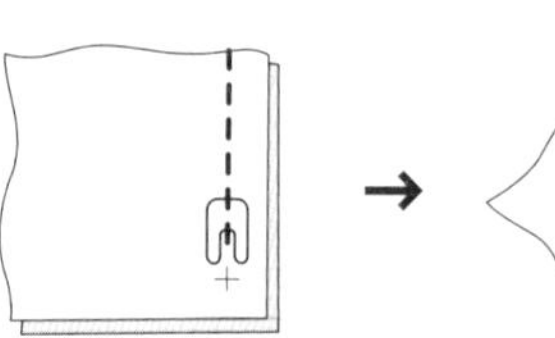

最後一針在入針的狀態下提起壓布腳，旋轉布料方向。

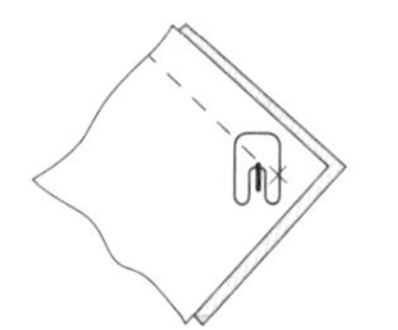

放下壓布腳，斜縫一針。

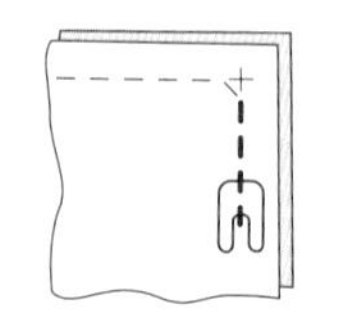

在入針的狀態下，再度抬起壓布腳，旋轉布料方向。

＊如何做出完美的邊角

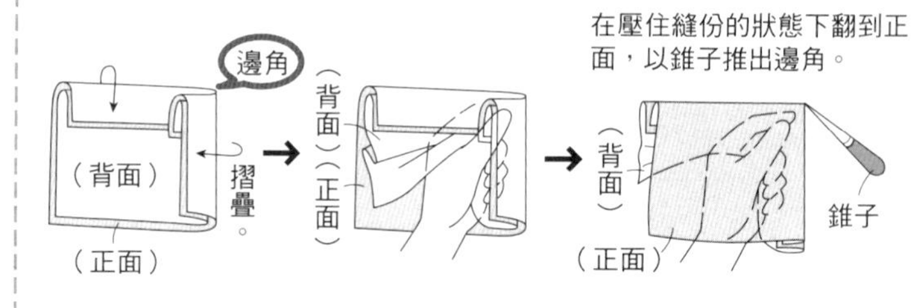

邊角
（背面）
摺疊。
（正面）
（背面）（正面）
（背面）
（正面）
錐子

在壓住縫份的狀態下翻到正面，以錐子推出邊角。

基本的手縫

縱向立針縫

縫份倒向單一方向時的縫邊法。

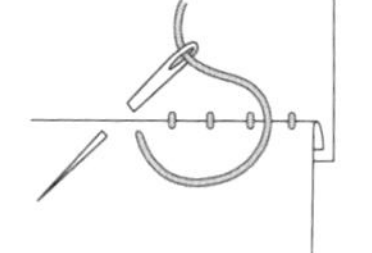

藏針縫

縫份相接時的縫邊法。

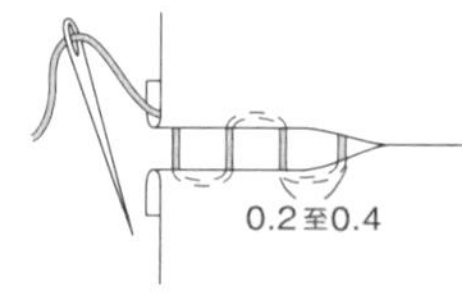

0.2至0.4

25號繡線的使用方法・刺繡針法

25號繡線是以6股細線捻合成1條。

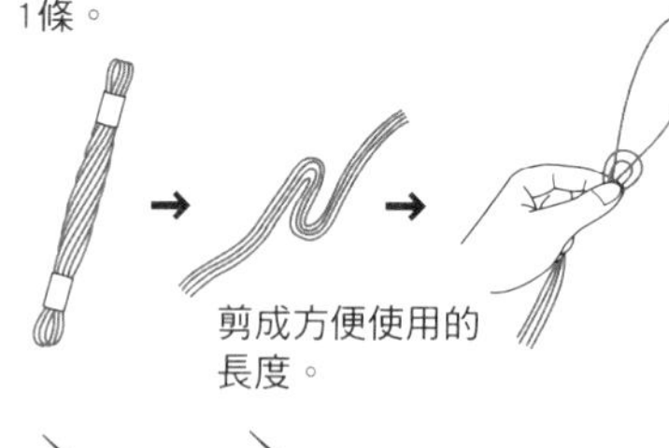

剪成方便使用的長度。

多股一起拉很容易纏住，請務必一股一股拉出。

2股　3股

「○股」意指將線穿過針眼時的繡線股數。

回針繡

①出
③出
②入

平針繡

（手縫的平針縫也是同樣的縫法）

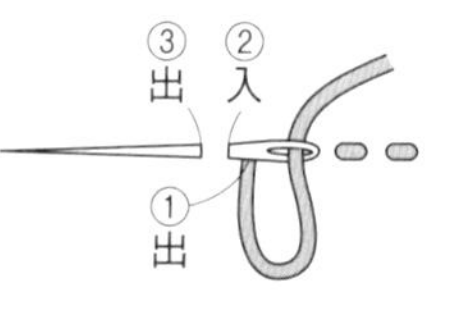

③出
②入
①出

緞面繡

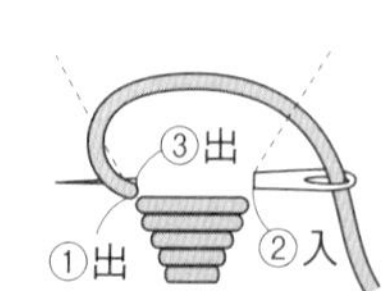

③出
①出
②入

塑膠四合釦安裝方法

※五爪釦也是利用公釦、母釦來安裝。
請仔細閱讀商品使用說明書後再進行安裝。

①以錐子在安裝位置開孔，將面釦前端插入。

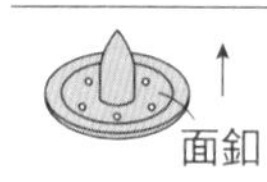

穿孔
布
面釦

前端約凸出1.5mm。

②將母釦或公釦零件嵌入，以手動壓力機嵌合。

確認面釦前端露出。

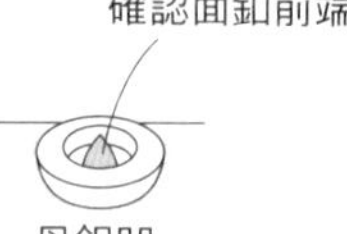

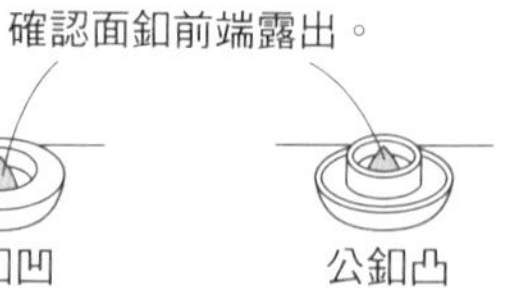

母釦凹　公釦凸

手縫式按釦安裝方法

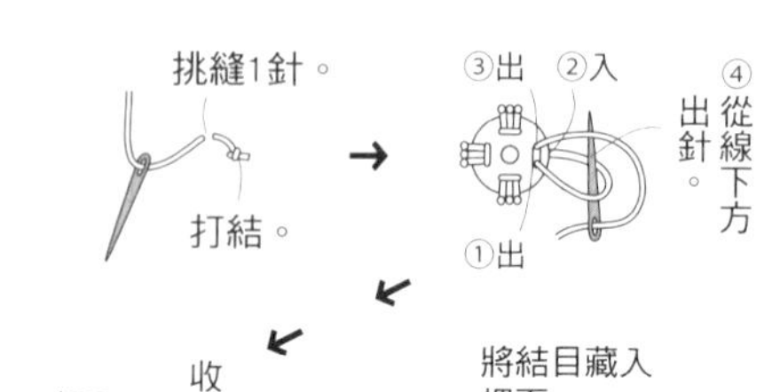

挑縫1針。
打結。
③出
②入
④從線下方出針。
①出

收針打結。

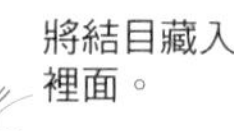

將結目藏入裡面。

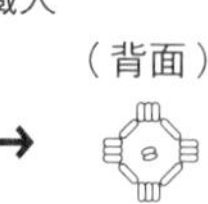

（背面）

零碼布的拼接重點

作法頁標記的使用尺寸，是依書中作品大小提供的尺寸。
若手邊的布料不夠，請在喜歡的位置自由拼接搭配，
只要注意成品的縱長、橫長與書中作品是否一致即可。

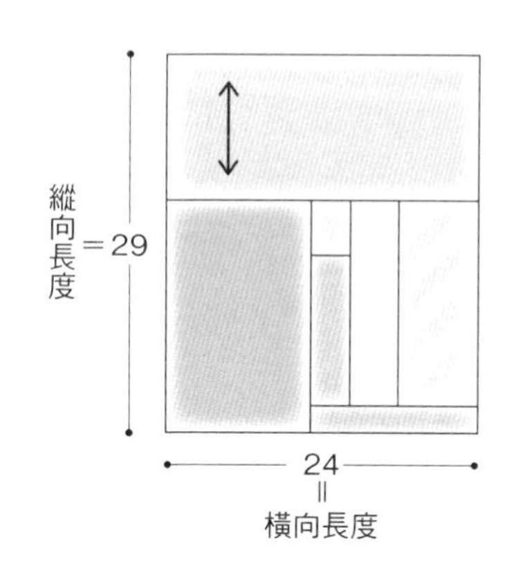

縱向長度
=29
24
橫向長度

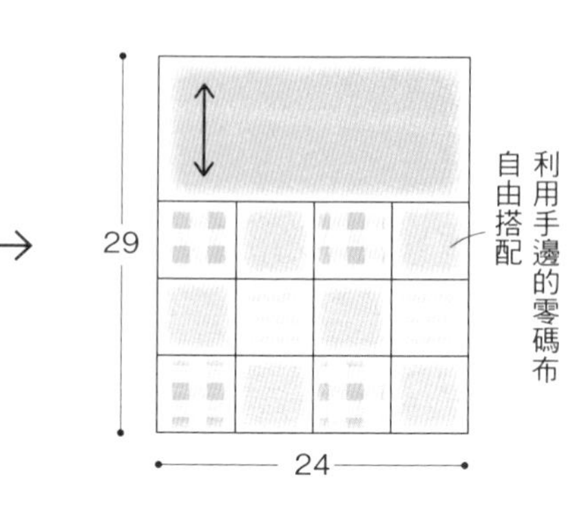

29
24
利用手邊的零碼布自由搭配

製圖記號

完成線	摺雙線	山摺線	等分線・同尺寸記號
————	— — —	—·—·—	︵︵
用於對齊縫製的合印記號	材質紋・布紋（箭頭方向為布料的縱向紋）	鈕釦・按釦	
a b ☆ ★ 等	← ↔	○ ＋	

製圖・紙型判讀方式及裁布圖

本書中的製圖＆紙型皆不含縫份。縫份尺寸請參照作法頁中的裁布圖，外加縫份後再裁剪布料。

◆作法頁的數字單位為cm（公分）。

◆本書不考慮實際布料的寬度，而是以方便計算的整數顯示最低限度使用量。

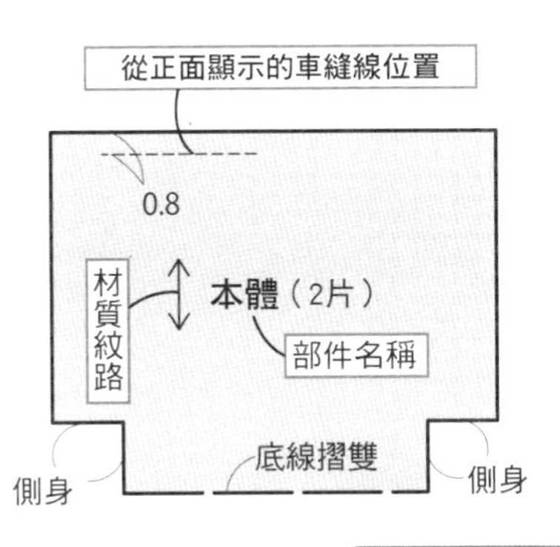

＝使用原寸紙型。
從正面顯示的車縫線位置
0.8
材質紋路
本體（2片）
部件名稱
側身
底線摺雙
側身

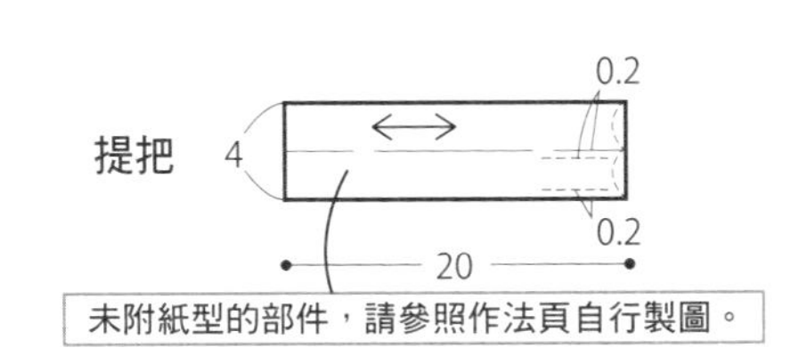

0.2
提把
4
0.2
20
未附紙型的部件，請參照作法頁自行製圖。

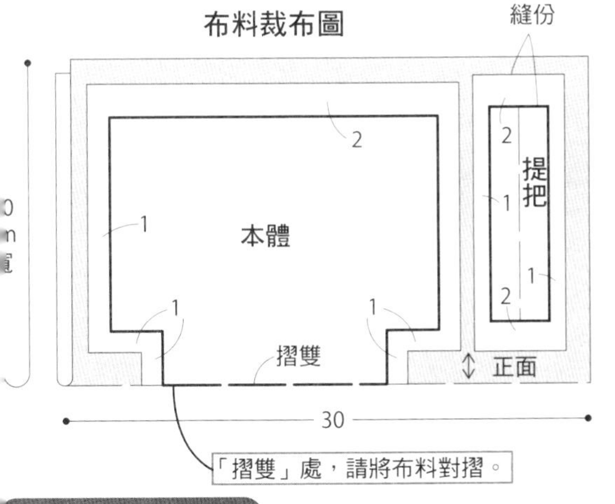

布料裁布圖
縫份
2
2
提把
1
本體
1
1
1
1
2
摺雙
正面
30
「摺雙」處，請將布料對摺。

關於拉鍊

請依想製作的作品選擇拉鍊的種類及長度。
如果沒有長度剛好的拉鍊，可選擇較長的拉鍊。
平織拉鍊可利用縫紉機做出止縫點來調節長度。
塑鋼拉鍊或金屬拉鍊則可請原購買商店協助調整長度。

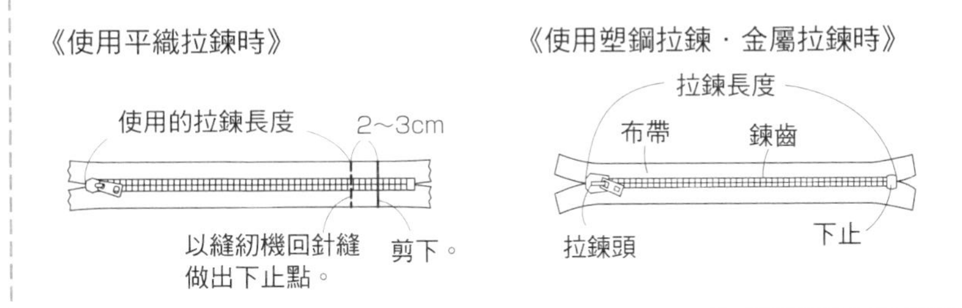

《使用平織拉鍊時》
使用的拉鍊長度
2～3cm
以縫紉機回針縫做出下止點。
剪下。
《使用塑鋼拉鍊・金屬拉鍊時》
拉鍊長度
布帶
鍊齒
拉鍊頭
下止

單膠布襯的貼法

＊單膠布襯的貼法

將單膠布襯的黏貼面（樹脂附著面。用手摸有粗糙感、照到光線會閃閃發光的那面）與布料背面對齊。

以熨斗壓燙。熨斗的溫度約為140℃，務必在單膠布襯上方墊上擋紙。

熨斗不滑動，不留縫隙地慢慢重疊壓燙，直至完全貼合。

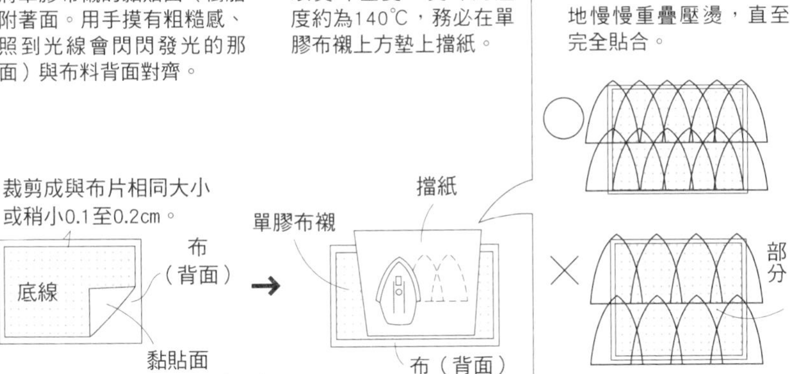

裁剪成與布片相同大小或稍小0.1至0.2cm。
布（背面）
底線
黏貼面（粗糙閃亮面）
擋紙
單膠布襯
布（背面）
未黏貼到的部分

＊單膠鋪棉的貼法

基本貼法與單膠布襯相同，將黏貼面（樹脂附著面。用手摸有粗糙感、照到光線會閃閃發光的那面）朝上放好，將欲使用的布料背面朝下放上。熨燙時請注意勿太用力按壓，以免壓扁單膠鋪棉。

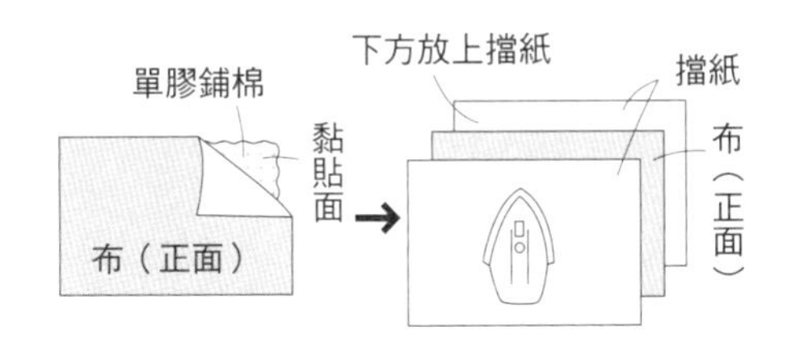

單膠鋪棉
黏貼面
布（正面）
下方放上擋紙
擋紙
布（正面）

原寸紙型用法

1 將原寸紙型從本書取下

◆完整取下隨書贈送的原寸紙型。

◆確認想製作的作品編號紙型，是用哪種線條表示，共有幾片部件。

2 描圖到其他紙張上

◆轉描在其他紙張上。描圖方式有下列兩種。

使用不透光紙張描圖時

將紙型放在欲描圖的紙上。
將複寫紙夾在中間，以點線器沿著紙型線描圖。

點線器（滾齒圓滑不易傷到桌面，可描出印記）

紙型

欲描圖的紙

複寫紙（有顏色的面朝向欲描圖的紙張）

厚紙（放在最下層，避免桌面損傷）

使用透光紙張描圖時

將透光紙張（薄牛皮紙等）放在紙型上，以鉛筆描圖。

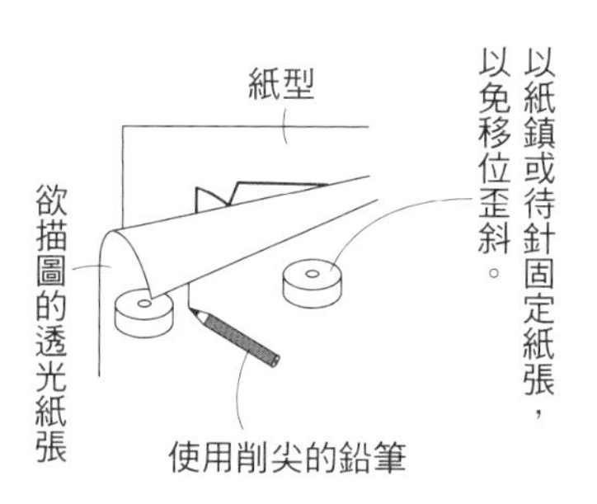
紙型
欲描圖的透光紙張
以紙鎮或待針固定紙張，以免移位歪斜。
使用削尖的鉛筆

有時一張紙型中可能會包含兩張紙型。
此時，請如下圖所示般，分別製成不同布片的紙型。

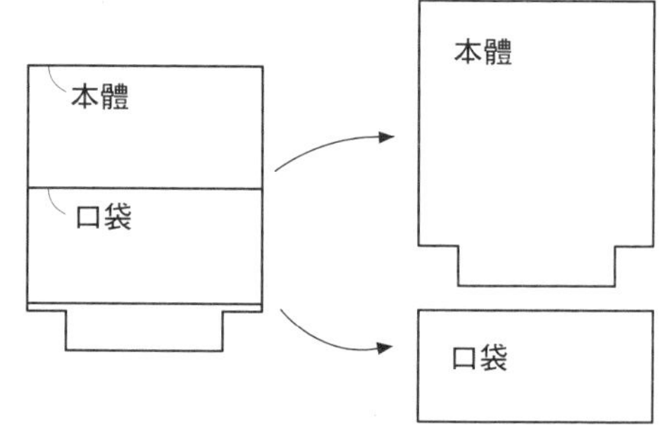
本體
口袋
本體
口袋

【描紙型時的注意事項】

別忘了複寫上「合印」、「安裝位置」、「止縫點」、「布紋方向」等，各部件的「名稱」也要寫上。

3 外加縫份，剪下紙型

◆紙型中不含縫份，請參照作法頁「布料的裁布圖」外加縫份。

【外加縫份的注意事項】

- 縫合處的縫份，原則上寬度相同。
- 縫份與完成線平行。
- 依布料材質特性（厚度、彈性）或縫製方法，縫份寬度也不相同。

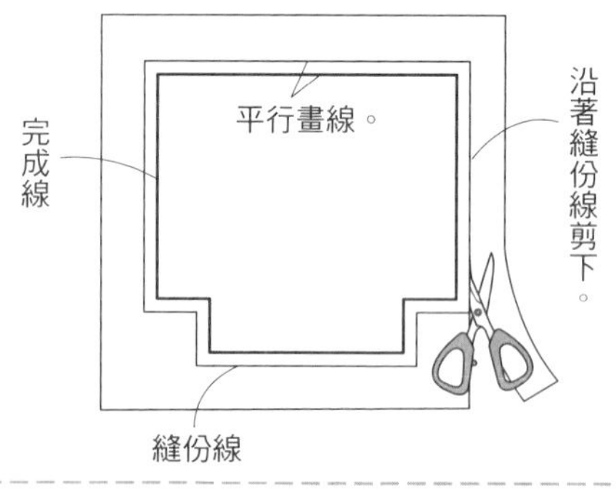
平行畫線。
完成線
沿著縫份線剪下。
縫份線

4 將紙型分配放置在布上，進行剪布

◆請一邊注意布料摺疊方式、紙型布紋方向（縱向布料）等，一邊配放紙型，並小心不讓布料移動地剪下布料。

如果沒有大桌子，可在地板上等能將布料展開的空間進行裁剪。

*材質紋方向（又稱布紋，指布料編織接合線。）
*縱向線方向為直布，橫向線方向為橫布
*對齊縱向線方向及紙型上的材質紋（↕）方向，放上紙型。

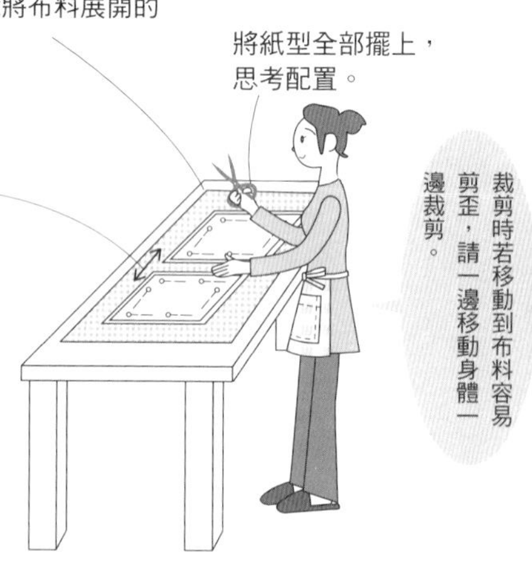
將紙型全部擺上，思考配置。
裁剪時若移動到布料容易剪歪，請一邊移動身體一邊裁剪。

這裡看紙型用法的示範影片！

https://youtu.be/hfjjEw1qUto

5 在布料上做合印

【兩片布一起裁剪時】

◆在布料之間（背面）夾入雙面複寫紙，以點線器描出完成線。
也別忘了加上合印或安裝位置等記號。

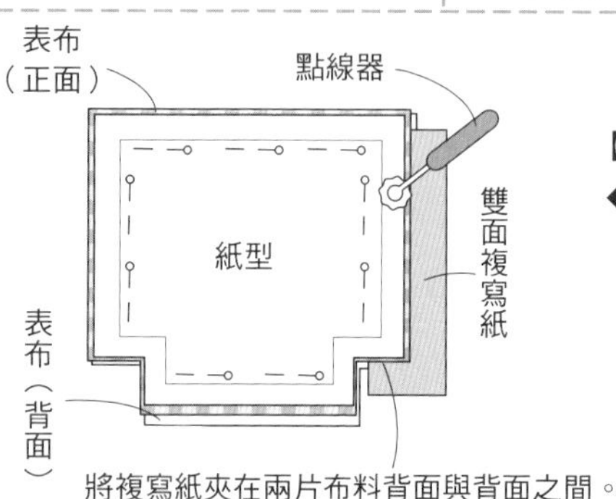
表布（正面）
點線器
紙型
雙面複寫紙
表布（背面）

將複寫紙夾在兩片布料背面與背面之間。

【裁剪單片布時】

◆布料背面對齊單面複寫紙的顏色面，以點線器描出完成線。

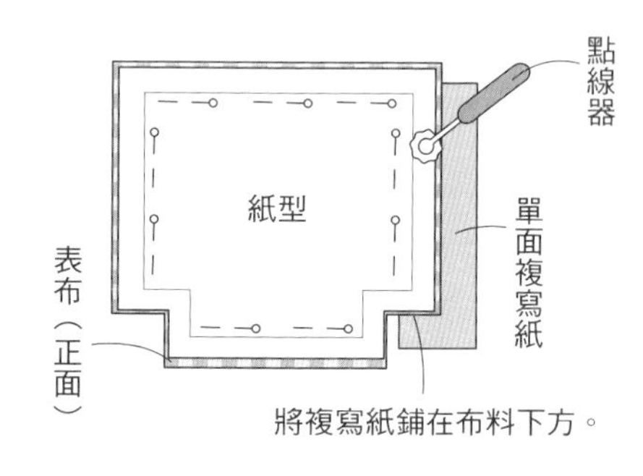
點線器
紙型
單面複寫紙
表布（正面）

將複寫紙鋪在布料下方。

國家圖書館出版品預行編目(CIP)資料

手作布包必學的零碼布好點子 / BOUTIQUE-SHA 授權. 黃鏡蒨譯.
-- 初版. -- 新北市 : Elegant-Boutique新手作出版 : 悅智文化事業有限公司發行, 2024.07
面； 公分. -- (輕・布作 ; 53)
ISBN 978-626-98203-7-5(平裝)

1.CST: 手提袋 2.CST: 手工藝

426.7 113010002

輕・布作 53

手作布包必學的零碼布好點子

授　　權／BOUTIQUE-SHA
譯　　者／黃鏡蒨
發 行 人／詹慶和
執行編輯／陳姿伶
編　　輯／劉蕙寧・黃璟安・詹凱雲
執行美編／韓欣恬
美術編輯／陳麗娜・周盈汝
內頁排版／造極
出 版 者／Elegant-Boutique新手作
發 行 者／悅智文化事業有限公司
郵政劃撥帳號／19452608
戶　　名／悅智文化事業有限公司
地　　址／新北市板橋區板新路206號3樓
電　　話／(02)8952-4078
傳　　真／(02)8952-4084
網　　址／www.elegantbooks.com.tw
電子郵件／elegant.books@msa.hinet.net

2024年7月初版一刷　定價 380 元

Lady Boutique Series No.8280
AMATTA HAGIRE DE NANI TSUKURU?

經銷／易可數位行銷股份有限公司
地址／新北市新店區寶橋路235巷6弄3號5樓
電話／(02)8911-0825　傳真／(02)8911-0801

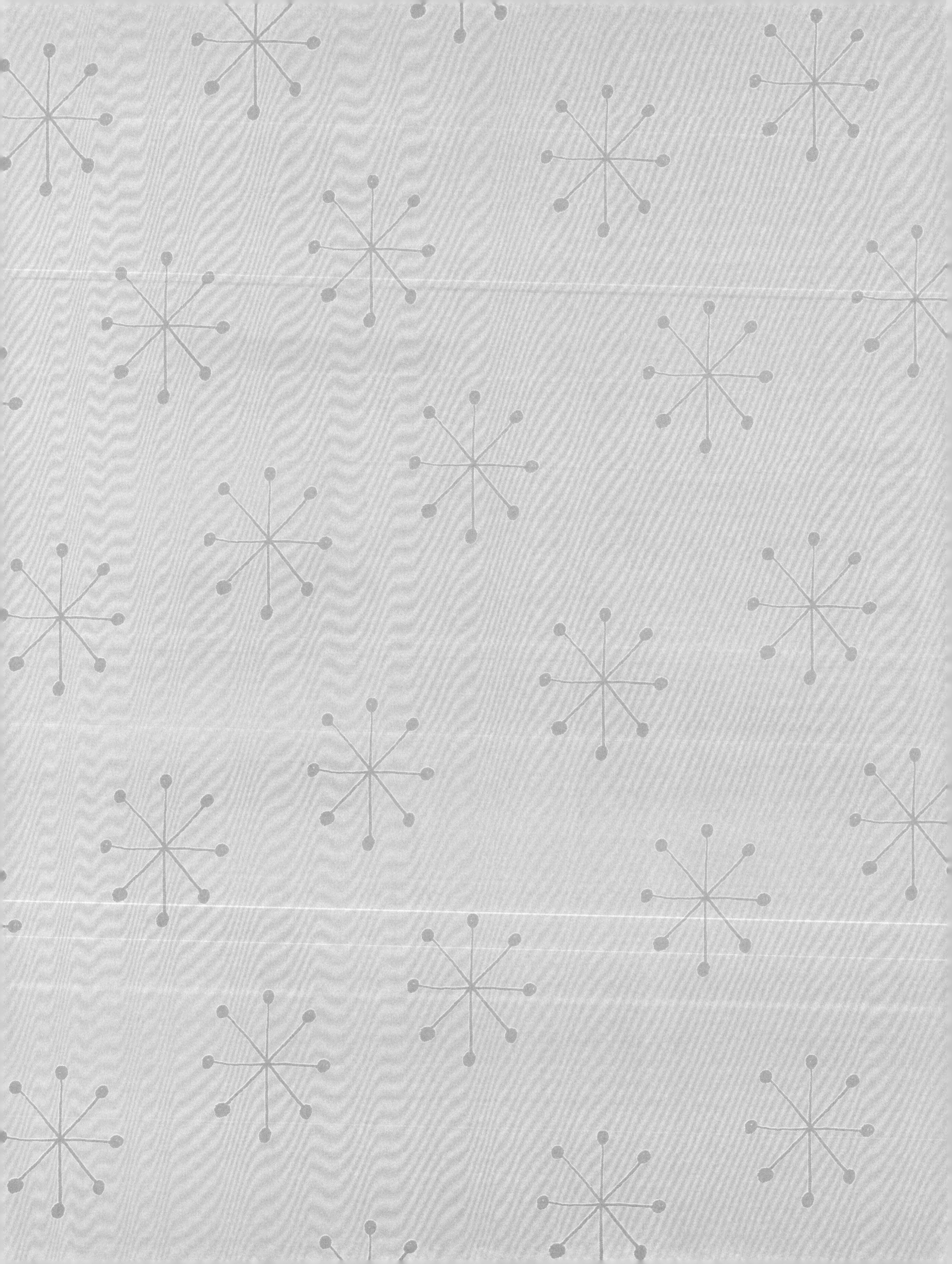

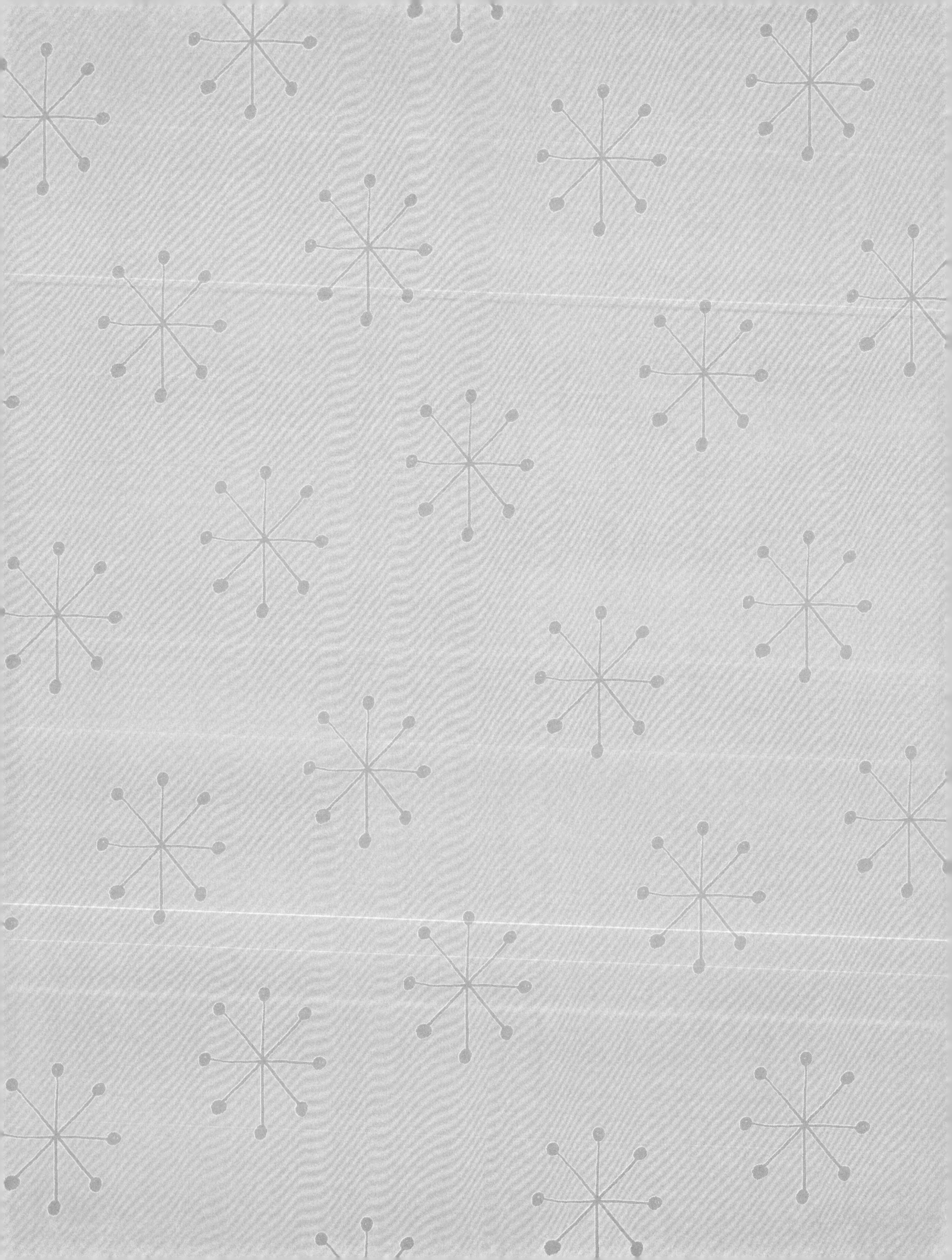